선형 대수학과
함께 배우는

양자 정보 이론

김영훈 · 허재성 지음

KM 경문사

들어가며

19세기 말 수학자들은 엄청난 위기에 맞닥뜨렸다. 그 전까지 진리의 교범으로 받아들였던 수학의 확실성에 도전하는 믿기 어려운 사건들이 발생한 것이다. 유클리드 기하학은 이천 년이 넘는 세월 동안 유일하고 확고한 진리로서 수학자들과 철학자들에게 수용되었으나, 비유클리드 기하학의 발견으로 그 공리 체계를 근본부터 재검토할 수밖에 없게 되었다. 우리가 우주를 이해하는 확고한 틀로 여겼던 유클리드 기하학이 뿌리부터 흔들린 것이다. 한편, 엄밀한 정의 없이 극한에 대한 모호한 개념으로 전개된 미적분학과 해석학에서는 서로 모순되는 명제들이 "증명" 되어 수학자들을 당혹하게 하였다. 이러한 도전에 응하여 수학을 엄밀한 토대 위에 올려놓기 위해 수학을 근본부터 재검토하려는 노력이 이어졌고, 19세기 말과 20세기 초 수학 기초론의 발달을 이끌었다. 수학과 그 근본이 되는 수리 논리를 가장 근원적인 단위로 나누고 이들의 결합을 분석하였다. 이 과정을 통해 튜링의 이론이나 괴델의 불완전성 정리와 같은 기념비적인 성과들이 이룩된 것은 잘 알려진 사실이다. 수학의 위기는 뜻하지 않은 부산물을 낳았는데, 이것이 바로 현대적 컴퓨터의 발명과 20세기부터 계속되는 정보통신 혁명이다. 수학 기초론에서 최소 단위의 논리적 연산들로부터 모든 계산을 가능하게 하려는 범용 컴퓨터의 개념이 생겨났고, 이를 전기 회로로 구현함으로써 현대적 컴퓨터가 탄생하게 되었다.

19세기까지 선형 대수학은 대수학의 흥미로운 한 분야이자 현재도 활발히 연구되고 있는 불변량 이론을 뒷받침하기 위해 개발되었다. 20세기 초 물리학의 모순적인 실험 결과를 설명하는 과정에서 몇몇 용감한 물리학자들에 의해 선형 대수학이 작은 단위에서의 물리학을 설명하는 최적의 방법임이 제안되었고, 20세기의 위대한 수학자 폰 노이만에 의해 양자 역학의 공리들이 현대의 모든 교과서가 설명하는 방식으로 체계화되었다. 이후 양자 역학은 컴퓨터 이론과 무관하게 입자 가속기를 통해 쏟아지는 실험 결과를 설명하는데 반세기를 보냈고, 20세기 후반에 와서야 양자 역학을 통해 새로운 종류의 컴퓨터를 구현할 가능성에 대해 탐구를 시작했다. 기존의 컴퓨터가 0과 1로 표현되는 비트를 연산의 기본 단위로 채택하였다면 양자 역학에서는 복소 2차원 벡터 공간의 벡터(큐빗)들이 연산의 기본 단위가 되고 모든 연산은 선형 변환으로 나타난다. 양자 역학을 철저히 믿는다면 고전 역학이 양자 역학의 근사이듯이,

고전 컴퓨팅은 양자 컴퓨팅의 근사에 불과하다고 말할 수도 있다.

양자 컴퓨팅을 향한 산발적인 노력들이 지속되었으나, 양자 컴퓨팅이 정말 큰 관심을 끈 계기는 1994년 쇼어의 소인수 분해 알고리즘의 발견이다. 인터넷이 대중화되기 시작했고 불특정 사용자들 간의 안전한 정보 전달을 위해서 공개 키 암호 방식이 자리를 잡아가고 있었는데, 그 대표 주자가 바로 RSA 체계이다. 현재 인터넷을 통해 물건을 구입하거나 은행 거래를 할 때 안전한 정보 전달 방법의 표준은 대부분 RSA 체계에 의존하고 있다. 이 체계의 안전성은 소인수 분해가 매우 어렵고 충분히 큰 수를 소인수 분해하는 것은 아무리 빠른 컴퓨터를 써도 알려진 방법으로는 실용적인 범위 내에서 불가능하다는 믿음에 근거하고 있는데, 쇼어의 알고리즘에 근거한 학자들은 양자 컴퓨터가 현실화된다면 RSA 체계는 무용지물이 될 것이라고 예측한다.

쇼어의 발견 이후 지난 20여 년간 양자 컴퓨터와 그 이론적 기반인 양자 정보 이론에 대한 관심이 폭발적으로 증가했고 전세계에서 수학자, 물리학자, 컴퓨터 과학자들이 자신의 관점에 따라 활발히 연구를 진행하고 있다.

이 책은 선형 대수학의 탄탄한 기반 위에서 양자 컴퓨팅과 양자 정보의 이론을 소개하는 것을 목적으로 저술되었다. 전반부인 제 I 편은 학부 고학년 학생을 위한 한 학기 강의에 적합하도록 구성되었으며, 기초적인 선형 대수학을 소개한 후 부울 대수와 고전 컴퓨팅 이론을 간략히 알아보고 양자 회로와 대표적인 양자 알고리즘들을 소개한다. 후반부인 제 II 편은 뛰어난 학부생 또는 석사과정 학생을 위한 한 학기 강의에 적합하도록 구성했으며, 보다 깊이 양자 정보 이론을 살펴보기 위해 다시 한번 선형 대수학의 더 섬세한 부분을 다루고 혼합된 양자 상태와 양자 얽힘, 양자 채널, 측정, 폰 노이만 엔트로피를 포함한 양자 정보의 핵심적인 주제들을 배운다. 가급적 엄밀한 증명을 제시하고자 노력했고 섬세한 수학적 지능을 소유한 독자도 만족시키고자 고심했다.

물론 이 짧은 책에서 폭발적으로 성장하고 있는 양자 정보 이론을 모두 소개할 수는 없다. 다만 본서를 통해 독자가 양자 정보 이론의 넓은 바다를 항해하는 데 필요한 나침반과 튼튼한 기초 체력을 얻는다면, 그 역할을 다했다고 볼 수 있을 것이다.

양자 정보 이론의 세계로 이끌어주신 서울대학교 수리과학부의 지동표 교수님과 계승혁 교수님께 감사의 마음을 전하고 싶다. 또한, 이 책을 쓰는 동안 쾌적한 환경을 제공해 준 고등과학원 수학부 교수님들과 직원 여러분께도 감사한다.

2019년 겨울, 저자.

차 례

제 I 편

선형 대수학과 양자 계산 이론

이 책의 전반부인 제 I 편에서는 기본적인 선형 대수학의 도구와 정리들을 공부하고, 이를 통해 양자 계산의 기초를 맛본다. 양자 게이트와 양자 회로의 이론을 배우고 이를 통해 양자 전송, 초 밀집 전송, 복제 불가 정리 등에 관한 양자 계산의 토대를 확립한다. 아울러 쇼어 알고리즘을 포함하여 현재까지 알려진 대표적인 양자 알고리즘들을 구체적으로 공부한다.

양자 정보 이론은 유한 차원 공간에서의 선형 대수학에 크게 의존하는데, 이 책의 독자는 사전에 선형 대수학 과목을 공부하여 벡터 공간, 부분공간, 기저 및 차원과 같은 선형 대수학의 기본 개념들에 익숙하다고 가정한다. 쉽게 이해가 안 되는 부분이 있다면 참고문헌에 있는 표준적인 선형 대수학 교과서들을 찾아 부족한 것들을 채워가면서 공부하기를 권한다.

CHAPTER 1

벡터 공간과 선형 변환

1.1 벡터 공간

1.1.1 벡터 공간과 부분공간

유한 집합 Γ에서 복소수 집합 $\mathbb{C}$로 가는 함수들의 집합을

$$\mathbb{C}^{\Gamma} = \{f : \Gamma \longrightarrow \mathbb{C}\}$$

라고 쓰자. 예를 들어, Γ가

$$\mathbf{n} = \{0, 1, \ldots, n-1\}$$

일 때, 각각의 $0 \leq i < n$에 대해 복소수 z_i를 대응시키면 되므로

$$\mathbb{C}^n := \mathbb{C}^{\mathbf{n}} = \{(z_0, \ldots, z_{n-1}) \,|\, z_0, \ldots, z_{n-1} \in \mathbb{C}\}^1$$

는 n개의 복소수의 순서쌍들의 집합이 된다.

$\mathbb{C}^{\Gamma}$의 두 원소 $x, y : \Gamma \to \mathbb{C}$와 복소수 $\alpha \in \mathbb{C}$에 대해 덧셈과 스칼라 곱[2]을

$$\begin{aligned} x + y : \Gamma \longrightarrow \mathbb{C}, \quad (x+y)(i) = x(i) + y(i) \qquad \forall i \in \Gamma, \\ \alpha x : \Gamma \longrightarrow \mathbb{C}, \quad (\alpha x)(i) = \alpha x(i) \qquad \forall i \in \Gamma \end{aligned}$$

로 함수의 합과 상수배로 정의하자.[3]

---

[1]두 집합 $\mathbb{C}^{\mathbf{n}}$과 $\mathbb{C}^n$은 실질적으로 같은 집합이기 때문에 기호로 $\mathbb{C}^{\mathbf{n}}$ 대신 $\mathbb{C}^n$을 사용하자.

[2]스칼라(scalar)란 복소수(실 벡터 공간의 경우에는 실수)를 뜻한다.

[3]$\forall-$은 "모든 $-$에 대해"라는 기호이다. $\exists-$은 "어떤 $-$에 대해"라는 기호이다.

예를 들어, Γ가 $\mathbf{n} = \{0, 1, \ldots, n-1\}$이면 덧셈과 스칼라 곱은

$$(z_0, \ldots, z_{n-1}) + (w_0, \ldots, w_{n-1}) = (z_0 + w_0, \ldots, z_{n-1} + w_{n-1}),$$
$$\alpha(z_0, \ldots, z_{n-1}) = (\alpha z_0, \ldots, \alpha z_{n-1})$$

로 성분끼리 더하고 성분마다 곱하는 것이 된다.

정의 1.1

복소 벡터 공간(complex vector space)은 집합 V와 아래의 8개 성질들을 만족하는 합과 스칼라 곱

$$+ : V \times V \longrightarrow V, \quad \cdot : \mathbb{C} \times V \longrightarrow V$$

이 주어진 것을 말한다.

(1) $x + y = y + x, \quad \forall x, y \in V$.

(2) $(x + y) + z = x + (y + z), \quad \forall x, y, z \in V$.

(3) $x + 0 = x = 0 + x$, $\forall x \in V$를 만족하는 원소 $0 \in V$가 존재한다.

(4) 모든 $x \in V$에 대해 $x + y = 0 = y + x$를 만족하는 $y \in V$가 존재한다. 이 경우 y를 $-x$라고 쓰자.

(5) $1x = x, \quad \forall x \in V$.

(6) $(\alpha\beta)x = \alpha(\beta x), \quad \forall \alpha, \beta \in \mathbb{C}$, $\forall x \in V$.

(7) $\alpha(x + y) = \alpha x + \alpha y, \quad \forall \alpha \in \mathbb{C}$, $\forall x, y \in V$.

(8) $(\alpha + \beta)x = \alpha x + \beta x, \quad \forall \alpha, \beta \in \mathbb{C}$, $\forall x \in V$.

벡터 공간의 원소들을 **벡터**라고 부른다.

위의 정의에서 복소수를 모두 실수로 바꾸면, **실 벡터 공간**(real vector space)을 얻는다.

모든 실수는 복소수이므로 복소 벡터 공간은 스칼라를 실수로 제한하여 실 벡터 공간으로도 볼 수 있다. 이 책에서 벡터 공간이라고 하면 특별한 언급이 없는 한 **복소 벡터 공간**을 의미한다.

정의 1.2

벡터 공간 V의 부분집합 W에 대해

$$x + y \in W, \quad \alpha x \in W, \qquad \forall x, y \in W,\ \forall \alpha \in \mathbb{C}$$

가 성립하면, W를 V의 **부분공간**(subspace)이라고 부른다.

연습문제 1.1 다음을 보이시오.

(1) 유한 집합 Γ에 대해 $\mathbb{C}^\Gamma$가 벡터 공간이다.

(2) 벡터 공간 V의 부분공간 W는 V의 합과 스칼라 곱을 함께 생각하면 벡터 공간이다.

벡터 공간 $W_1, \ldots, W_r$이 있을 때, 이들의 **곱집합**(Cartesian product)

$$\prod_{i=1}^{r} W_i = W_1 \times \cdots \times W_r \tag{1.1}$$

의 합과 스칼라 곱을

$$(w_1, \ldots, w_r) + (w_1', \ldots, w_r') = (w_1 + w_1', \ldots, w_r + w_r'), \tag{1.2}$$

$$\alpha(w_1, \ldots, w_r) = (\alpha w_1, \ldots, \alpha w_r), \quad \forall w_i, w_i' \in W_i,\ \forall \alpha \in \mathbb{C} \tag{1.3}$$

로 정의하면, 이 곱집합은 벡터 공간이 된다. 만약 $W_1, \ldots, W_r$이 모두 벡터 공간 V의 부분공간이고 함수

$$W_1 \times \cdots \times W_r \longrightarrow V, \quad (w_1, \ldots, w_r) \mapsto w_1 + \cdots + w_r \tag{1.4}$$

이 일대일 대응이면, V를 $W_1, \ldots, W_r$의 **직합**(direct sum)이라 하고

$$V = W_1 \oplus \cdots \oplus W_r = \bigoplus_{i=1}^{r} W_i$$

라고 쓴다.

연습문제 1.2 벡터 공간들의 곱집합 $\prod_{i=1}^{r} W_i = W_1 \times \cdots \times W_r$의 합과 스칼라 곱이 각각 (1.2)와 (1.3)으로 주어졌을 때, 벡터 공간이 됨을 증명하시오.

1.1.2 행렬들의 벡터 공간

자연수 m, n에 대해 집합 Γ가

$$\Gamma := \mathbf{m} \times \mathbf{n} = \{0, \ldots, m-1\} \times \{0, \ldots, n-1\}$$

이라면, $A : \mathbf{m} \times \mathbf{n} \to \mathbb{C}$는 각각의 $i \in \mathbf{m}$와 $j \in \mathbf{n}$에 복소수 $A_{ij} \in \mathbb{C}$를 주는 것과 같다. 따라서 A_{ij}를 i행 j열 위치에 놓아 사각형 모양의 복소수 배열을 얻는다. 이렇게 $m \cdot n$개의 복소수 $\{A_{ij}\}$를 사각형 모양으로 배열한 것을 $m \times n$ 복소 **행렬**이라고 부르고, 이들의 집합을 $M_{m\times n}(\mathbb{C})$으로 쓴다. 예를 들어, $m = n = 2$이면 2×2 복소수 행렬은

$$A = \begin{pmatrix} A_{00} & A_{01} \\ A_{10} & A_{11} \end{pmatrix}, \quad A_{ij} \in \mathbb{C}$$

로 쓸 수 있다.

복소수 행렬 A가 주어지면 i행, j열 성분 A_{ij}를 간단히 (i, j)-성분이라고 부르고, $\mathbb{C}^{\mathbf{m}\times\mathbf{n}}$의 원소

$$A : \mathbf{m} \times \mathbf{n} = \{0, \ldots, m-1\} \times \{0, \ldots, n-1\} \longrightarrow \mathbb{C}, \quad A(i, j) = A_{ij}$$

를 얻는다. 그러므로 $m \times n$ 복소수 행렬들의 집합 $M_{m\times n}(\mathbb{C})$는 $\mathbb{C}^{\mathbf{m}\times\mathbf{n}} = \mathbb{C}^{mn}$과 동일시하여 벡터 공간의 구조를 갖는데, 합은 해당되는 성분끼리의 합, 스칼라 곱은 모든 성분에 주어진 스칼라를 곱하는 것이 된다. 복소수를 쓰는 것이 자명한 경우에는 $M_{m\times n}(\mathbb{C})$를 간단히 $M_{m\times n}$으로 쓰겠다. 또한, $m = n$인 경우에는 $M_{m\times m}$을 간단히 M_m으로 쓰자.

곱집합 사이의 일대일 대응 $\mathbf{m} \times \mathbf{n} \to \mathbf{n} \times \mathbf{m}$, $(i, j) \mapsto (j, i)$에 의해 행렬들 사이의 일대일 대응

$$M_{m\times n}(\mathbb{C}) = \mathbb{C}^{\mathbf{m}\times\mathbf{n}} \longrightarrow \mathbb{C}^{\mathbf{n}\times\mathbf{m}} = M_{n\times m}(\mathbb{C}), \quad A \longmapsto A^t$$

을 얻는데, 이 함수를 **전치**(transpose)라고 부르자. 정의에 의해

$$(A^t)_{ij} = A_{ji}, \quad \forall j \in \mathbf{m},\ i \in \mathbf{n}$$

으로 주어진다. $m = n$이고 전치 행렬이 자기자신과 같으면, 즉 $A = A^t$이면 **대칭 행렬**(symmetric matrix)이라고 부른다.

모든 i, j에 대해 행렬 $A = (A_{ij})$의 (i, j)-성분 A_{ij}의 켤레 복소수 $\overline{A_{ij}}$를 (i, j)-성분으로

갖는 행렬을 $\overline{A}$라고 쓴다. 또한, $A \in M_{m\times n}$에 대해

$$A^* := \overline{A}^t \in M_{n\times m}, \quad (A^*)_{ij} = \overline{A_{ji}}$$

를 A의 **수반 행렬**(adjoint matrix)이라고 부른다.

연습문제 1.3 $n \times n$ 대칭 행렬들의 집합은 M_n의 부분공간임을 보이시오.

두 행렬 $A \in M_{m\times n}$와 $B \in M_{n\times k}$의 **곱** AB는 $m \times k$ 행렬로서 (i,j)-성분이

$$(AB)_{ij} = \sum_{0\le\ell<n} A_{i\ell}B_{\ell j}, \quad (i,j) \in \mathbf{m} \times \mathbf{k} \tag{1.5}$$

로 주어지고, 행렬의 곱은 다음 성질을 갖는다.

- 행렬의 곱은 결합 법칙을 만족한다. 즉 임의의 $A \in M_{m\times n}$, $B \in M_{n\times\ell}$, $C \in M_{\ell\times r}$에 대해

  $$(AB)C = A(BC) \in M_{m\times r}$$

  이 성립하는데, 성분에 대한 직접 계산을 통해 쉽게 확인할 수 있다.

- 행렬의 곱은 이중선형(bilinear)이다. 즉 임의의 $A_1, A_2 \in M_{m\times n}$, $B_1, B_2 \in M_{n\times\ell}$와 $\alpha \in \mathbb{C}$에 대해

  $$(A_1 + A_2)(B_1 + B_2) = A_1B_1 + A_1B_2 + A_2B_1 + A_2B_2,$$
  $$\alpha(AB) = (\alpha A)B = A(\alpha B)$$

  가 만족된다.

- 또한, 임의의 행렬 $A \in M_{m\times n}$, $B \in M_{n\times\ell}$에 대해

  $$(AB)^t = B^tA^t, \quad (AB)^* = B^*A^* \tag{1.6}$$

  가 성립한다.

행렬 $A \in M_n$에 대해 $i \neq j$이면 $A_{ij} = 0$일 때, A를 **대각 행렬**(diagonal matrix)이라고 부른다. 특히, 모든 $0 \le i < n$에 대해 $A_{ii} = 1$인 대각 행렬을 **항등 행렬**(identity matrix)이라고 부르고 기호로 $I = I_n$이라고 쓴다.

대각선 아래쪽 성분들이 모두 0인 행렬, 즉

$$A_{ij} = 0, \quad \forall i > j$$

인 행렬 $A \in M_n$을 **상삼각 행렬**(upper-triangular matrix)이라고 부르고, 이와 반대로 대각선 위쪽 성분들이 모두 0인 행렬을 **하삼각 행렬**(lower-triangular matrix)이라고 부른다. 따라서 행렬이 상삼각이면서 하삼각이면 대각 행렬이다.

행렬 $A \in M_n$에 대해

$$AB = I = BA$$

를 만족하는 행렬 $B \in M_n$가 존재하면, A를 **가역**(invertible) 행렬이라 하고 $B = A^{-1}$라고 쓰며 A의 **역행렬**(inverse matrix)이라고 부른다.

연습문제 1.4 모든 $A \in M_n$에 대해 $AI = A = IA$가 만족함을 보이시오.

정의 1.3

행렬 $A \in M_n$에 대해

(1) $A = A^*$이면, A를 **자기수반 행렬**(self-adjoint matrix) 또는 **허미션 행렬**(Hermitian matrix)이라고 한다.

(2) $AA^* = A^*A$이면, A를 **정규 행렬**(normal matrix)이라고 한다.

(3) $AA^* = I = A^*A$이면, A를 **유니터리 행렬**(unitary matrix)이라고 한다.

정의에 의해 자기수반 행렬들의 집합

$$\mathbf{H}_n = \{A \mid A^* = A\} \subset M_n$$

은 실 벡터 공간이지만 복소 벡터 공간은 아님을 알 수 있다.

1.1.3 기저와 차원

유한 집합 Γ의 원소 i에 대해

$$e_i : \Gamma \longrightarrow \mathbb{C}, \quad e_i(j) = \delta_{ij} = \begin{cases} 1, & i = j \\ 0, & i \neq j \end{cases} \tag{1.7}$$

로 정의되는 $\mathbb{C}^\Gamma$의 원소를 생각하면, 임의의 원소 $f \in \mathbb{C}^\Gamma$는

$$f = \sum_{i \in \Gamma} f(i) e_i \tag{1.8}$$

라고 유일하게 쓸 수 있다. e_i들을 벡터 공간 $\mathbb{C}^\Gamma$의 **표준 기저 벡터**(standard basis vector)라고 부르자. 만약 Γ가 $\mathbf{n} = \{0, 1, \ldots, n-1\}$이면, 표준 기저 벡터 e_i는 i번째 성분만 1이고 나머지 성분은 모두 0인 순서쌍이다.

위 식 (1.7)로 정의되는 δ_{ij}를 **크로네커의 델타 함수**라고 부르며 이 책에서 여러 차례 사용될 것이다.

연습문제 1.5 임의의 원소 $f \in \mathbb{C}^\Gamma$를 식 (1.8)과 같이 유일하게 나타낼 수 있음을 증명하시오.

표준 기저 벡터를 사용하여 $\mathbb{C}^\Gamma$의 원소 f, g를

$$f = \sum_{i \in \Gamma} f(i) e_i, \quad g = \sum_{i \in \Gamma} g(i) e_i$$

로 쓰면, 복소수 α에 대해 $f + g$와 αf는 다음과 같이 쓸 수 있다.

$$\begin{aligned} f + g &= \sum_{i \in \Gamma} (f(i) + g(i)) e_i, \\ \alpha f &= \sum_{i \in \Gamma} (\alpha f(i)) e_i. \end{aligned}$$

벡터 공간 V의 부분집합 $\mathcal{B} = \{v_0, \ldots, v_{n-1}\}$와 함수 $\mathbb{C}^n \to V$,

$$(z_0, \ldots, z_{n-1}) \longmapsto z_0 v_0 + \cdots + z_{n-1} v_{n-1} = \sum_{i=0}^{n-1} z_i v_i \tag{1.9}$$

를 생각하자. 이때 부분집합 $\mathcal{B} = \{v_0, \ldots, v_{n-1}\}$이 생성하는 집합은 함수 (1.9)의 이미지, 즉

$$\{z_0 v_0 + \cdots + z_{n-1} v_{n-1} \mid (z_0, \ldots, z_{n-1}) \in \mathbb{C}^n\}$$

로 정의하고, 이 집합을 $\operatorname{span} \mathcal{B} = \operatorname{span}\{v_0, \ldots, v_{n-1}\}$로 쓰자.

연습문제 1.6 벡터 공간 V 의 부분집합 $\mathcal{B} = \{v_0, \ldots, v_{n-1}\}$에 대해 span $\mathcal{B}$는 V 의 부분공간임을 증명하시오.

정의 1.4

벡터 공간 V 의 부분집합 $\mathcal{B} = \{v_0, \ldots, v_{n-1}\}$에 대해

(1) $\mathcal{B}$가 V를 **생성한다**고 함은 함수 (1.9)가 전사(surjective)라는 말이다. 즉 span $\mathcal{B} = V$ 이다.[a]

(2) $\mathcal{B}$가 **일차 독립**이라 함은 함수 (1.9)가 단사(injective)라는 말이다.

(3) $\mathcal{B}$가 V 의 **기저**(basis)라고 함은 함수 (1.9)가 일대일 대응이라는 뜻이다. 즉 $\mathcal{B}$가 일차 독립이면서 V를 생성한다는 말이다. 다시 말해, V 의 임의의 원소 $x \in V$를 유일한 방법으로 $v_0, \ldots, v_{n-1}$의 **일차 결합**(linear combination), 즉

$$x = z_0 v_0 + \cdots + z_{n-1} v_{n-1} = \sum_{i=0}^{n-1} z_i v_i, \quad (z_i \in \mathbb{C})$$

꼴로 쓸 수 있음을 말한다.

[a]기저를 생각할 때 순서가 주어진 집합으로 보는 것이 편리할 때가 있는데, 그런 경우 기저를 $\mathcal{B} = \{v_0, v_1, \cdots, v_{n-1}\}$과 같이 쓰겠다.

위 정의에서 어떤 함수 $f : A \to B$가 **전사**라고 함은 모든 $b \in B$에 대해 어떤 $a \in A$가 존재하여 $b = f(a)$라는 말이다. 또한, 어떤 함수 $f : A \to B$가 **단사**라고 함은 임의의 $a \neq a' \in A$에 대해 $f(a) \neq f(a')$이라는 말이다.

다음 두 조건을 만족하는 V 의 부분집합 $\mathcal{B} = \{v_0, \ldots, v_{n-1}\}$는 기저이다.

- 임의의 $z_0, \ldots, z_{n-1} \in \mathbb{C}$에 대하여, 만약 $z_0 v_0 + \cdots + z_{n-1} v_{n-1} = 0$이면 $z_0 = \cdots = z_{n-1} = 0$이다.
- 임의의 원소 $x \in V$에 대해 $x = z_0 v_0 + \cdots + z_{n-1} v_{n-1}$을 만족시키는 $z_0, \ldots, z_{n-1} \in \mathbb{C}$이 있다.

벡터 공간 V 의 두 기저 $\{v_0, v_1, \ldots, v_{n-1}\}$과 $\{w_0, w_1, \ldots, w_{m-1}\}$이 있으면, $m = n$이다. 즉 임의의 기저에 속하는 벡터의 수는 동일하므로 이를 벡터 공간 V 의 **차원**(dimension)이라고 부르고, $\dim V$로 쓴다. 예를 들어, $\mathbb{C}^\Gamma$ 의 차원은 표준 기저 벡터의 개수가 Γ 의 원소의 개수와

같으므로

$$\dim \mathbb{C}^{\Gamma} = |\Gamma|$$

이다. 그리고 $m \times n$ 행렬들의 집합 $M_{m\times n}$의 차원은 $\dim M_{m\times n} = m \cdot n$이다.

특별한 언급이 없으면 이 책에서는 **유한 차원** 벡터 공간만을 다룬다.

연습문제 1.7 다음을 보이시오.

(1) 벡터 공간 V의 두 기저 $\{v_0, \ldots, v_{n-1}\}$와 $\{w_0, \ldots, w_{m-1}\}$가 있으면, $m = n$이다.[4]

(2) 벡터 공간 $W_1, \ldots, W_r$에 대해

$$\dim \prod_{i=1}^{r} W_i = \sum_{i=1}^{r} \dim W_i.$$

(3) 벡터 공간 V의 부분집합 $\mathcal{B}$가 일차 독립이면, $\mathcal{B}$의 임의의 부분집합 $\mathcal{B}'$도 일차 독립이다.

예제 1.1 2×2 대칭 행렬들이 이루는 M_2의 부분공간에서는

$$\begin{pmatrix} 1 & 0 \\ 0 & 0 \end{pmatrix}, \quad \begin{pmatrix} 0 & 0 \\ 0 & 1 \end{pmatrix}, \quad \begin{pmatrix} 0 & 1 \\ 1 & 0 \end{pmatrix}$$

이 기저를 이루므로, 3차원 복소 벡터 공간이다. 일반적으로 $n \times n$ 대칭 행렬들이 이루는 복소 벡터 공간은 $\dfrac{n(n+1)}{2}$ 차원이다.

2×2 자기수반 행렬들의 집합은 실수 위에서

$$\begin{pmatrix} 1 & 0 \\ 0 & 0 \end{pmatrix}, \quad \begin{pmatrix} 0 & 0 \\ 0 & 1 \end{pmatrix}, \quad \begin{pmatrix} 0 & 1 \\ 1 & 0 \end{pmatrix}, \quad \begin{pmatrix} 0 & \sqrt{-1} \\ -\sqrt{-1} & 0 \end{pmatrix}$$

이 기저를 이루므로 4차원 실 벡터 공간이다. 일반적으로 $n \times n$ 자기수반 행렬들이 이루는 실 벡터 공간 $\mathbf{H}_n$은 n^2 차원이다. □

---

[4]힌트: $n \geq m$이라고 하자. w_0를 $v_0, v_1, \ldots, v_{n-1}$의 일차 결합으로 쓸때, 필요하면 순서를 바꿔서 v_0의 계수가 0이 아니라고 할 수 있고 $\{w_0, v_1, v_2, \ldots, v_{n-1}\}$이 기저가 됨을 보이시오. 또 w_1을 $w_0, v_1, \ldots, v_{n-1}$의 일차 결합으로 쓰고 필요하면 순서를 바꿔서 v_1의 계수가 0이 아니라고 할 수 있고, $\{w_0, w_1, v_2, \ldots, v_{n-1}\}$이 기저가 됨을 보이시오. 이와 같이 v_i들을 하나씩 w_i로 대체해 나가면 $\{w_0, \ldots, w_{m-1}, v_m, \ldots, v_{n-1}\}$이 기저임을 얻는데, 이미 앞쪽 m개의 벡터가 기저를 이루고 있으므로 나머지 벡터가 있으면 기저일 수 없다. 따라서 $m = n$이다.

연습문제 1.8 실 벡터 공간 $\mathbf{H}_n$의 기저를 찾으시오.

벡터 공간의 일차 독립인 부분집합 $\mathcal{B}$가 기저가 아니라면, $\mathcal{B}$가 생성하는 부분공간에 포함되지 않는 원소를 하나 $\mathcal{B}$에 추가하여도 여전히 일차 독립이다. 이와 같이 반복하면 기저를 만들 수 있다. 즉 주어진 일차 독립인 부분집합을 포함하는 기저가 존재한다.

벡터 공간의 주어진 유한 부분집합이 전체 공간을 생성하지만 기저는 아니라면, 적어도 한개의 원소가 다른 원소들의 일차 결합으로 쓸 수 있다는 말이다. 이 원소를 빼도 여전히 전체를 생성한다. 이 과정을 반복해서 기저를 만들 수 있다. 즉 생성하는 부분집합은 기저를 포함한다.

1.2 선형 변환

선형 변환은 일차 결합을 보존하는 두 벡터 공간 사이의 함수인데, 덧셈과 스칼라 곱이라는 두 가지 연산을 가진 벡터 공간의 구조를 보존하므로 벡터 공간의 연구에 필수적인 도구로 사용된다.

1.2.1 선형 변환과 행렬 표현

정의 1.5

벡터 공간 V, W에 대해 **선형 변환**(linear transformation)은 다음을 만족하는 함수 $\phi : V \to W$를 말한다.

$$\phi(x+y) = \phi(x) + \phi(y), \quad \phi(\alpha x) = \alpha\phi(x), \quad \forall x, y \in V, \ \forall \alpha \in \mathbb{C}.$$

선형 변환 ϕ가 일대일 대응이면, **동형변환**(isomorphism)이라고 부른다. 이때, V와 W가 **동형**(isomorphic)이라 하고, 기호로는 $V \cong W$라고 쓴다.

예를 들어, 식 (1.4)와 (1.9)에 의해 주어진 변환은 선형 변환들이다.

정의 1.6

선형 변환 $\phi : V \to W$ 의 **커널**(kernel)과 **이미지**(image)는

$$\ker\phi := \{x \in V \mid \phi(x) = 0\},$$
$$\operatorname{im}\phi = \phi(V) := \{y \in W \mid y = \phi(x)\ \exists x \in V\}$$

로 정의한다. 이미지 $\operatorname{im}\phi$의 차원을 ϕ의 **계수**(rank), 커널 $\ker\phi$의 차원을 ϕ의 **퇴화차수**(nullity)라고 부른다.

연습문제 1.9 선형 변환 $\phi : V \to W$에 대해 다음을 보이시오.

(1) $\ker\phi$와 $\operatorname{im}\phi$는 각각 V와 W의 부분공간이다.

(2) 벡터 공간 V의 부분집합 $\{v_0, \ldots, v_{n-1}\}$에 대해

$$\phi\big(\operatorname{span}\{v_0, \ldots, v_{n-1}\}\big) = \operatorname{span}\{\phi(v_0), \ldots, \phi(v_{n-1})\}.$$

정의 1.7

벡터 공간 V, W에 대해 모든 선형 변환 $\phi : V \to W$들의 집합을 $\mathcal{L}(V, W)$라고 표시하자. 선형 변환 $\phi,\ \psi \in \mathcal{L}(V, W)$의 합은

$$\phi + \psi : V \longrightarrow W, \quad (\phi + \psi)(v) = \phi(v) + \psi(v)$$

로, 스칼라 곱은

$$\alpha\phi : V \longrightarrow W, \quad (\alpha\phi)(v) = \alpha\phi(v)$$

로 정의하면, $\mathcal{L}(V, W)$는 벡터 공간이 된다. 특히, $W = \mathbb{C}$가 1차원 벡터 공간이면, $\mathcal{L}(V, \mathbb{C})$를 V의 **쌍대 공간**(dual space)이라고 부르고 V^*로 표시한다.

정의 1.7에서 $W = V$이면 $\mathcal{L}(V, V)$를 간략히 $\mathcal{L}(V)$라고 쓰고, 원소들을 **선형 작용소**(linear operator)라고 부른다.

연습문제 1.10 다음을 보이시오.

(1) $\mathcal{L}(V, W)$는 벡터 공간이다.

(2) 벡터 공간 V의 쌍대 공간 V^*의 쌍대 공간 V^{**}은 V와 동형이다. 다시 말하면, 함수 $\phi : V \to V^{**}$, $v \longmapsto (f \longmapsto f(v))$, 즉

$$\phi(v) : V^* \longrightarrow \mathbb{C}, \quad [\phi(v)](f) := f(v), \quad \forall f \in V^*$$

는 동형변환임을 증명하시오.

선형 변환 $\phi : V \to W$에 대해, 벡터 공간의 동형 정리 $V/\ker\phi \cong \operatorname{im}\phi$와 **차원 공식**

$$\dim V = \dim\ker\phi + \dim\operatorname{im}\phi$$

이 성립한다. 차원 공식을 계수-퇴화차수 정리(rank-nullity theorem)라고도 한다. 이 식을 증명하기 위해서는 먼저 이미지 $\operatorname{im}\phi$의 기저 $\{w_i\}$를 고르고 $\phi(v_i) = w_i$를 만족하는 $\{v_i\} \subset V$를 고른 후, 여기에 $\ker\phi$의 기저를 합하면 V의 기저가 됨을 확인하면 된다.

벡터 공간 V, V'과 각각의 기저 $\mathcal{B} = \{v_0, \ldots, v_{n-1}\}$와 $\mathcal{B}' = \{v'_0, \ldots, v'_{m-1}\}$에 대해, 임의의 선형 변환 $\phi : V \to V'$의 **행렬 표현**(matrix representation)은

$$[\phi]_{\mathcal{B}}^{\mathcal{B}'} = (A_{ij}) \in M_{m\times n}, \quad \phi(v_j) = \sum_{i=0}^{m-1} A_{ij} v'_i$$

으로 정의된다. 행렬 표현에 의해 정의된 함수

$$\mathcal{L}(V, V') \longrightarrow M_{m\times n}, \quad \phi \longmapsto [\phi]_{\mathcal{B}}^{\mathcal{B}'} \tag{1.10}$$

는 동형변환이다. 따라서

$$\dim\mathcal{L}(V, V') = \dim M_{m\times n} = mn = (\dim V)(\dim V')$$

이 성립한다. 만약 $V = V'$이고 $\mathcal{B}' = \mathcal{B}$인 경우에는 $[\phi]_{\mathcal{B}}^{\mathcal{B}}$를 $[\phi]_{\mathcal{B}}$로 쓰자.

연습문제 1.11 벡터 공간 V, V'과 각각의 기저

$$\mathcal{B} = \{v_0, \ldots, v_{n-1}\}, \quad \mathcal{B}' = \{v'_0, \ldots, v'_{m-1}\}$$

에 대해 선형 변환 $E_{ij} \in \mathcal{L}(V, V')$를 다음과 같이 정의하자.

$$E_{ij}\left(\sum_{0\le k<n} \alpha_k v_k\right) = \alpha_j v'_i. \tag{1.11}$$

여기서 $0 \le j < n$, $0 \le i < m$, $\alpha_k \in \mathbb{C}$이다.

(1) 식 (1.11)에서 정의된 E_{ij}들은 $\mathcal{L}(V, V')$의 기저를 이룸을 보이시오.

(2) 선형 변환 E_{ij}의 행렬 표현을 찾으시오.

(3) 식 (1.10)에 의해 정의된 함수는 동형변환임을 증명하시오.

선형 변환 $\phi : V \to V'$과 $\phi' : V' \to V''$의 합성 $\phi' \circ \phi : V \to V''$도 선형 변환이고 V, V', V''의 기저 $\mathcal{B}, \mathcal{B}', \mathcal{B}''$을 각각 고르면, 식 (1.5)로 정의된 행렬의 곱을 써서

$$[\phi' \circ \phi]_{\mathcal{B}}^{\mathcal{B}''} = [\phi']_{\mathcal{B}'}^{\mathcal{B}''} [\phi]_{\mathcal{B}}^{\mathcal{B}'} \tag{1.12}$$

이 성립함을 알 수 있다. 자명하게 $[\mathrm{id}_V]_{\mathcal{B}} = I$이고 벡터 공간 V의 두 기저 $\mathcal{B}$와 $\mathcal{B}'$에 대해 항등함수 $\mathrm{id}_V : V \to V$, $\mathrm{id}_V(v) = v$의 행렬 표현 $P = [\mathrm{id}_V]_{\mathcal{B}}^{\mathcal{B}'}$는 역행렬 $P^{-1} = [\mathrm{id}_V]_{\mathcal{B}'}^{\mathcal{B}}$를 가진다. 또한, 식 (1.12)에 의해

$$P^{-1}[\phi]_{\mathcal{B}'} P = [\phi]_{\mathcal{B}} \tag{1.13}$$

을 얻는다. 역으로 주어진 벡터 공간 V의 기저 $\mathcal{B}' = \{w_i\}_{0 \le i < n}$과 가역인 행렬 $P \in M_n$가 있으면, 새로운 기저

$$\mathcal{B} = \left\{ v_j = \sum_{i=0}^{n-1} P_{ij} w_i \right\}_{0 \le j < n} \tag{1.14}$$

를 얻고 $[\mathrm{id}_V]_{\mathcal{B}}^{\mathcal{B}'} = P$가 된다. 따라서 두 행렬 A와 A'이 같은 선형 변환의 두 기저에 의한 행렬 표현일 필요 충분 조건은 가역인 행렬 $P \in M_n$가 존재하여

$$A' = P^{-1}AP$$

꼴로 쓸 수 있는 것이다. 이 경우, 두 행렬 A, A'이 **유사**(similar)하다고 말하며 $A \sim A'$이라고 쓰자.

연습문제 1.12

(1) 식 (1.12)를 증명하시오.

(2) $\left([\mathrm{id}_V]_{\mathcal{B}}^{\mathcal{B}'}\right)^{-1} = [\mathrm{id}_V]_{\mathcal{B}'}^{\mathcal{B}}$ 임을 보이시오.

(3) 식 (1.14)를 만족하는 행렬 P는 $P = [\mathrm{id}_V]_{\mathcal{B}}^{\mathcal{B}'}$ 임을 증명하시오.

행렬 $A \in M_{m\times n}$의 열 벡터들을 $A_1, \ldots, A_n \in \mathbb{C}^m$이라 하면, A는

$$A = [A_1 \cdots A_n]$$

으로 쓸 수 있다. 함수 $\phi_A : \mathbb{C}^n \to \mathbb{C}^m$,

$$\phi_A((\lambda_1, \ldots, \lambda_n)^t) = \lambda_1 A_1 + \cdots + \lambda_n A_n$$

를 행렬 A에 의해 주어진 선형 변환이라 하자. 그러면, ϕ_A의 이미지는

$$\operatorname{im}\phi_A = \operatorname{span}\{A_1, \ldots, A_n\}$$

이고 선형 변환 ϕ_A의 계수 $\dim\operatorname{im}\phi_A$는 A의 열 벡터들에 의해 생성된 부분공간의 차원과 같다. 이를 A의 **열 계수**(column rank)라고 하고, $\operatorname{rank}_c(A)$로 쓰자. 마찬가지로, A의 행 벡터들에 의해 생성된 부분공간의 차원을 A의 **행 계수**(row rank)라고 하고 $\operatorname{rank}_r(A)$로 쓰자.

연습문제 1.13 모든 행렬 $A \in M_{m\times n}$에 대해 $\operatorname{rank}_c(A) = \operatorname{rank}_r(A)$임을 증명하시오.[5]

정의 1.8

행렬 $A \in M_{m\times n}$의 열 계수(또는 행 계수)를 행렬 A의 **계수**라고 하고, $\operatorname{rank}(A)$로 쓰자.

정의에 의해, 행렬 A의 계수는 A의 열(또는 행) 벡터들 중에서 일차 독립인 열(또는 행) 벡터의 최대 개수를 나타낸다. 그러므로 $\operatorname{rank}(A) = \operatorname{rank}(A^t)$이고, 벡터 공간의 차원 공식에 의해 $\operatorname{rank}(A) = n - \dim\ker\phi_A$이 성립한다. 또한,

$$\operatorname{rank}(A) = \min\{p \mid A = XY^t,\ \exists X \in M_{m\times p},\ Y \in M_{n\times p}\}$$

임을 다음의 정리를 통해 알 수 있다.

정리 1.9 (최대 계수 분해)

행렬 $A \in M_{m\times n}$에 대해 다음 명제들은 서로 동치이다.

(1) $\operatorname{rank}(A) = k$.

(2) 일차 독립인 열 벡터를 갖는 행렬 $X \in M_{m\times k}$, $Y \in M_{n\times k}$가 존재하여 $A = XY^t$

[5] 행이나 열에 대한 가우스 소거법은 행 계수와 열 계수를 바꾸지 않으므로 A가 기약 행 사다리 꼴(reduced row echelon form)이라고 가정해도 무방하다. 이때, 행 계수와 열 계수가 같음은 자명하다.

가 만족된다.

(3) 일차 독립인 열 벡터를 갖는 행렬 $X \in M_{m\times k}$, $Y \in M_{n\times k}$와 가역 행렬 $B \in M_k$가 존재하여 $A = XBY^t$가 만족된다.

특히, $\mathrm{rank}(A) = 1$일 필요 충분 조건은 0이 아닌 두 벡터 $x \in \mathbb{C}^m$와 $y \in \mathbb{C}^n$가 존재하여 $A = xy^t$가 성립하는 것이다.

이 정리의 증명은 정의를 잘 이해하고 있다면 자명하므로 독자에게 맡기자.

선형 변환 $\phi : V \to W$는 V의 기저 $\mathcal{B} = \{v_0, \ldots, v_{n-1}\}$의 이미지 $\{\phi(v_i)\}$에 의해

$$\phi(x) = \phi\left(\sum_{i=0}^{n-1} \alpha_i v_i\right) = \sum_{i=0}^{n-1} \alpha_i \phi(v_i), \quad \forall x = \sum_{i=0}^{n-1} \alpha_i v_i,\ \alpha_i \in \mathbb{C}$$

을 통해 유일하게 결정된다. 특히 $W = \mathbb{C}$일 때, 임의의 $0 \le i < n$에 대해 (1.7)의 크로네커 델타를 사용하여 $v_j \mapsto \delta_{ij}$를 만족하는 유일한 선형 변환 v_i^*가 존재하는데, 이를

$$[v_i^* : V \longrightarrow \mathbb{C}] \in \mathcal{L}(V, \mathbb{C}) = V^*,$$
$$v_i^*\left(\sum_{j=0}^{n-1} \alpha_j v_j\right) = \alpha_i$$

라고 두자. 그러면 임의의 $f \in V^*$에 대해

$$f(v_j) = \sum_{i=0}^{n-1} f(v_i)\delta_{ij} = \sum_{i=0}^{n-1} f(v_i) v_i^*(v_j), \quad \forall\, 0 \le j < n$$

이므로, f를

$$f = \sum_{i=0}^{n-1} f(v_i) v_i^*$$

로 쓸 수 있다. 역으로 $f = \sum_{i=0}^{n-1} \alpha_i v_i^*$이면 양변에 v_j를 대입하여 $\alpha_j = f(v_j)$를 얻으므로, $\mathcal{B}^* = \{v_0^*, \ldots, v_{n-1}^*\}$는 V^*의 기저가 된다. 이 기저 $\mathcal{B}^*$를 $\mathcal{B}$의 **쌍대 기저**(dual basis)라고 부른다. 그러므로 $\dim V = \dim V^*$이다.

벡터 공간 V의 벡터 $v \in V$는 유일한 선형 변환

$$\mathbb{C} \longrightarrow V, \quad \alpha \longmapsto \alpha v$$

을 주는데, 우리는 이를 같은 기호 $v \in \mathcal{L}(\mathbb{C}, V)$로 쓰겠다. 또한, 함수

$$V \longrightarrow \mathcal{L}(\mathbb{C}, V), \quad v \longmapsto (v : \alpha \longmapsto \alpha v)$$

가 동형변환임은 쉽게 확인할 수 있다. 예를 들어, 벡터 공간 V, W 에 대해 $f \in V^*$ 이고 $w \in W$ 라면, $w \circ f$ 는 계수가 1인 선형 변환

$$w \circ f : V \xrightarrow{f} \mathbb{C} \xrightarrow{w} W$$

이 된다.

정의 1.10

선형 변환 $\phi : V \to W$ 의 **전치**(transpose) 선형 변환은 다음과 같이 정의된 선형 변환 $\phi^t : W^* \to V^*$ 이다.

$$\phi^t(f) = f \circ \phi, \qquad (f \in W^*). \tag{1.15}$$

즉 임의의 $v \in V$ 에 대해

$$[\phi^t(f)](v) = (f \circ \phi)(v) = f(\phi(v))$$

가 만족된다.

예제 1.2 $V = \mathbb{C}^n$, $W = \mathbb{C}^m$ 이라 하고, 선형 변환 $\phi : V \to W$ 가 주어져 있다고 하자. 만약 V, W 의 표준 기저 $\{e_i\}$ 에 대한 ϕ 의 행렬 표현을 $A \in M_{m \times n}$ 라고 하면, 전치 선형 변환 ϕ^t 의 행렬 표현은 A^t 이다. 왜냐하면

$$\begin{aligned}(\phi^t(e_j^*))(e_i) = e_j^*(\phi(e_i)) &= e_j^*\Big(\sum_k A_{ki}e_k\Big) \\ &= \sum_k A_{ki}\delta_{jk} = A_{ji}\end{aligned}$$

이므로

$$\phi^t(e_j^*) = \sum_{0 \le i < n} A_{ji}e_i^* = \sum_{0 \le i < n} (A^t)_{ij}e_i^*$$

이기 때문이다. □

일반적으로, 벡터 공간 $\mathcal{L}(V, W)$ 에서 $\mathcal{L}(W^*, V^*)$ 로 가는 함수 $T : \phi \mapsto \phi^t$ 는 일대일 함수이며, 다음 성질을 만족한다.

- 선형 변환 $\phi : V \to W$ 와 $\psi : W \to U$ 에 대해 $(\psi \circ \phi)^t = \phi^t \circ \psi^t$ 이다.
- 선형 변환 $\phi : V \to W$ 의 V, W 의 기저에 대한 행렬 표현을 A 라 하면, 전치 선형 변환 ϕ^t 의 V^*, W^* 의 쌍대 기저에 대한 행렬 표현은 A^t 이다.

연습문제 1.14 선형 변환 $\phi \in \mathcal{L}(V, W)$에 대해 다음을 증명하시오.

(1) $\mathrm{rank}(\phi^t) = \mathrm{rank}(\phi)$.

(2) $\ker(\phi^t) = \{f \in W^* |\ f(w) = 0,\ \forall w \in \mathrm{im}(\phi)\}$.

(3) $\mathrm{im}(\phi^t) = \{g \in V^* |\ g(v) = 0,\ \forall v \in \ker(\phi)\}$.

1.2.2 고유값과 고유벡터

정의 1.11

선형 작용소 $\phi : V \to V$에 대해

$$\phi(v) = \lambda v, \quad v \neq 0 \in V,\ \lambda \in \mathbb{C}$$

가 성립하면, λ를 ϕ의 **고유값**(eigenvalue)라고 하고 v를 고유값 λ에 대응하는 **고유벡터**(eigenvector)라고 부른다. 또한, 고유값 λ에 대응하는 고유벡터들의 집합

$$V(\lambda) := \{x \in V \mid \phi(x) = \lambda x\} = \ker(\phi - \lambda\, \mathrm{id}_V)$$

는 부분공간이 되는데, 이를 **고유공간**(eigenspace)이라고 부른다.

행렬 표현의 정의로부터, V의 기저 $\mathcal{B}$에 관한 선형 작용소 $\phi : V \to V$의 행렬 표현 $[\phi]_\mathcal{B}$가 대각 행렬일 필요 충분 조건은 $\mathcal{B}$의 모든 벡터가 고유벡터인 것이다.

연습문제 1.15 선형 작용소 ϕ의 행렬 표현 $[\phi]_\mathcal{B}$이 대각 행렬일 필요 충분 조건은 $\mathcal{B}$의 모든 벡터가 고유벡터임을 보이시오.

선형 작용소 $\phi : V \to V$의 서로 다른 고유값들을 $\lambda_1, \ldots, \lambda_m$이라고 할 때,

$$\begin{aligned}\widetilde{V}(\lambda_i) &:= \{x \in V \mid (\phi - \lambda_i\, \mathrm{id}_V)^k x = 0,\ \exists k > 0\} \\ &= \bigcup_{k>0} \ker(\phi - \lambda_i\, \mathrm{id}_V)^k\end{aligned}$$

라고 두면

$$V = \widetilde{V}(\lambda_1) \oplus \cdots \oplus \widetilde{V}(\lambda_m) \tag{1.16}$$

이 된다.

연습문제 1.16

1. 부분집합 $\widetilde{V}(\lambda_i)$가 부분공간임을 보이시오.
2. 식 (1.16)이 성립함을 증명하시오.[6]

정의 1.12

선형 작용소 $\phi : V \to V$의 **자취**(trace)와 **행렬식**(determinant)은 각각

$$\operatorname{tr}(\phi) := \sum_{i=1}^{m} \lambda_i \dim \widetilde{V}(\lambda_i),$$
$$\det(\phi) := \prod_{i=1}^{m} \lambda_i^{\dim \widetilde{V}(\lambda_i)}$$

로 정의할 수 있다.

특히, $\det(\phi) = 0$이면 0이 고유값이므로 $\ker(\phi) \neq \{0\}$이다. 그러므로, 복소수 λ가 ϕ의 고유값일 필요 충분 조건은 $\det(\phi - \lambda\,\mathrm{id}) = 0$인 것이다.

1.2.3 행렬의 행렬식과 자취

정의 1.13

$n \times n$ 행렬 $A = [A_{ij}]_{i,j=0}^{n-1}$의 **자취**(trace)는

$$\operatorname{tr}(A) := \sum_{0 \le i < n} A_{ii}$$

로 정의된다. 즉 자취는 행렬의 대각선에 놓인 성분들의 합이다.

---

[6] 현대 대수학을 통한 증명: 환 사이의 준동형사상

$$\Phi : \mathbb{C}[x] \longrightarrow \mathcal{L}(V), \quad f(x) \longmapsto f(\phi)$$

의 커널은 한 개의 모닉(monic) 다항식 $f(x)$가 생성하고, 이는 대수학의 기본 정리에 의해

$$\prod_{i=1}^{m} (x - \lambda_i)^{d_i}$$

꼴로 인수분해됨을 안다. 동형사상 정리와 중국인 나머지 정리(Chinese remainder theorem)에 의해

$$\operatorname{im}\Phi \cong \oplus_{i=1}^{m} \mathbb{C}[x]/((x - \lambda_i)^{d_i}), \quad V = \oplus_{i=1}^{m} \widetilde{V}(\lambda_i)$$

임을 얻는다.

자명하게, 자취 $\mathrm{tr} : M_n \to \mathbb{C}$, $A \mapsto \mathrm{tr}(A)$는 선형 함수이고, 전치에 대해 불변, 즉 $\mathrm{tr}(A) = \mathrm{tr}(A^t)$이다. 또한, $A = [A_{ij}] \in M_{m\times n}$이면

$$\mathrm{tr}(A^*A) = \sum_{i,j} |A_{ij}|^2$$

이므로, $\mathrm{tr}(A^*A) = 0$일 필요 충분 조건은 A가 영 행렬, 즉 모든 성분이 0인 행렬이다.

정의 1.14

집합 $\mathbf{n} = \{0, \ldots, n-1\}$에서 자신으로 가는 일대일 대응들의 집합을 S_n이라고 쓰고 부호 함수를

$$\mathrm{sgn} : S_n \longrightarrow \{\pm 1\}, \quad \sigma \longmapsto \prod_{i>j} \frac{\sigma(i) - \sigma(j)}{|\sigma(i) - \sigma(j)|}$$

로 두면, $n \times n$ 행렬 $A = [A_{ij}]_{i,j=0}^{n-1}$의 **행렬식**은

$$\det(A) := \sum_{\sigma \in S_n} \mathrm{sgn}(\sigma) A_{0,\sigma(0)} \cdots A_{n-1,\sigma(n-1)}$$

로 정의된다.

연습문제 1.17

(1) 정의에 따라 2×2 행렬 A의 행렬식은 $A_{0,0}A_{1,1} - A_{0,1}A_{1,0}$임을 보이시오.

(2) 정의에 따라 3×3 행렬 $A = [A_{ij}]_{i,j=1}^{3}$의 행렬식을 구하시오.

행렬식은 귀납적으로

$$\det(A) := \begin{cases} \displaystyle\sum_{j=0}^{n-1} (-1)^{i+j} A_{ij} \det(A^{i,j}), & (i\text{가 고정될 때}), \\ \displaystyle\sum_{i=0}^{n-1} (-1)^{i+j} A_{ij} \det(A^{i,j}), & (j\text{가 고정될 때}). \end{cases}$$

를 통해 계산할 수도 있는데 여기서 $A^{i,j}$는 행렬 A에서 i번째 행과 j번째 열을 제거하여 만든 $(n-1) \times (n-1)$ 행렬을 말한다.

정리 1.15

행렬 $A, B \in M_n$에 대해

$$\det(AB) = \det(A)\det(B), \quad \mathrm{tr}(AB) = \mathrm{tr}(BA)$$

가 성립한다. 따라서 행렬 $A \in M_n$과 가역인 행렬 $P \in M_n$에 대해

$$\det(P^{-1}AP) = \det(A), \quad \mathrm{tr}(P^{-1}AP) = \mathrm{tr}(A)$$

이 성립한다. 만약 $A \in M_n$가 하삼각 행렬 ($A_{ij} = 0,\ \forall i < j$)이면

$$\det(A) = \prod_{0 \le i < n} A_{ii},$$

즉 대각 원소들의 곱이다.

[증명] 자취에 대한 등식은 성분에 대한 직접 계산으로 바로 확인할 수 있다. 행렬식에 대한 등식은 가우스 소거법을 쓰면 되는데, 행에 대한 가우스의 세 가지 소거 작용은 왼쪽에 각각의 작용에 해당되는 기본 행렬을 곱하는 것과 같고, 따라서 A가 기본 행렬일 때 등식을 확인하기만 하면 된다. 왜냐하면 가우스 소거 작용을 반복 적용하여 A를 항등 행렬로 만들 수 있고[7] A나 B가 항등 행렬이면 위의 등식은 자명하기 때문이다.

A가 하삼각 행렬인데

$$A_{0,\sigma(0)} \cdots A_{n-1,\sigma(n-1)} \neq 0$$

이려면 $i \ge \sigma(i),\ \forall i$이어야 하는데, 이는 $\sigma(i) = i,\ \forall i$일 때만 가능함을 쉽게 알 수 있다. □

행렬식의 정의와 정리 1.15로부터 행렬 $A \in M_n$에 대해 다음이 성립함을 확인하자.

- $\det(A) = \det(A^t)$, $\det I = 1$.
- A가 가역이면, $\det(A^{-1}) = \det(A)^{-1}$.

행렬 $A, B \in M_n$에 대해

$$[A, B] := AB - BA$$

[7] A가 가역이지 않으면 양변 모두 0이다. (왜 그런가 설명해보라.)

를 A와 B의 **교환자**(commutator)라고 한다. 정리 1.15에서 볼 수 있듯이, 모든 교환자의 자취는 $\mathrm{tr}([A, B]) = 0$이다. 역으로, 자취가 0인 행렬은 행렬의 교환자들의 일차 결합으로 기술된다.

정리 1.15에 의해, 자취는 순환 치환(cyclic permutations)에 대해 불변이다. 즉

$$\mathrm{tr}(A_1 A_2 \cdots A_k) = \mathrm{tr}(A_2 \cdots A_k A_1) = \cdots = \mathrm{tr}(A_k A_1 \cdots A_{k-1}).$$

그러나, 임의의 치환에 대해서 불변인 것은 아니다. 예를 들면,

$$\mathrm{tr}(A_1 A_2 A_3) \neq \mathrm{tr}(A_1 A_3 A_2)$$

은 일반적으로 성립하지 않는다.

동형변환 (1.10)에 의해 $\mathbb{C}^n$의 표준 기저를 $\mathcal{B}$라 두면, 임의의 행렬 $A \in M_{n\times n}$에 대해

$$[\phi_A]_{\mathcal{B}} = A$$

를 만족하는 유일한 선형 변환이 ϕ_A가 존재한다. 즉 행렬 A의 (i, j)-성분을 A_{ij}라고 쓸 때,

$$\phi_A : \mathbb{C}^n \longrightarrow \mathbb{C}^n, \quad \phi_A(e_j) = \sum_i A_{ij} e_i \tag{1.17}$$

로 정의되는 유일한 선형 작용소 $\phi_A \in \mathcal{L}(\mathbb{C}^n)$의 행렬 표현은 $[\phi_A]_{\mathcal{B}} = A$이다.

정리 1.16

$n \times n$ 행렬 A에 대해 다음 명제들은 서로 동치이다.

(1) A는 가역 행렬이다.

(2) A의 계수는 n이다.

(3) A의 열 벡터들은 일차 독립이다.

(4) A의 행 벡터들은 일차 독립이다.

(5) $\det A \neq 0$.

(6) ϕ_A는 일대일 함수이다.

(7) ϕ_A는 전사 또는 단사 함수이다.

연습문제 1.18 정리 1.16을 증명하시오.

$A \in M_n$가 가역 행렬이면, (1.6)에 의해,

$$(A^{-1})^t = (A^t)^{-1}, \quad (A^{-1})^* = (A^*)^{-1}$$

이 성립한다. $n \times n$ 가역 행렬들의 집합을 일반 선형 군(general linear group)이라 하고, $GL(n)$으로 쓴다.

표준 기저 벡터 e_j를 j행 원소만 1이고 나머지는 모두 0인 $n \times 1$ 행렬

$$e_j = (0, \ldots, 0, 1, 0, \ldots, 0)^t$$

로 생각하면, 행렬의 곱 Ae_j는 j번째 열 벡터

$$Ae_j = (A_{0j}, \cdots, A_{n-1,j})^t = \sum_i A_{ij} e_i = \phi_A(e_j)$$

와 같다. 행렬의 곱 $v \mapsto Av$과 ϕ_A는 선형이므로 $\mathbb{C}^n$의 벡터들을 모두 $n \times 1$ 행렬들로 볼 때,

$$\phi_A(v) = Av, \quad v \in \mathbb{C}^n \tag{1.18}$$

임을 얻는다. 다른 행렬 $A' \in M_n$에 대해 행렬의 곱의 결합 법칙을 쓰면, $(A'A)v = A'(Av)$이 성립하므로

$$\phi_{A'A} = \phi_{A'} \circ \phi_A \tag{1.19}$$

임을 얻는다.

식 (1.10)과 (1.17)에 의해 표준 벡터 공간 $\mathbb{C}^n$과 표준 기저 $\{e_i\}_{0 \le i < n}$만을 사용한다면 선형 변환들과 행렬들을 구분할 필요가 없다. 예를 들어, 고유값과 고유벡터를 행렬 A에 대해 다음과 같이 행렬의 곱을 사용해서 정의할 수 있고 이는 선형 변환 ϕ_A의 그것들과 같다.

정의 1.17

행렬 $A \in M_n$, 0이 아닌 벡터 $v \in \mathbb{C}^n$와 $\lambda \in \mathbb{C}$에 대해 $Av = \lambda v$가 성립하면, λ를 A의 **고유값**(eigenvalue)이라고 부르고, v를 고유값 λ에 대응하는 A의 **고유벡터**(eigenvector)라고 부른다.

행렬 $A \in M_n$의 고유값과 고유벡터를 찾기 위해, $Av = \lambda v$ ($\lambda \in \mathbb{C}$, $v \in \mathbb{C}^n$)를 생각하자. 그러면, $(A - \lambda I_n)v = 0$이고 $v \neq 0$이어야 하므로 $A - \lambda I_n$는 가역이 아니다. 따라서 방정식 $\det(A - \lambda I_n) = 0$을 만족하는 λ가 A의 고유값인데, 다항식

$$p_A(\lambda) := \det(A - \lambda I_n)$$

을 A의 **특성 다항식**(characteristic polynomial)이라고 부른다. 행렬 $A \in M_n$의 고유값들을 $\lambda_1, \ldots, \lambda_n$이라 하면, 특성 다항식은

$$\begin{aligned} p_A(\lambda) &= (\lambda_1 - \lambda) \cdots (\lambda_n - \lambda) \\ &= (-1)^n \lambda^n + (-1)^{n-1}(\lambda_1 + \cdots + \lambda_n)\lambda^{n-1} + \cdots + \lambda_1 \cdots \lambda_n \end{aligned}$$

이다. 그리고 행렬의 자취는 고유값들의 합이고 행렬식은 고유값들의 곱임을 알 수 있다.

예제 1.3 2×2 행렬 $A = \begin{pmatrix} a & b \\ c & d \end{pmatrix}$의 자취는 $\mathrm{tr}(A) = a + d$, 행렬식은 $\det(A) = ad - bc$이고, 특성 다항식은

$$p_A(\lambda) = \lambda^2 - (a+d)\lambda + ad - bc = \lambda^2 - \mathrm{tr}(A)\lambda + \det(A)$$

이다. □

다항식 $p(t) = a_k t^k + \cdots + a_1 t + a_0$가 주어졌을 때, 행렬 $A \in M_n$에 대해

$$p(A) := a_k A^k + \cdots + a_1 A + a_0 I$$

으로 정의한다.

정리 1.18

$p(t)$는 차수가 $k \geq 1$인 다항식이라고 하자. 만약 $A \in M_n$의 고유값 λ에 대응하는 고유벡터가 $v \in \mathbb{C}^n$이면, $p(\lambda)$는 $p(A)$의 고유값이고, 대응하는 고유벡터는 v이다. 역으로 μ가 $p(A)$의 고유값이면, $\mu = p(\lambda)$를 만족하는 A의 고유값 λ가 존재한다.

[증명] $p(t) = a_k t^k + \cdots + a_1 t + a_0$ ($a_k \neq 0$)이면,

$$p(A)v = a_k A^k v + \cdots + a_1 A v + a_0 v \tag{1.20}$$

이다. λ가 A의 고유값이므로, 임의의 $0 \leq i \leq k$에 대해 $A^i v = \lambda^i v$이고 등식 (1.20)은

$$p(A)v = a_k \lambda^k v + \cdots + a_1 \lambda v + a_0 v = p(\lambda)v$$

이 된다. 따라서 $p(\lambda)$는 $p(A)$의 고유값이고 대응하는 고유벡터는 v이다.

μ가 $p(A)$의 고유값이면, $p(A) - \mu I$는 가역이 아니다. $p(t) - \mu$는 차수가 k인 다항식이므로 $p(t) - \mu$를 인수분해하여

$$p(t) - \mu = a_k(t - t_1) \cdots (t - t_k) \tag{1.21}$$

을 얻는다. 식 (1.21)에서 t 대신 A를 넣으면,

$$p(A) - \mu I = a_k(A - t_1 I) \cdots (A - t_k I)$$

이고, $p(A) - \mu I$는 가역이 아니므로 $A - t_i I$가 가역이 아닌 i가 존재한다. 따라서 t_i은 A의 고유값이고 $0 = p(t_i) - \mu$, 즉 $\mu = p(t_i)$이다. □

따름정리 1.19

행렬 $A \in M_n$에 대해 다음이 성립한다.

(1) λ가 A의 고유값이면 A^t의 고유값도 된다.

(2) A가 가역이고 λ가 A의 고유값일 때, λ^{-1}는 A^{-1}의 고유값이다.

[증명] (1) λ가 A의 고유값이면,

$$\begin{aligned} 0 &= \det(A - \lambda I) = \det((A - \lambda I)^t) = \det(A^t - \lambda I^t) \\ &= \det(A^t - \lambda I) \end{aligned}$$

이므로 λ는 A^t의 고유값이다.

(2) $v \neq 0$가 λ에 대응하는 고유벡터라면

$$\begin{aligned} A^{-1}v &= A^{-1}(\lambda^{-1}\lambda v) = \lambda^{-1}A^{-1}(\lambda v) \\ &= \lambda^{-1}A^{-1}(Av) = \lambda^{-1}(A^{-1}Av) \\ &= \lambda^{-1}v \end{aligned}$$

이므로 λ^{-1}는 A^{-1}의 고유값이다. □

연습문제 1.19

(1) 다음 행렬의 특성 다항식과 고유값을 구하시오.

$$\begin{pmatrix} 3 & -2 & -2 \\ 3 & -1 & -3 \\ 1 & -2 & 0 \end{pmatrix}$$

(2) 0이 행렬 $A \in M_n$의 고유값일 필요 충분 조건은 A가 가역이 아님을 증명하시오.

(3) 복소수 λ, μ에 대해, λ가 $A \in M_n$의 고유값일 필요 충분 조건은 $\lambda + \mu$가 $A + \mu I$의 고유값인 것임을 보이시오.

식 (1.18)에 의해 행렬 A의 고유값과 고유벡터는 선형 변환 ϕ_A의 고유값과 고유벡터와 같다. 또한, 자취와 행렬식도 행렬 A와 선형 변환 ϕ_A에 대해 같다.

정리 1.20

행렬 $A \in M_n$에 대해 다음이 성립한다.

$$\mathrm{tr}(A) = \mathrm{tr}(\phi_A), \quad \det(A) = \det(\phi_A).$$

[증명] 정리 1.15와 식 (1.13)에 의해 $\mathbb{C}^n$의 기저 $\mathcal{B}'$이 존재하여 $[\phi_A]_{\mathcal{B}'}$이 하삼각 행렬이고 대각선에 λ_i가 $\dim \widetilde{V}(\lambda_i)$번 나옴을 보이면 충분하다.

선형 작용소 ϕ_A에 대해 분해 (1.16)을 생각하자. 정의에 의해 각각의 i에 대해 $\widetilde{V}(\lambda_i)$는 $\phi(\widetilde{V}(\lambda_i)) \subset \widetilde{V}(\lambda_i)$이므로, ϕ를 $\widetilde{V}(\lambda_i)$에 작용하는 선형 작용소로 볼 수 있다. 각각의 $\widetilde{V}(\lambda_i)$마다 기저를 구하여 합집합을 취해서 얻는 기저에 대해 행렬 표현을 구해보면, 각각의 블록이 $\dim \widetilde{V}(\lambda_i)$ 크기의 블록 대각 행렬이므로 $V = \widetilde{V}(\lambda) \neq 0$인 경우만 보이면 충분하다. 우리가 보이고자 하는 것은 더 강력하게 $[\phi_A]_{\mathcal{B}'}$의 대각선 이외의 위치의 (i, j)-성분은 $j \neq i - 1$이면 모두 0이고 $j = i - 1$이면 0 또는 1이라는 것이다. 즉

$$\phi(v_j) = \lambda v_j \text{ 또는 } \lambda v_j + v_{j+1}, \quad \forall j \tag{1.22}$$

임을 보이는 것이다.

$\dim V$에 관한 귀납법을 사용하자. $\dim V = 1$이면 자명하다. λ가 고유값이므로 $\phi - \lambda\,\mathrm{id}_V$의 커널은 0이 아니고 그 이미지를 W라고 할 때,

$$m := \dim W < \dim V = n$$

이다. 따라서 W의 기저 $\mathcal{B}_W = \{w_0, \ldots, w_{m-1}\}$이 존재하여

$$\phi(w_j) = \lambda w_j \text{ 또는 } \lambda w_j + w_{j+1}, \quad \forall j$$

가 성립한다. 즉 $(\phi - \lambda\,\mathrm{id}_V)(w_j) = 0$ 또는 $(\phi - \lambda\,\mathrm{id}_V)(w_j) = w_{j+1}$인 것이다. 이때, 집합 $\{0, \ldots, m-1\}$을

$$\begin{cases} (\phi - \lambda\,\mathrm{id}_V)(w_j) = w_{j+1}, & i \le j < k \\ (\phi - \lambda\,\mathrm{id}_V)(w_k) = 0 \end{cases}$$

을 만족하는 부분집합 $\{i, i+1, \ldots, k-1, k\}$들로 분할할 수 있다.

각각의 그러한 부분집합 $\{i, i+1, \ldots, k-1, k\}$마다

$$(\phi - \lambda\,\mathrm{id}_V)v_i = w_i \in \mathrm{im}(\phi - \lambda\,\mathrm{id}_V)$$

를 만족하는 v_i를 고르자. 그러면 $\{w_i, w_{i+1}, \ldots, w_k, v_i\}$들을 다 모아두면 일차 독립임을 직접적으로 보일 수 있고, 이들이 생성하는 부분공간에 속하지 않는 고유벡터들을 추가하여 기저를 만들 수 있다. 이렇게 얻은 기저는 식 (1.22)를 만족하므로 정리가 증명되었다. □

1.2.4 슈르 형식과 대각화

정리 1.20의 증명에 나오는 기저로 행렬 표현을 하면, 대각선에는 고유값들이 나오고 대각선 바로 아래줄에만 1이 나올 수 있고 나머지 성분은 모두 0인 하삼각 행렬을 얻는다. 이런 행렬을 **조르단 형식**(Jordan form)이라고 부른다.

정리 1.21 (슈르 삼각화, Schur triangulation)

행렬 $A \in M_n$에 대해 유니터리 행렬 U과 상삼각 행렬 Q가 존재하여 $A = UQU^*$가 만족된다.

[증명] n에 관한 수학적 귀납법을 사용하여 증명하자.

$n = 1$인 경우는 분명하게 성립하므로, $n > 1$이라 하자. n차원 벡터 $v \in \mathbb{C}^n$은 $n \times 1$행렬로 생각하면 행렬의 곱의 정의로부터 v^*v는 0이상의 실수인데 그 제곱근을 v의 크기 $\|v\| = \sqrt{v^*v}$로 정의한다. 0이 아닌 임의의 벡터 v에 $\|v\|^{-1}$을 곱하면 크기가 1인 벡터가 된다.

$\lambda_1, \ldots, \lambda_n$을 $A \in M_n$의 고유값이라 하자. 고유값 λ_1에 대응하는 크기가 1인 고유벡터를 v_1이라 하고,

$$v_i^* v_j = \delta_{ij}, \quad 0 \le i, j < n$$

을 만족하는 $\{v_2, \cdots, v_n\}$을 고르자.[8] 이제 $v_1, \cdots, v_n$을 열 벡터로 갖는 행렬을 U_1이라고 두면 유니터리 행렬이 됨을 바로 확인할 수 있다. 또한, 첫 번째 열 벡터가 v_1이므로 $v_1 = U_1 e_1$이고

$$AU_1e_1 = Av_1 = \lambda_1 v_1 = \lambda_1 U_1 e_1$$

이어서 양변에 $U_1^* = U_1^{-1}$을 왼쪽에 곱하여 $U_1^* A U_1 e_1 = \lambda_1 e_1$을 얻는다. 따라서 $U_1^* A U_1$은 첫 번째 열 벡터가 $\lambda_1 e_1$인 행렬이어서

$$\begin{pmatrix} \lambda_1 & w \\ 0 & A' \end{pmatrix}$$

형태임을 알 수 있다. 이제 귀납법 가정을 A'에 적용하면 상삼각 행렬 Q'과 유니터리 행렬 U'이 존재하여 $A' = U'Q'(U')^*$이 성립함을 안다. 이때

$$U_2 = \begin{pmatrix} 1 & 0 \\ 0 & U' \end{pmatrix}, \quad U = U_1 U_2$$

라고 두면, $Q = U^*AU = U_2^*(U_1^*AU_1)U_2$는 상삼각 행렬임을 알 수 있다. □

정리 1.21에 있는 상삼각 행렬 Q를 A의 **슈르 형식**(Schur form)이라고 부른다. $U^{-1} = U^*$이므로 Q는 A와 유사(similar)하고, Q와 A는 같은 고유값들을 갖는다. 특히, Q의 대각 원소가 A의 고유값이다. 즉 $Q_{ii} = \lambda_i$ $(1 \le i \le n)$이다.

[8] 연립 방정식을 풀던지, 그램-슈미트 과정(연습문제 2.5)을 쓰면 된다.

정의 1.22

행렬 $A \in M_n$가 **대각화 가능**이라 함은 대각 행렬과 유사하다는 말인데, 즉 가역 행렬 $P \in M_n$가 존재하여 $P^{-1}AP$가 대각 행렬이라는 말이다.

연습문제 1.20

(1) 행렬 $A, B \in M_n$에 대해 A가 가역이고 BA가 대각 행렬이면, AB는 대각화 가능임을 보이시오.

(2) 행렬 $A \in M_n$이 대각화 가능일 필요 충분 조건은 벡터 공간 $\mathbb{C}^n$이 A의 고유벡터들로 이루어진 기저를 갖는다는 것임을 보이시오.

(3) 행렬 $A = \begin{pmatrix} 1 & 1 & 1 \\ 0 & 2 & 1 \\ 0 & 0 & 3 \end{pmatrix}$는 대각화 가능임을 보이시오.

예제 1.4 벡터 공간 $V = M_n$과 행렬 $A \in M_n$에 대하여 함수 $\phi : V \to V$를 다음과 같이 정의하자.

$$\phi(B) = AB - BA, \qquad (B \in V).$$

그러면 ϕ는 선형 작용소이다. 왜냐하면 임의의 $B, B_1, B_2 \in V$, $\alpha \in \mathbb{C}$에 대해

$$\phi(\alpha B) = \alpha\phi(B), \quad \phi(B_1 + B_2) = \phi(B_1) + \phi(B_2)$$

이 만족되기 때문이다. 항등 행렬 I와 영 행렬 O에 대해

$$\phi(I) = AI - IA = O, \quad \phi(O) = AO - OA = O$$

이 만족되므로, M_n의 임의의 기저에 대한 ϕ의 행렬 표현 P는 가역이 아니다. 다시 정리 1.20에 의해 $\det(\phi) = \det P = 0$이다. □

연습문제 1.21 예제 1.4에서 2×2 행렬 $A = [A_{ij}] \in M_2$에 대해 선형 작용소 ϕ의 행렬 표현을 찾으시오.

1.3 텐서 곱

벡터 공간들의 텐서 곱(tensor product)은 작은 벡터 공간으로부터 큰 벡터 공간을 구성하는 방법을 제공하고, 텐서 곱은 행렬처럼 스칼라들의 다차원 배열들로 생각할 수도 있다.

1.3.1 벡터 공간들의 텐서 곱

곱집합의 정의로부터 공통의 원소가 없는 유한 집합 $\Gamma_1, \ldots, \Gamma_r$에 대해 이들의 합집합 $\Gamma_1 \sqcup \cdots \sqcup \Gamma_r$으로부터 얻는 벡터 공간은 곱집합

$$\mathbb{C}^{\Gamma_1 \sqcup \cdots \sqcup \Gamma_r} = \mathbb{C}^{\Gamma_1} \times \cdots \times \mathbb{C}^{\Gamma_r} = \prod_{i=1}^{r} \mathbb{C}^{\Gamma_i}$$

과 일치한다. 한편, $\{\Gamma_i\}$의 곱집합 $\prod_{i=1}^{r} \Gamma_i$가 주는 벡터 공간을 텐서 곱이라고 부른다.

> **정의 1.23**
>
> 유한 집합 $\Gamma_1, \ldots, \Gamma_r$에 대해 벡터 공간 $\{\mathbb{C}^{\Gamma_i}\}_{1 \le i \le r}$들의 **텐서 곱**은 곱집합 $\Gamma = \Gamma_1 \times \cdots \times \Gamma_r$이 만들어 내는 벡터 공간
>
> $$\mathbb{C}^{\Gamma_1} \otimes \cdots \otimes \mathbb{C}^{\Gamma_r} := \mathbb{C}^{\Gamma} \tag{1.23}$$
>
> 으로 정의된다.

원소 $(j_1, \ldots, j_r) \in \prod_{i=1}^{r} \Gamma_i$에 대응되는 표준 기저 벡터를

$$e_{j_1} \otimes \cdots \otimes e_{j_r} \tag{1.24}$$

로 표시하면, 텐서 곱 $\mathbb{C}^{\Gamma_1} \otimes \cdots \otimes \mathbb{C}^{\Gamma_r}$의 임의의 원소는

$$\sum_{(j_1,\ldots,j_r) \in \prod_{i=1}^{r} \Gamma_i} \alpha_{j_1,\cdots,j_r} e_{j_1} \otimes \cdots \otimes e_{j_r}, \quad \alpha_{j_1,\ldots,j_r} \in \mathbb{C}$$

라고 쓸 수 있다.

예제 1.5 $V = \mathbb{C}^2$의 표준 기저 $\{e_0, e_1\}$와 $W = \mathbb{C}^3$의 표준 기저 $\{e_0, e_1, e_2\}$를 생각하고

$V \otimes W$의 표준 기저

$$\{e_i \otimes e_j \mid 0 \leq i < 2,\ 0 \leq j < 3\}$$

에 사전식 배열[9]을 생각하여

$$\{e_0 \otimes e_0, e_0 \otimes e_1, e_0 \otimes e_2, e_1 \otimes e_0, e_1 \otimes e_1, e_1 \otimes e_2\}$$

로 순서를 주면 동형변환 $V \otimes W \cong \mathbb{C}^6$가 주어지고 이 동형변환에 의해 이 기저 벡터들을 아래와 같이 $\mathbb{C}^6$의 표준 기저 벡터와 동일시할 수 있다.

$$e_0 \otimes e_0 = \begin{pmatrix}1\\0\\0\\0\\0\\0\end{pmatrix},\ e_0 \otimes e_1 = \begin{pmatrix}0\\1\\0\\0\\0\\0\end{pmatrix},\ e_0 \otimes e_2 = \begin{pmatrix}0\\0\\1\\0\\0\\0\end{pmatrix},$$

$$e_1 \otimes e_0 = \begin{pmatrix}0\\0\\0\\1\\0\\0\end{pmatrix},\ e_1 \otimes e_1 = \begin{pmatrix}0\\0\\0\\0\\1\\0\end{pmatrix},\ e_1 \otimes e_2 = \begin{pmatrix}0\\0\\0\\0\\0\\1\end{pmatrix}.$$

□

연습문제 1.22 벡터 공간 V, W에 대해 다음 물음에 답하시오.

(1) $x \in V$와 $y \in W$에 대해 $x \otimes y = 0$일 필요 충분 조건은 $x = 0$ 또는 $y = 0$임을 보이시오.

(2) $x_1, x_2 \in V - \{0\}$와 $y_1, y_2 \in W - \{0\}$에 대해 $x_1 \otimes y_1 = x_2 \otimes y_2$일 필요 충분 조건은 $\lambda \in \mathbb{C} - \{0\}$가 존재하여

$$x_1 = \lambda x_2, \quad y_1 = \frac{1}{\lambda} y_2$$

를 만족하는 것임을 보이시오.

[9] $(i, j) \leq (i', j') \Leftrightarrow [i < i'$ 또는 $(i = i'$ 이고 $j \leq j')]$.

정의 1.24

벡터 $(v_i : \Gamma_i \to \mathbb{C}) \in \mathbb{C}^{\Gamma_i}$, $1 \le i \le r$에 대해

$$\begin{aligned} v_1 \otimes \cdots \otimes v_r &= \Big(\sum_{j_1 \in \Gamma_1} v_1(j_1) e_{j_1} \Big) \otimes \cdots \otimes \Big(\sum_{j_r \in \Gamma_r} v_r(j_r) e_{j_r} \Big) \\ &:= \sum_{(j_1,\ldots,j_r) \in \prod_{i=1}^r \Gamma_i} \Big(\prod_{i=1}^r v_i(j_i) \Big) e_{j_1} \otimes \cdots \otimes e_{j_r} \\ &\in \mathbb{C}^{\Gamma_1} \otimes \cdots \otimes \mathbb{C}^{\Gamma_r} \end{aligned} \tag{1.25}$$

로 정의하고, $v_1 \otimes \cdots \otimes v_r$꼴로 쓸 수 있는 텐서 곱 $\mathbb{C}^{\Gamma_1} \otimes \cdots \otimes \mathbb{C}^{\Gamma_r}$의 원소들을 **곱 벡터**(product vector)라고 부른다.

주어진 $0 \le i < m$, $0 \le j < n$에 대해, (i,j)-성분만 1이고 나머지 성분은 모두 0인 $m \times n$ 행렬 E_{ij}를 생각하자. 자명하게 $\{E_{ij}\}$는 $m \times n$ 행렬들의 벡터 공간 $M_{m\times n}$의 기저가 된다. 각각의 i,j에 대해 $\mathbb{C}^m \otimes \mathbb{C}^n$의 기저 벡터 $e_i \otimes e_j$에 행렬 E_{ij}를 대응시키는 유일한 선형 변환

$$\phi : \mathbb{C}^m \otimes \mathbb{C}^n \longrightarrow M_{m\times n}$$

은 기저끼리 대응되므로 동형변환이다. 두 벡터

$$v = \sum_i \alpha_i e_i \in \mathbb{C}^m, \quad w = \sum_j \beta_j e_j \in \mathbb{C}^n$$

를 열 벡터로 생각하면,

$$\begin{aligned} \phi(v \otimes w) &= \phi\Big(\sum_{i,j} \alpha_i \beta_j e_i \otimes e_j \Big) = \sum_{i,j} \alpha_i \beta_j \phi(e_i \otimes e_j) \\ &= \sum_{i,j} \alpha_i \beta_j E_{ij} = v w^t \end{aligned}$$

임을 알 수 있다. 즉 ϕ에 의해 텐서 곱 $v \otimes w$를 차수 1인 $m \times n$ 행렬로 표현할 수 있다.

$$v \otimes w \iff v w^t \in M_{m\times n}. \tag{1.26}$$

행렬 $\phi(v \otimes w) = v w^t$를 표준 기저에 대한 $v \otimes w$의 **좌표 행렬**(coordinate matrix)이라 부른다.

일반적으로 벡터 공간들 $V_1, \ldots, V_r$이 주어지면, 각각의 기저 $\mathcal{B}_1, \ldots, \mathcal{B}_r$을 선택하여 식

(1.9)에 의해서 주어지는 일대일 대응 $f_i : \mathbb{C}^{\dim V_i} \to V_i$ 들을 얻고 $\{V_i\}$ 들의 텐서 곱을

$$\bigotimes_{i=1}^{r} V_i = V_1 \otimes \cdots \otimes V_r = \mathbb{C}^{\dim V_1} \otimes \cdots \otimes \mathbb{C}^{\dim V_r}$$

로 정의한다. 만약 각각의 $1 \le i \le r$ 와 $v_i \in V_i$ 에 대해

$$f_i^{-1}(v_i) = \sum_{j=0}^{\dim V_i - 1} a_{ij} e_j \in \mathbb{C}^{\dim V_i}$$

라고 쓰면, 함수

$$\prod_{i=1}^{r} V_i \longrightarrow \otimes_{i=1}^{r} V_i,$$
$$(v_1, \ldots, v_r) \mapsto v_1 \otimes \cdots \otimes v_r := \sum_{(j_1,\ldots,j_r)} \left(\prod_{i=1}^{r} a_{ij_i} \right) e_{j_1} \otimes \cdots \otimes e_{j_r}$$

가 잘 정의되며 $(v_1, \ldots, v_r)$ 의 성분 중에서 다른 성분들은 고정시키고 한 성분만 움직일 때 그 성분에 대한 선형 변환이 된다. 이를 **다중선형**(multilinear) 또는 r-**선형**(r-linear) 함수라고 한다.

예를 들어, 벡터 공간 V, W, U 에 대해 함수 $\phi : V \times W \to U$ 가 **이중선형 변환**(bilinear transformation)이라 함은 임의의 $\alpha, \beta \in \mathbb{C}$ 와 $v, v_1, v_2 \in V$, $w, w_1, w_2 \in W$ 에 대해

- $\phi(\alpha v_1 + \beta v_2, w) = \alpha\phi(v_1, w) + \beta\phi(v_2, w)$
- $\phi(v, \alpha w_1 + \beta w_2) = \alpha\phi(v, w_1) + \beta\phi(v, w_2)$

을 만족함을 말한다.

텐서 곱의 정의가 기저의 선택에 의존하는 것처럼 보이지만, 동형인 벡터 공간을 동일시한다면 걱정할 필요 없다.

정리 1.25

벡터 공간 $V_1, \ldots, V_r, W$ 에 대해 임의의 다중선형 변환

$$\phi : V_1 \times \cdots \times V_r \longrightarrow W$$

이 있으면, 선형 변환

$$\psi : V_1 \otimes \cdots \otimes V_r \longrightarrow W$$

이 유일하게 존재하여

$$\phi(v_1, \ldots, v_r) = \psi(v_1 \otimes \cdots \otimes v_r), \quad \forall v_i \in V_i, \ \forall i$$

이 만족된다.

[증명] 자연수 n_i 들에 대해 $V_i = \mathbb{C}^{n_i}$ 인 경우만 생각해도 충분하다. 표준 기저 (1.24)를 사용하여

$$\sum_{0 \le j_i < n_i} \alpha_{j_1,\ldots,j_r} e_{j_1} \otimes \cdots \otimes e_{j_r} \longmapsto \sum_{0 \le j_i < n_i} \alpha_{j_1,\ldots,j_r} \phi(e_{j_1}, \ldots, e_{j_r})$$

로 정의되는 선형 변환 $\psi : V_1 \otimes \cdots \otimes V_r \to W$ 를 생각하자. ϕ가 다중선형이므로, $v_i = \sum_{0 \le j_i < n_i} v_i(j_i) e_{j_i}$ $(1 \le i \le r)$에 대해 전개하여

$$\begin{aligned} \phi(v_1, \ldots, v_r) &= \sum_{0 \le j_i < n_i} \Big(\prod_{i=1}^{r} v_i(j_i) \Big) \phi(e_{j_1}, \ldots, e_{j_r}) \\ &= \psi \left(\sum_{0 \le j_i < n_i} \Big(\prod_{i=1}^{r} v_i(j_i) \Big) e_{j_1} \otimes \cdots \otimes e_{j_r} \right) \end{aligned}$$

을 얻고 식 (1.25)에 의해 이는 $\psi(v_1 \otimes \cdots \otimes v_r)$과 같다. 유일성은 자명하므로 증명을 생략하자. □

연습문제 1.23 정리 (1.25)의 증명에서 왜 $V_i = \mathbb{C}^{n_i}$ 인 경우만 생각해도 충분한지 설명하시오.

또한, 정의로부터

$$\dim \bigotimes_{i=1}^{r} V_i = \prod_{i=1}^{r} \dim V_i$$

임을 바로 알 수 있다.

1.3.2 선형 작용소의 텐서 곱과 행렬의 크로네커 곱

벡터 공간 V, V', W, W'과 선형 변환 $\phi : V \to V'$와 $\psi : W \to W'$이 주어졌을 때, 함수

$$V \times W \longrightarrow V' \otimes W', \quad (v, w) \mapsto \phi(v) \otimes \psi(w) \tag{1.27}$$

를 생각하면 텐서 곱의 성질과 선형 변환의 정의로부터

$$\bullet\ \phi(\alpha_1 v_1 + \alpha_2 v_2) \otimes \psi(w) = (\alpha_1 \phi(v_1) + \alpha_2 \phi(v_2)) \otimes \psi(w)$$
$$= \alpha_1 \phi(v_1) \otimes \psi(w) + \alpha_2 \phi(v_2) \otimes \psi(w),$$

$$\bullet\ \phi(v) \otimes \psi(\alpha_1 w_1 + \alpha_2 w_2) = \phi(v) \otimes (\alpha_1 \psi(w_1) + \alpha_2 \psi(w_2))$$
$$= \alpha_1 \phi(v) \otimes \psi(w_1) + \alpha_2 \phi(v) \otimes \psi(w_2)$$

임을 알 수 있다. 즉 이 함수는 이중선형이다. 정리 1.25를 쓰면 (1.27)로부터 유일한 선형 변환

$$\phi \otimes \psi : V \otimes W \to V' \otimes W'$$

을 얻는다.

정의 1.26

두 선형 변환 $\phi : V \to V$와 $\psi : W \to W$의 **텐서 곱** $\phi \otimes \psi : V \otimes W \to V \otimes W$은 다음을 만족하는 유일한 선형 변환을 말한다.

$$(\phi \otimes \psi)(v \otimes w) = \phi(v) \otimes \psi(w), \quad \forall v \in V,\ \forall w \in W. \tag{1.28}$$

두 선형 변환의 텐서 곱은 다음을 만족한다.

$$(\phi_1 \otimes \psi_1) \circ (\phi_2 \otimes \psi_2) = (\phi_1 \circ \phi_2) \otimes (\psi_1 \circ \psi_2).$$

그 이유는

$$((\phi_1 \otimes \psi_1) \circ (\phi_2 \otimes \psi_2))(v \otimes w) = (\phi_1 \otimes \psi_1)((\phi_2 \otimes \psi_2)(v \otimes w))$$
$$= (\phi_1 \otimes \psi_1)(\phi_2(v) \otimes \psi_2(w)) = (\phi_1(\phi_2(v))) \otimes (\psi_1(\psi_2(w)))$$
$$= (\phi_1 \circ \phi_2)(v) \otimes (\psi_1 \circ \psi_2)(w) = ((\phi_1 \circ \phi_2) \otimes (\psi_1 \circ \psi_2))(v \otimes w)$$

이기 때문이다.

두 선형 변환의 텐서 곱의 정의 (1.28)과 같은 방법으로 n개의 선형 변환들의 텐서 곱을 다음과 같이 정의할 수 있다. 임의의 $1 \leq i \leq n$에 대해 $\phi_i : V_i \to W_i$를 선형 변환이라 할 때, 텐서 곱

$$\phi_1 \otimes \cdots \otimes \phi_n : V_1 \otimes \cdots \otimes V_n \longrightarrow W_1 \otimes \cdots \otimes W_n$$

은 다음 식을 만족하는 유일한 선형 변환을 말한다.

$$(\phi_1 \otimes \cdots \otimes \phi_n)(v_1 \otimes \cdots \otimes v_n) = \phi_1(v_1) \otimes \cdots \otimes \phi_n(v_n), \quad \forall v_i \in V_i.$$

또한, 선형 변환들의 텐서 곱에 대해 다음 성질들이 만족된다.

(1) $\phi_1 \otimes \cdots \otimes (\alpha\phi_k + \beta\phi'_k) \otimes \cdots \otimes \phi_n$

$= \alpha(\phi_1 \otimes \cdots \otimes \phi_k \otimes \cdots \otimes \phi_n) + \beta(\phi_1 \otimes \cdots \otimes \phi'_k \otimes \cdots \otimes \phi_n)$

(2) $(\phi_1 \otimes \cdots \otimes \phi_n) \circ (\psi_1 \otimes \cdots \otimes \psi_n) = (\phi_1 \circ \psi_1) \otimes \cdots \otimes (\phi_n \circ \psi_n)$

연습문제 1.24 위의 성질 (1)과 (2)를 증명하시오.

벡터 공간의 기저를 고정하면, 선형 변환은 행렬로 나타낼 수 있고, 역으로 행렬은 선형 변환을 준다는 것을 1.2절에서 살펴보았다. 벡터 공간 V, V'의 기저들 $\mathcal{B} = \{v_0, \cdots, v_{n-1}\}$, $\mathcal{B}' = \{v'_0, \cdots, v'_{m-1}\}$을 각각 고르고 벡터 공간 W, W'의 기저들도 $\hat{\mathcal{B}} = \{w_0, \cdots, w_{q-1}\}$, $\hat{\mathcal{B}}' = \{w'_0, \cdots, w'_{p-1}\}$을 각각 고르면, 선형 변환 $\phi : V \to V'$과 $\psi : W \to W'$의 행렬 표현

$$A = [\phi]_{\mathcal{B}}^{\mathcal{B}'} \in M_{m\times n}, \quad B = [\psi]_{\hat{\mathcal{B}}}^{\hat{\mathcal{B}}'} \in M_{p\times q}$$

들을 얻는다. 그렇다면 $\phi \otimes \psi$의 행렬 표현은 어떤가? 이를 행렬 A, B로 나타낼 수 있을까?

$V \otimes W$의 기저 $\mathcal{B} \otimes \hat{\mathcal{B}} = \{v_i \otimes w_j\}$에 사전식 순서

$$\begin{array}{l} v_0 \otimes w_0,\ v_0 \otimes w_1,\ \ldots,\ v_0 \otimes w_{q-1}, \\ v_1 \otimes w_0,\ v_1 \otimes w_1,\ \ldots,\ v_1 \otimes w_{q-1}, \\ \cdots\cdots\cdots\cdots\cdots\cdots\cdots\cdots \\ v_{n-1} \otimes w_0,\ v_{n-1} \otimes w_1,\ \ldots,\ v_{n-1} \otimes w_{q-1} \end{array}$$

를 주고, 마찬가지로 $V' \otimes W'$의 기저 $\mathcal{B}' \otimes \hat{\mathcal{B}}' = \{v'_i \otimes w'_j\}$에도 사전식 순서를 주자. 이 기저들에 의한

$$\phi \otimes \psi : V \otimes W \longrightarrow V' \otimes W'$$

의 행렬 표현은 아래의 크로네커 곱 $A \otimes B$로 주어진다.

정의 1.27

두 행렬 $A = [A_{ij}] \in M_{m\times n}, B = [B_{ij}] \in M_{p\times q}$의 **크로네커 곱**(Kronecker product)은

$mp \times nq$ 행렬

$$A \otimes B = \begin{pmatrix} A_{00}B & \cdots & A_{0,n-1}B \\ \vdots & \ddots & \vdots \\ A_{m-1,0}B & \cdots & A_{m-1,n-1}B \end{pmatrix} \in M_{mp\times nq}$$

을 말한다.

행렬 표현의 정의를 사용하여 다음을 보이는 것은 어렵지 않다.

연습문제 1.25 선형 변환 $\phi \otimes \psi$의 행렬 표현은 $A = [\phi]_{\mathcal{B}}^{\mathcal{B}'}$, $B = [\psi]_{\hat{\mathcal{B}}}^{\hat{\mathcal{B}}'}$ 라 둘 때

$$[\phi \otimes \psi]_{\mathcal{B}\otimes\hat{\mathcal{B}}}^{\mathcal{B}'\otimes\hat{\mathcal{B}}'} = A \otimes B$$

로 주어짐을 보이시오.

선형 변환의 텐서 곱과 마찬가지로 행렬들의 크로네커 곱은 다음 성질들을 만족시킨다.

- $A \otimes (B + C) = A \otimes B + A \otimes C$
- $(A + B) \otimes C = A \otimes C + B \otimes C$
- $(\lambda A) \otimes B = \lambda(A \otimes B) = A \otimes (\lambda B)$
- $(A \otimes B) \otimes C = A \otimes (B \otimes C)$
- $(A \otimes B)^t = A^t \otimes B^t$
- $(A \otimes B)(C \otimes D) = (AC) \otimes (BD)$

위에서 A, B, C, D는 행렬이고, λ는 복소수이다.

예제 1.6 행렬 $A = [A_{ij}]_{i,j=0}^{1}$와 $B = [B_{ij}]_{i,j=0}^{1}$에 대해 크로네커 곱 $A \otimes I_2$, $I_2 \otimes B$와 $A \otimes B$는 4×4 행렬로, 다음과 같이 쓴다.

$$A \otimes I_2 = \begin{pmatrix} A_{00} \cdot I_2 & A_{01} \cdot I_2 \\ A_{10} \cdot I_2 & A_{11} \cdot I_2 \end{pmatrix} = \begin{pmatrix} A_{00} & 0 & A_{01} & 0 \\ 0 & A_{00} & 0 & A_{01} \\ A_{10} & 0 & A_{11} & 0 \\ 0 & A_{10} & 0 & A_{11} \end{pmatrix},$$

$$I_2 \otimes B = \begin{pmatrix} 1 \cdot B & 0 \cdot B \\ 0 \cdot B & 1 \cdot B \end{pmatrix} = \begin{pmatrix} B_{00} & B_{01} & 0 & 0 \\ B_{10} & B_{11} & 0 & 0 \\ 0 & 0 & B_{00} & B_{01} \\ 0 & 0 & B_{10} & B_{11} \end{pmatrix},$$

$$A \otimes B = \begin{pmatrix} A_{00} \cdot B & A_{01} \cdot B \\ A_{10} \cdot B & A_{11} \cdot B \end{pmatrix} = \begin{pmatrix} A_{00}B_{00} & A_{00}B_{01} & A_{01}B_{00} & A_{01}B_{01} \\ A_{00}B_{10} & A_{00}B_{11} & A_{01}B_{10} & A_{01}B_{11} \\ A_{10}B_{00} & A_{10}B_{01} & A_{11}B_{00} & A_{11}B_{01} \\ A_{10}B_{10} & A_{10}B_{11} & A_{11}B_{10} & A_{11}B_{11} \end{pmatrix}.$$

□

연습문제 1.26 다음 크로네커 곱을 행렬로 쓰시오.

$$\begin{pmatrix} 1 & -2 & 3 \\ 5 & 1 & -3 \end{pmatrix} \otimes \begin{pmatrix} 2 & 5 \\ -4 & 1 \\ 3 & 7 \end{pmatrix}$$

연습문제 1.27

(1) 행렬식 $\det(A \otimes B)$를 $\det(A)$와 $\det(B)$로 나타내시오.

(2) 자취 $\mathrm{tr}(A \otimes B)$를 구하고, $\mathrm{tr}(A \otimes B) = \mathrm{tr}(A)\,\mathrm{tr}(B)$ 임을 보이시오.

(3) $A \otimes B$가 가역일 필요 충분 조건은 A와 B 모두 가역임을 보이시오. 이때, $(A \otimes B)^{-1} = A^{-1} \otimes B^{-1}$ 임을 보이시오.

1.3.3 쌍대 공간과 텐서 곱

식 (1.15)에서 정의된 바와 같이 선형 변환 $\phi \in \mathcal{L}(V, W)$의 전치 선형 변환 $\phi^t \in \mathcal{L}(W^*, V^*)$은

$$[\phi^t(f)](v) := f(\phi(v)), \quad \forall v \in V, \forall f \in W^*.$$

에 의해 정의된다. 그리고 선형 변환과 전치 선형 변환은 다음과 같은 성질을 갖는다.

(1) 만약 $I_V \in \mathcal{L}(V)$가 항등 변환이면, $I_V^t \in \mathcal{L}(V^*)$도 항등 변환이다.

(2) 만약 $\phi \in \mathcal{L}(V, W)$가 동형변환이면, $\phi^t \in \mathcal{L}(W^*, V^*)$도 동형변환이다.

(3) 만약 $\phi_i \in \mathcal{L}(V_i, W_i)$이면, $(\phi_1 \otimes \cdots \otimes \phi_n)^t = \phi_1^t \otimes \cdots \otimes \phi_n^t$.

연습문제 1.28 위의 성질 (1), (2), (3)을 증명하시오.

벡터 공간 V, W의 텐서 곱과 쌍대 공간을 취하는 것은 순서를 바꿀 수 있다. 즉 함수

$$V^* \otimes W^* \longrightarrow (V \otimes W)^*, \tag{1.29}$$

$$f \otimes g \longmapsto \Big(\sum_i v_i \otimes w_i \longmapsto \sum_i f(v_i) g(w_i) \Big)$$

이 동형변환이다. 또한, 텐서 곱의 순서를 바꾸는 동형변환

$$V \otimes W \longrightarrow W \otimes V, \quad \sum_i v_i \otimes w_i \longmapsto \sum_i w_i \otimes v_i \tag{1.30}$$

은 자신이 자신의 역변환이다.

벡터 공간 V, W에 대하여 각각의 기저

$$\mathcal{B} = \{v_0, \ldots, v_{n-1}\}, \quad \mathcal{B}' = \{w_0, \ldots, w_{m-1}\}$$

를 잡자. $\mathcal{B}$의 쌍대 기저 $\{v_0^*, \ldots, v_{n-1}^*\}$을 생각하면 계수 1인 선형 변환들

$$\begin{aligned} w_i v_j^* : V &\longrightarrow W, \quad \forall 0 \le j < n,\ 0 \le i < m \\ x &\longmapsto v_j^*(x) w_i, \end{aligned}$$

은 $\mathcal{L}(V, W)$의 기저가 되는데, 왜냐하면 임의의 $\phi \in \mathcal{L}(V, W)$에 대해

$$\phi = \sum_{i,j} z_{ij} w_i v_j^*, \quad (z_{ij}) = [\phi]_{\mathcal{B}}^{\mathcal{B}'} \tag{1.31}$$

로 유일하게 쓸 수 있기 때문이다. 한편, 정의에 의해 $V^* \otimes W$는

$$\{v_j^* \otimes w_i\}_{0 \le j < n, 0 \le i < m}$$

를 기저로 갖고, 다음 함수 $V^* \otimes W \longrightarrow \mathcal{L}(V, W)$

$$\sum_{i,j} c_{ij} v_j^* \otimes w_i \longmapsto \sum_{i,j} c_{ij} w_i v_j^* \tag{1.32}$$

는 동형변환이 된다. 특히, $\mathcal{L}(V) \cong V^* \otimes V$이다.

예제 1.7 벡터 공간 V와 쌍대 공간 V^*에 대해 함수

$$V \times V^* \longrightarrow \mathbb{C}, \quad (v, f) \longmapsto f(v)$$

를 생각하면 이중선형임을 쉽게 확인할 수 있다. 따라서 유일한 선형 변환

$$V \otimes V^* \to \mathbb{C}, \quad v \otimes f \longmapsto f(v)$$

를 얻는다. 동형변환 (1.32)와 이를 합성하여 얻는 선형 변환이 바로 자취

$$\mathrm{tr} : \mathcal{L}(V) \cong V \otimes V^* \longrightarrow \mathbb{C}$$

이다. 왜냐하면 $\{v_0, \ldots, v_{n-1}\}$를 V의 기저라고 하고 쌍대 기저를 $\{v_0^*, \ldots, v_{n-1}^*\}$이라고 할 때, 임의의 행렬 $A \in M_n$에 대해 $v_j^*(v_i) = \delta_{ij}$를 사용하면

$$\sum_{i,j} A_{ij} v_i v_j^* \longmapsto \sum_{i,j} A_{ij} v_i \otimes v_j^* \longmapsto \sum_{i,j} A_{ij} \delta_{ij},$$

$$\sum_{i,j} A_{ij} \delta_{ij} = \sum_{0 \le i < n} A_{ii} = \mathrm{tr}\, A = \mathrm{tr}\Big(\sum_{i,j} A_{ij} v_i v_j^*\Big)$$

이 성립하기 때문이다. □

(1.29)와 (1.32), (1.30)을 반복해서 사용하면, 다음의 동형변환들을 얻는다.

$$\begin{aligned} \mathcal{L}(\mathcal{L}(V), \mathcal{L}(W)) &\cong \mathcal{L}(V)^* \otimes \mathcal{L}(W) \\ &\cong (V^* \otimes V)^* \otimes (W^* \otimes W) \\ &\cong V \otimes V^* \otimes W^* \otimes W \\ &\cong (W \otimes V)^* \otimes (W \otimes V) \\ &\cong \mathcal{L}(W \otimes V), \end{aligned} \tag{1.33}$$

$$\mathcal{L}(\mathcal{L}(V), \mathcal{L}(W)) \cong \mathcal{L}(V^* \otimes V, W^* \otimes W), \tag{1.34}$$

$$\mathcal{L}(V) \otimes \mathcal{L}(W) \cong V^* \otimes V \otimes W^* \otimes W \cong \mathcal{L}(V \otimes W). \tag{1.35}$$

특히, (1.35)는 $T \in \mathcal{L}(V)$, $S \in \mathcal{L}(W)$에 대해

$$T \otimes S : V \otimes W \longrightarrow V \otimes W, \quad v \otimes w \longmapsto T(v) \otimes S(w)$$

를 대응시키는 함수로부터 얻는다.

연습문제 1.29

(1) 식 (1.29)가 동형변환임을 증명하시오.

(2) 식 (1.31)을 증명하시오.

(3) 식 (1.32)가 동형변환임을 증명하시오.

CHAPTER 2

힐버트 공간과 양자 역학

20세기 초 고전적인 물리학으로 설명할 수 없는 실험 결과들이 쏟아져 커다란 혼돈이 일어났다. 이때, 하이젠베르크와 디랙과 같이 수학적인 소양이 풍부한 몇몇 젊고 영민한 물리학자들은 당시 수학자들의 전유물이었던 선형 대수학을 사용하면, 설명이 불가능했던 실험 결과들을 이해하게 해줄 뿐만 아니라 새로운 실험 결과의 예측까지도 가능함을 발견하였다. 이들의 노력에 의해 양자 물리학의 찬란한 시대가 열렸고 놀랄 만한 성공을 거둔 것은 주지의 사실이다.

이 장에서는 양자 역학의 토대를 제공하는 선형 대수학을 공부하고 양자 역학의 공리들을 소개한다.[1]

2.1 내적과 직교 사영

이 절에서는 주로 벡터 공간에서의 내적과 크기의 정의와 기본 성질들, 내적과 크기에 관련된 부등식들을 공부한다.

2.1.1 내적과 힐버트 공간

정의 2.1

벡터 공간 V에 주어진 **내적**(inner product)이란 $V \times V$에서 정의된 복소수 값을 갖는 함수

$$V \times V \longrightarrow \mathbb{C}, \quad (x, y) \longmapsto x \cdot y$$

[1]물론 선형 대수학은 다른 모든 수학 이론들이 그렇듯이 양자 역학만을 위한 것이 절대 아니며 공학, 경제학, 심리학 등 모든 선형 현상을 다루는 상황에서 다 적용이 된다.

인데, 다음의 조건을 만족하는 것을 말한다.

(1) $x \cdot (\alpha y + \beta y') = \alpha(x \cdot y) + \beta(x \cdot y'), \quad \forall x, y, y' \in V,\ \forall \alpha, \beta \in \mathbb{C}.$

(2) $x \cdot y = \overline{y \cdot x}, \quad \forall x, y \in V.$

(3) $x \cdot x \geq 0, \quad \forall x \in V.$

(4) $x \cdot x = 0 \iff x = 0.$

내적이 정의된 공간을 내적 공간(inner product space), 유한 차원 내적 공간을 유한 차원 **힐버트 공간**(Hilbert space)라고 부르자.[2]

정의 2.1의 (1)과 (2)로부터

$$(\alpha x + \beta x') \cdot y = \overline{\alpha}(x \cdot y) + \overline{\beta}(x' \cdot y), \quad \forall x, x', y \in V,\ \forall \alpha, \beta \in \mathbb{C}$$

임을 얻는다. 이럴 때, 첫 번째 변수에 대해 **켤레-선형**(conjugate-linear)이라고 한다. 정리 2.1의 (1)은 두 번째 변수에 대해 선형이라 하고, 이 둘을 합쳐 **일점오-선형**(sesqui-linear)이라고 한다.

예제 2.1 유한 집합 Γ에 대해 벡터 공간 $\mathbb{C}^\Gamma = \{f : \Gamma \to \mathbb{C}\}$의 내적은

$$x \cdot y := \sum_{i \in \Gamma} \overline{x(i)} y(i), \quad x, y \in \mathbb{C}^\Gamma \tag{2.1}$$

로 정의할 수 있다. 특히, 자연수 n에 대해 $\Gamma = \{0, 1, \ldots, n-1\}$이면, $x = (x_0, \ldots, x_{n-1}) \in \mathbb{C}^n$와 $y = (y_0, \ldots, y_{n-1}) \in \mathbb{C}^n$에 대해

$$x \cdot y := \sum_{i=0}^{n-1} \overline{x_i} y_i \tag{2.2}$$

이 된다. 이 내적을 **표준 내적**이라고 하고, 벡터 공간 $\mathbb{C}^n$과 표준 내적을 생각하는 것을 **표준 내적 공간**(standard inner product space)이라고 부르겠다. □

연습문제 2.1 (2.1)은 벡터 공간 $\mathbb{C}^\Gamma$의 내적임을 보이시오.

식 (2.1)에 의해 $\mathbb{C}^\Gamma$의 표준 기저 벡터 $\{e_i\}_{i \in \Gamma}$는 $e_i \cdot e_j = \delta_{ij}$를 만족한다. 이 책에서 특별한 언급 없이 $\mathbb{C}^n$을 내적 공간으로 다루면, 표준 내적 공간을 생각하는 것이다.

[2] 이 책에서는 유한 차원 벡터 공간만 다루기로 했으므로, 힐버트 공간과 내적 공간은 같은 의미를 갖는다.

예제 2.2 힐버트 공간 $V_1, \ldots, V_m$의 곱집합 $V_1 \times \cdots \times V_m = \prod_{i=1}^m V_i$의 내적은

$$\begin{aligned}(x_1, \ldots, x_m) \cdot (y_1, \ldots, y_m) &:= x_1 \cdot y_1 + \cdots + x_m \cdot y_m \\ &= \sum_{i=1}^m x_i \cdot y_i\end{aligned}$$

로 정의된다. 또한, 이들의 텐서 곱 $V_1 \otimes \cdots \otimes V_m$의 내적은

$$\begin{aligned}(x_1 \otimes \cdots \otimes x_m) \cdot (y_1 \otimes \cdots \otimes y_m) &:= (x_1 \cdot y_1) \cdots (x_m \cdot y_m) \\ &= \prod_{i=1}^m x_i \cdot y_i\end{aligned}$$

로 정의된다. 따라서 곱집합 $\prod_{i=1}^m V_i$와 텐서 곱 $V_1 \otimes \cdots \otimes V_m$은 위의 내적이 주어진 힐버트 공간이다. □

연습문제 2.2 예제 2.2에서 곱집합과 텐서 곱에서 정의된 함수들이 각각 내적임을 보이시오.

2.1.2 크기와 바나흐 공간

정의 2.2

벡터 공간 V에 정의된 **크기**(norm)는 V에서 정의된 음이 아닌 실수값을 갖는 함수

$$V \longrightarrow \mathbb{R}_{\geq 0}, \quad x \longmapsto \|x\|$$

인데,

(1) $\|x\| \geq 0, \ \forall x \in V$;

(2) $\|x\| = 0 \Longleftrightarrow x = 0$;

(3) $\|\alpha x\| = |\alpha| \|x\|, \ \forall x \in V, \forall \alpha \in \mathbb{C}$;

(4) $\|x + y\| \leq \|x\| + \|y\|, \ \forall x, y \in V$

를 만족시키는 것을 말한다.[3] 유한 차원 벡터 공간에 크기 함수가 주어지면 유한 차원 **바나흐 공간**(Banach space)이라고 부른다.

예제 2.3 힐버트 공간 V의 벡터 x에 대해 $\|x\| := \sqrt{x \cdot x}$ 로 정의하면 $\| \cdot \|$은 V의 크기

[3] 복소수 $\alpha = a + b\sqrt{-1}$ $(a, b \in \mathbb{R})$의 크기는 $|\alpha| = \sqrt{a^2 + b^2}$로 정의된다.

(norm)가 된다. 그러므로, 힐버트 공간에는 내적으로부터 자연스럽게 나오는 크기가 있기 때문에 자동적으로 바나흐 공간이 된다. 이 크기에 대해 코시-슈바르츠 부등식(Cauchy-Schwarz inequality)과 평행사변형 법칙(parallelogram law)이 성립한다.

$$\text{(코시-슈바르츠 부등식)}\ |x\cdot y| \le \|x\|\|y\| \quad \text{(등호는 } x//y\text{일 때만 성립)}.$$
$$\text{(평행사변형 법칙)}\ \|x+y\|^2 + \|x-y\|^2 = 2\|x\|^2 + 2\|y\|^2.$$

평행사변형 법칙은 양변을 전개하면 바로 얻어지고 코시-슈바르츠 부등식은

$$\|y - \frac{x\cdot y}{x\cdot x}x\|^2 \ge 0$$

을 전개하면 얻어진다. □

정의 2.2의 (4)는 **삼각 부등식**이라 하고 부등식 $\|x-y\| \ge \big|\|x\| - \|y\|\big|$으로 변형되는데, 이것은 크기 함수가 연속임을 보여준다. 유한 집합 Γ에 대해 벡터 공간 $\mathbb{C}^\Gamma$에는 내적으로부터 주어지지 않는 다양한 크기(norm)들이 있다. 실수 $p \ge 1$에 대해 p-**크기**(p-norm)는

$$\|x\|_p = \left(\sum_{i\in\Gamma} |x(i)|^p\right)^{\frac{1}{p}}$$

로 정의할 수 있고, ∞-**크기**(∞-norm)는

$$\|x\|_\infty = \max\{|x(i)| \mid i \in \Gamma\}$$

로 정의된다. 정의 2.2의 (1) - (3)은 자명하고 (4)는 정리 2.4에 나오는 민코프스키 부등식이다.

정의 2.3

바나흐 공간 V의 크기가 1인 벡터를 **단위 벡터**라고 부르고, 이들의 집합

$$S_V = \{x \in V \mid \|x\| = 1\}$$

를 **단위 구**(unit sphere)라고 부른다. 바나흐 공간 V, W에 대해 선형 변환 $T \in \mathcal{L}(V, W)$가

$$\|Tx - Ty\| = \|x - y\| \quad \forall x, y \in V$$

를 만족하면, **등장 변환**(isometry)이라고 부른다.

연습문제 2.3

(1) 힐버트 공간 V의 벡터 x에 대해 $\|x\| = \sqrt{x \cdot x}$로 정의하면, $\|\cdot\|$은 V의 크기임을 증명하시오.

(2) $A \in M_{m\times n}$에 대해 $\|A\|_2 = \left(\mathrm{tr}(A^*A)\right)^{\frac{1}{2}}$이 $M_{m\times n}$의 크기임을 보이시오.

(3) 임의의 $x \in \mathbb{C}^n$와 $1 \le p \le q \le \infty$에 대해 $\|x\|_p \ge \|x\|_q$이다.[4]

정리 2.4

Γ는 유한 집합이고 $p, q \in [1, \infty]$에 대해 $\frac{1}{p} + \frac{1}{q} = 1$이 만족된다면, 임의의 $x, y \in \mathbb{C}^\Gamma$에 대해 다음 부등식이 성립한다.

(1) (횔더(Hölder) 부등식) $|x \cdot y| \le \|x\|_p \|y\|_q$.

(2) (민코프스키(Minkowski) 부등식) $\|x + y\|_p \le \|x\|_p + \|y\|_p$.

[증명] (1)의 부등식은 연습문제로 남기고, (2)의 부등식만 증명하겠다. $p = 1, \infty$인 경우는 복소수의 삼각 부등식에 의해 자명하므로, $1 < p < \infty$라고 하자.

임의의 $i \in \Gamma$에 대해 부등식

$$|x(i) + y(i)|^p \le |x(i) + y(i)|^{p-1}(|x(i)| + |y(i)|)$$

이 성립한다. $(p-1)q = p$이므로, 횔더 부등식에 의해

$$\begin{aligned}
&\sum_{i\in\Gamma} |x(i) + y(i)|^p \\
&\le \sum_{i\in\Gamma} |x(i) + y(i)|^{p-1}|x(i)| + \sum_{i\in\Gamma} |x(i) + y(i)|^{p-1}|y(i)| \\
&\le \left(\sum_{i\in\Gamma} (|x(i) + y(i)|^{p-1})^q\right)^{\frac{1}{q}} \left(\left(\sum_{i\in\Gamma} |x(i)|^p\right)^{\frac{1}{p}} + \left(\sum_{i\in\Gamma} |y(i)|^p\right)^{\frac{1}{p}}\right) \\
&= \left(\sum_{i\in\Gamma} |x(i) + y(i)|^p\right)^{\frac{1}{q}} \left(\left(\sum_{i\in\Gamma} |x(i)|^p\right)^{\frac{1}{p}} + \left(\sum_{i\in\Gamma} |y(i)|^p\right)^{\frac{1}{p}}\right)
\end{aligned}$$

인데 $1 - \frac{1}{q} = \frac{1}{p}$이므로, 양변을 $(\sum |x(i) + y(i)|^p)^{\frac{1}{q}}$으로 나누면 민코프스키 부등식을 얻는다. □

[4] $y_i = \frac{|x_i|}{\|x\|_q}$라고 두면, $\sum_i y_i^q = 1$이고 $0 \le y_i \le 1$이다. 따라서 $\sum_i y_i^p \ge \sum_i y_i^q = 1$이어서 $\|x\|_p^p = \sum_i |x_i|^p \ge \|x\|_q^p \sum_i y_i^p \ge \|x\|_q^p$임을 얻는다.

정리 2.4는 $p \in [1, \infty]$에 대해 $\|\cdot\|_p$가 크기(norm)임을 보여주므로 크기 $\|\cdot\|_p$가 주어진 벡터 공간 $\mathbb{C}^\Gamma$은 바나흐 공간임을 뜻한다. 한편, Γ가 무한 집합인 경우에도 정리 2.4는 같은 방법으로 증명된다.

연습문제 2.4 정리 2.4의 (1) 횔더 부등식을 증명하시오.[5]

2.1.3 정규직교 기저

정의 2.5

힐버트 공간 V의 부분집합 S가 **정규직교**(orthonormal)라 함은

$$x \cdot y = \delta_{xy} = \begin{cases} 1, & x = y \\ 0, & x \neq y \end{cases} \qquad \forall\, x, y \in S$$

가 성립한다는 것이다. 부분집합 S가 **직교**(orthogonal)라 함은 $x \neq y \in S$에 대해 $x \cdot y = 0$임을 말한다.

힐버트 공간 V의 부분집합 $X_1, \ldots, X_m$이 **서로 직교**라 함은 서로 다른 $i \neq j$와 모든 $x \in X_i$와 $y \in X_j$에 대해 $x \cdot y = 0$임을 말한다. 정규직교인 기저를 **정규직교 기저**(orthonormal basis)라고 부르고, 직교인 기저를 **직교 기저**(orthogonal basis)라고 부른다.

힐버트 공간 V의 부분집합 $\mathcal{B} = \{v_0, \ldots, v_{n-1}\}$를 V의 정규직교 기저라고 하면, 임의의

[5] 로그 함수에 대한 젠센(Jensen) 부등식으로부터 영(Young) 부등식

$$p, q \in (1, \infty),\ \frac{1}{p} + \frac{1}{q} = 1,\ a, b \geq 0 \quad \Rightarrow \quad ab \leq \frac{a^p}{p} + \frac{b^q}{q}$$

을 먼저 확인하자. 그리고

$$a_i = \frac{|x_i|}{\|x\|_p}, \quad b_i = \frac{|y_i|}{\|y\|_q}$$

라고 두어 영 부등식을 적용하고 더하면

$$\sum_i |\overline{x_i} y_i| \leq \|x\|_p \|y\|_q$$

를 얻는데 복소수의 크기에 대한 삼각 부등식을 쓰면 횔더 부등식을 얻는다. p 또는 q가 1이면 복소수의 크기에 대한 삼각 부등식과 ∞-크기의 정의만 쓰면 된다.

원소 $x \in V$는 유일한 방법으로 일차 결합 $\sum_{0 \le j < n} a_j v_j$으로 쓸 수 있는데

$$v_i \cdot x = \sum_{0 \le j < n} a_j (v_i \cdot v_j) = \sum_{0 \le j < n} a_j \delta_{ij} = a_i$$

이므로, x는 다음과 같이 $\mathcal{B}$의 원소들의 일차 결합으로 유일하게 기술된다.

$$x = \sum_{0 \le i < n} (v_i \cdot x) v_i. \tag{2.3}$$

연습문제 2.5 모든 힐버트 공간에는 정규직교 기저가 존재함을 보이시오 (그램-슈미트 직교화).[6]

예제 2.4 예제 2.2에서 힐버트 공간들의 곱집합과 텐서 곱에서 정의되는 자연스러운 내적을 보았다. 곱집합 $\prod_{i=1}^{m} V_i$이 예제 2.2에서 정의된 내적을 가진 힐버트 공간이라면, $V_1, \ldots, V_m$은 $\prod_{i=1}^{m} V_i$의 서로 직교인 부분공간들이다. 각각의 부분공간 V_i에 대해 정규직교 기저 $\mathcal{B}_i$를 고르고, 이들의 합집합 $\mathcal{B}_1 \cup \cdots \cup \mathcal{B}_m$은 $\prod_{i=1}^{m} V_i$의 정규직교 기저가 된다. 또한, 곱집합 $\mathcal{B}_1 \otimes \cdots \otimes \mathcal{B}_m$은 텐서 곱 $V_1 \otimes \cdots \otimes V_m$의 정규직교 기저가 된다. □

힐버트 공간 V의 정규직교 기저 $\mathcal{B} = \{v_0, \ldots, v_{r-1}\}$가 주어지면, 쌍대 기저 $\mathcal{B}^* = \{v_0^*, \ldots, v_{r-1}^*\}$는 모든 $0 \le i, j < r$에 대해

$$v_i \cdot v_j = \delta_{ij} = v_i^*(v_j)$$

이므로 $v_i^*(-) = v_i \cdot (-)$이 성립한다. 더 일반적으로, 임의의 벡터 $v \in V$에 대해 $v^* \in V^*$를

$$v^*(x) = v \cdot x, \quad \forall x \in V$$

---

[6]힌트: 힐버트 공간 V의 기저 $\{v_0, \ldots, v_{n-1}\}$을 하나 잡자. 먼저 $u_0 := v_0 / \|v_0\|$로 놓고,

$$u_1 := \frac{v_1 - (u_0 \cdot v_1) u_0}{\|v_1 - (u_0 \cdot v_1) u_0\|}$$

으로 두면, u_0, u_1는 정규직교이다. 이와 같은 방법으로 차례로

$$u_j = \frac{v_j - \sum_{0 \le i < j} (u_i \cdot v_j) u_i}{\|v_j - \sum_{0 \le i < j} (u_i \cdot v_j) u_i\|}$$

와 같이 정의하면 정규직교 기저 $\{u_0, u_1, \cdots, u_{n-1}\}$을 잡을 수 있다.

로 정의하면 함수

$$V \longrightarrow V^*, \quad v \longmapsto v^* \tag{2.4}$$

를 얻는데, 이 함수는 일대일 대응이고 내적의 정의로부터 $(\alpha v)^* = \overline{\alpha} v^*$이 성립한다. 즉 (2.4)는 켤레-선형(conjugate-linear) 함수이다. 내적의 정의로부터 $v^* = 0$, 즉 $v \cdot x = 0$, $\forall x$일 필요 충분 조건은 $v = 0$인 것이다. 따라서 함수 (2.4)의 커널이 $\{0\}$이므로 단사이고, 또한 V를 실 벡터 공간으로 생각했을 때 차원이 같으므로 (2.4)는 실 벡터 공간 사이의 동형변환이다.

힐버트 공간 V, V'의 정규직교 기저

$$\mathcal{B} = \{v_i\}_{0 \le i < n}, \quad \mathcal{B}' = \{w_j\}_{0 \le j < m}$$

이 각각 주어졌을 때, 선형 변환 $T : V \to V'$을 생각하면 (2.3)에 의해

$$T(v_j) = \sum_{0 \le i < m} (w_i \cdot T(v_j)) w_i$$

이므로 기저 $\mathcal{B}$와 $\mathcal{B}'$에 대한 T의 행렬 표현은

$$[T]_{\mathcal{B}}^{\mathcal{B}'} = (a_{ij}), \quad a_{ij} = w_i \cdot T(v_j) \tag{2.5}$$

로 주어진다. $V = V'$일 때, 힐버트 공간 V의 두 정규직교 기저 $\mathcal{B} = \{v_i\}_{0 \le i < n}$와 $\mathcal{B}' = \{w_j\}_{0 \le j < n}$에 대해, 각각의 w_j를 $v_0, \ldots, v_{n-1}$의 일차 결합으로 나타내면 식 (2.3)에 의해

$$\mathrm{id}_V(w_j) = w_j = \sum_{i=0}^{n-1} c_{ij} v_i, \quad c_{ij} = v_i \cdot w_j \quad (1 \le i, j \le n) \tag{2.6}$$

인데, 내적의 성질에 의해 $\overline{c_{ij}} = w_j \cdot v_i$이 성립한다.

같은 방법으로, v_i를 $w_0, \ldots, w_{n-1}$의 일차 결합으로 쓰면

$$\mathrm{id}_V(v_j) = v_j = \sum_{i=0}^{n-1} (w_i \cdot v_j) w_i = \sum_{j=0}^{n-1} \overline{c_{ji}} w_i \tag{2.7}$$

이다. 식 (2.5), (2.6)과 (2.7)에 의해 $[\mathrm{id}_V]_{\mathcal{B}'}^{\mathcal{B}} = (c_{ij})$이고 $[\mathrm{id}_V]_{\mathcal{B}}^{\mathcal{B}'} = (\overline{c_{ji}})$이므로

$$[\mathrm{id}_V]_{\mathcal{B}}^{\mathcal{B}'} = ([\mathrm{id}_V]_{\mathcal{B}'}^{\mathcal{B}})^{-1} = ([\mathrm{id}_V]_{\mathcal{B}'}^{\mathcal{B}})^*$$

임을 얻는다. 즉 정규직교 기저 사이의 좌표 변환 행렬 $[\mathrm{id}_V]_{\mathcal{B}'}^{\mathcal{B}}$은 유니터리 행렬이다. 역으로

(c_{ij})가 유니터리 행렬이고 $\mathcal{B} = \{v_i\}$가 정규직교 기저이면,

$$w_j = \sum_{i=0}^{n-1} c_{ij} v_i$$

에 의해 주어진 $\{w_j\}$는 V의 정규직교 기저이다.

연습문제 2.6 힐버트 공간 V의 정규직교 기저 $\mathcal{B} = \{v_i\}_{0 \le i < n}$와 선형 변환 $T \in \mathcal{L}(V)$에 대해

$$\mathrm{tr}(T) = \sum_{0 \le i < n} v_i \cdot T(v_i) \tag{2.8}$$

임을 보이시오.[7]

힐버트 공간 V의 임의의 정규직교 기저 $\mathcal{B} = \{v_0, \cdots, v_{n-1}\}$에 대해, $\mathcal{B}$의 쌍대 기저 $\mathcal{B}^* = \{v_0^*, \cdots, v_{n-1}^*\}$가 정규직교가 되는 유일한 내적이 쌍대 공간 V^*에 존재한다. 즉

$$\begin{aligned} \left(\sum_i a_i v_i^*\right) \cdot \left(\sum_j b_j v_j^*\right) &= \sum_{0 \le i,j < n} \overline{a_i} b_j (v_i^* \cdot v_j^*) \\ &= \sum_{0 \le i,j < n} \overline{a_i} b_j \delta_{ij} = \sum_i \overline{a_i} b_i \end{aligned} \tag{2.9}$$

으로 정의하면 V^*의 내적이 된다. 이 내적은 $\mathcal{B}$의 선택과 무관하다. 왜냐하면 V의 다른 정규직교 기저 $\mathcal{B}' = \{w_i\}$를 가져오면, 유니터리 행렬 $[\mathrm{id}_V]_{\mathcal{B}'}^{\mathcal{B}} = (c_{ij})$에 대해

$$w_j = \sum_i c_{ij} v_i$$

이다. 그리고 (2.4)의 함수가 켤레-선형이므로, $w_j^* = \sum_i \overline{c_{ij}} v_i^*$ 이어서

$$\begin{aligned} w_i^* \cdot w_j^* &= \left(\sum_k \overline{c_{ki}} v_k^*\right) \cdot \left(\sum_l \overline{c_{lj}} v_l^*\right) \\ &= \sum_{k,l} c_{ki} \overline{c_{lj}} \delta_{kl} = \sum_k c_{ki} \overline{c_{kj}} = \delta_{ij} \end{aligned}$$

이 성립하기 때문이다. V의 두 벡터 $v = \sum_i \alpha_i v_i$와 $w = \sum_j \beta_j v_j$에 대해 식 (2.9)를 써서 $w \cdot v$와 $v^* \cdot w^*$를 계산해보면

$$v^* \cdot w^* = w \cdot v \tag{2.10}$$

임을 알 수 있다.

[7] $\mathcal{B}' = \mathcal{B}$라 두고 (2.5)를 쓰면, $\mathrm{tr}(T) = \sum_i a_{ii}$ 임을 이용하여 증명하자.

두 힐버트 공간 V, W가 주어지면 위 문단의 방법으로 V^*가 힐버트 공간이 되므로, 예제 2.2와 (1.32)를 쓰면

$$V^* \otimes W \cong \mathcal{L}(V, W)$$

도 힐버트 공간이 된다.

연습문제 2.7 $\mathbb{C}^n$의 표준 기저 $\{e_0, \ldots, e_{n-1}\}$에 대해

$$Se_k = e_{n-k}, \quad (0 \le k < n). \quad (\text{단, } e_0 = e_n \text{이다.})$$

를 만족하는 유일한 선형 작용소 $S : \mathbb{C}^n \to \mathbb{C}^n$를 생각하자. 표준 기저에 대한 S의 행렬 표현을 구하시오. 그리고 기저

$$\{e_0, e_1, e_{n-1}, e_2, e_{n-2}, e_3, e_{n-3}, \cdots\}$$

에 대한 S의 행렬 표현을 구하시오.

2.1.4 수반 변환

1장의 식 (1.15)에서 선형 변환 $T : V \to W$의 전치 선형 변환은

$$\begin{aligned} T^t : W^* \longrightarrow V^*, \quad & T^t(g) : V \longrightarrow \mathbb{C}, \\ [T^t(g)](x) = g(T(x)) \qquad & \forall x \in V, \ \forall g \in W^* \end{aligned}$$

로 정의했음을 기억하자.

정의 2.6

힐버트 공간 V, W에 대해 선형 변환 $T : V \to W$의 **수반 변환**(adjoint transformation)은

$$\begin{aligned} & T^* : W \xrightarrow{(2.4)} W^* \xrightarrow{T^t} V^* \xrightarrow{(2.4)} V, \\ & T^*(y) \cdot x := y \cdot T(x), \quad \forall x \in V, y \in W \end{aligned}$$

로 정의된다.

켤레-선형인 함수 (2.4)가 두 번 쓰였으므로 수반 변환 $T^* : W \to V$은 선형 변환이며,

$$(T_1 + T_2)^* = T_1^* + T_2^*, \ (\alpha T)^* = \overline{\alpha} T^* \quad (\alpha \in \mathbb{C})$$

이 만족함을 각자 확인해보자.

연습문제 2.8 V, W, U는 힐버트 공간이라 할 때, 다음 물음에 답하시오.

(1) 선형 변환 $T : V \to W$와 $S : W \to U$에 대해

$$(S \circ T)^* = T^* \circ S^*$$

임을 보이시오.

(2) 선형 변환 $T : V \to W$에 대해 $(T^*)^* = T$임을 보이시오.

연습문제 2.9 행렬 $A \in M_{m \times n}$에 의해 정의된 선형 변환

$$T_A : \mathbb{C}^n \longrightarrow \mathbb{C}^m, \quad T_A(x) = Ax$$

의 수반 변환이

$$(T_A)^* = T_{A^*} : \mathbb{C}^m \longrightarrow \mathbb{C}^n, \quad T_{A^*}(x) = A^* x \tag{2.11}$$

임을 보이시오.[8]

정의 2.7

힐버트 공간 V의 선형 작용소 $T : V \to V$가 주어져 있다.

(1) $T^* = T$이면, **자기수반 작용소**(self-adjoint operator) 또는 **허미션 작용소**(Hermitian operator)라고 한다.

(2) $T^*T = TT^*$이면, **정규 작용소**(normal operator)라고 한다.

(3) $TT^* = \mathrm{id}_V = T^*T$이면, **유니터리 작용소**(unitary operator)라고 부른다.

---

[8]표준 내적 공간 $\mathbb{C}^n$의 벡터들을 $n \times 1$ 행렬로 볼때 $x \cdot y = x^* y$이다. 따라서 $x \cdot Ay = x^* Ay = (A^* x)^* y = A^* x \cdot y$임을 얻는다.

모든 선형 작용소 $T : V \to V$는 두 개의 자기수반 작용소들의 일차 결합으로 기술된다. 즉 자기수반 작용소 T_1, T_2가 유일하게 존재하여 $T = T_1 + iT_2$로 기술된다. 여기서

$$T_1 = \frac{T + T^*}{2}, \ T_2 = \frac{T - T^*}{2i}$$

이고, $\mathrm{Re}(T) := \frac{T+T^*}{2}$는 T의 실수 부분(real part), $\mathrm{Im}(T) := \frac{T-T^*}{2i}$는 T의 허수 부분(imaginary part)이라고 한다.

연습문제 2.10 힐버트 공간의 선형 작용소 $T : V \to V$에 대해 다음 물음에 답하시오.

(1) T가 자기수반 작용소이면, T의 고유값은 모두 실수임을 보이시오.

(2) T가 유니터리 작용소이고 λ가 T의 고유값이면, $|\lambda| = 1$임을 보이시오.

(3) $T_1 = \frac{T+T^*}{2}$과 $T_2 = \frac{T-T^*}{2i}$를 각각 T의 실수 부분과 허수 부분이라하면, T가 정규 작용소일 필요 충분 조건은 $T_1T_2 = T_2T_1$임을 보이시오.

연습문제 2.11 힐버트 공간 V와 선형 작용소 $T : V \to V$에 대해 다음 명제들이 서로 동치임을 보이시오.

(1) T는 유니터리 작용소이다.

(2) T는 임의의 (또는 한 개의) 정규직교 기저를 정규직교 기저로 보낸다.

(3) T는 내적을 보존한다. 즉 모든 $x, y \in V$에 대해 $T(x) \cdot T(y) = x \cdot y$이 성립한다.

(4) T는 크기를 보존한다. 즉 모든 $x \in V$에 대해 $\|T(x)\| = \|x\|$이 성립한다.

예제 2.5 $V = \mathbb{C}^n$는 표준 내적 (2.2)가 주어진 힐버트 공간이고, $A \in M_n$는 자기수반 행렬이라 하자. 두 벡터 $v,\ w \in V$는 서로 다른 고유값에 대응하는 A의 고유벡터라면, v와 w는 서로 수직임을 알 수 있다. 왜냐하면 $\lambda,\ \mu$가 각각 고유벡터 $v,\ w$에 대응하는 서로 다른 고유값이라면, A가 자기수반이므로 $\lambda,\ \mu$는 실수이고 $Av \cdot w = v \cdot Aw$이어서

$$\begin{aligned}\lambda(v \cdot w) &= (\lambda v) \cdot w = Av \cdot w = v \cdot Aw \\ &= v \cdot (\mu w) = \mu(v \cdot w)\end{aligned}$$

인데, $\lambda \neq \mu$이므로 $v \cdot w = 0$이기 때문이다. □

힐버트 공간 V의 정규직교 기저 $\mathcal{B} = \{v_j\}_{0 \le j < n}$를 고르면 선형 변환 $T : V \to V$에 대해 (2.5)와 $v_i \cdot T(v_j) = T^*(v_i) \cdot v_j$ 로부터

$$[T^*]_{\mathcal{B}} = ([T]_{\mathcal{B}})^* \tag{2.12}$$

임을 얻는다. 따라서 T가 자기수반(각각 유니터리, 정규)일 필요 충분 조건은 행렬 표현 $[T]_{\mathcal{B}}$가 자기수반(각각 유니터리, 정규)인 것이다.

2.1.5 직교 사영

힐버트 공간 V의 부분공간 W는 V의 내적을 사용하여 힐버트 공간이 된다.

정의 2.8

힐버트 공간 V의 부분공간 W의 정규직교 기저 $\{v_0, \ldots, v_{k-1}\}$에 대해,

$$\mathrm{pr}_W = \sum_{0 \le i < k} v_i v_i^*, \quad \mathrm{pr}_W(x) = \sum_{0 \le i < k} (v_i \cdot x) v_i$$

를 V에서 W로의 **직교 사영**(orthogonal projection)이라고 한다.

부분공간 W의 **직교 보집합**(orthogonal complement)은

$$W^\perp = \{x \in V \mid v \cdot x = 0, \ \forall v \in W\}$$

로 정의되고, V의 부분공간이 된다. W의 정규직교 기저 $\{v_0, \ldots, v_{k-1}\}$와 벡터 $x \in V$에 대해 $y = \sum_{0 \le i < k} (v_i \cdot x) v_i$라 두면,

$$v_i \cdot (x - y) = 0, \ \ \forall 0 \le i < k$$

이므로 $x - y \in W^\perp$이다. 자명하게 $W \cap W^\perp = \{0\}$이므로,

$$V = W \oplus W^\perp, \quad x = \Big(\sum_{0 \le i < k} (v_i \cdot x) v_i \Big) + \Big(x - \sum_{0 \le i < k} (v_i \cdot x) v_i \Big)$$

이다. 이때, 첫 성분만 취하면 직교 사영

$$\mathrm{pr}_W : V \longrightarrow W, \quad x \longmapsto \sum_{0 \le i < k} (v_i \cdot x) v_i = \Big(\sum_{0 \le i < k} v_i v_i^* \Big)(x)$$

이다. 특히, W가 단위 벡터 v의 스칼라 곱으로만 이루어진 1차원 부분공간이면 $\mathrm{pr}_W = vv^*$ 이다. 또한, $W = V$인 경우를 생각하면 $W^\perp = \{0\}$이므로, $\mathrm{pr}_V = \mathrm{id}_V$이고 V의 정규직교 기저 $\{v_0, \ldots, v_{n-1}\}$에 대해

$$\mathrm{id}_V = \sum_{0 \le i < n} v_i v_i^* \tag{2.13}$$

임을 얻는다. 이는 식 (2.3)과 동치이다.

정리 2.9

힐버트 공간 V의 부분공간 W의 정규직교 기저 $\{v_0, \ldots, v_{k-1}\}$와 직교 사영 $\mathrm{pr}_W = \sum_{0 \le i < k} v_i v_i^*$에 대해 다음 명제들이 성립한다.

(1) $\mathrm{pr}_W = \mathrm{pr}_W^2 = (\mathrm{pr}_W)^*$.

(2) $\mathrm{pr}_W(v) = v, \quad \forall v \in W$.

(3) $\mathrm{id}_V - \mathrm{pr}_W = (\mathrm{id}_V - \mathrm{pr}_W)^2 = (\mathrm{id}_V - \mathrm{pr}_W)^*$.

(4) $\{w_0, \ldots, w_{k-1}\}$가 W의 다른 정규직교 기저라면,

$$\mathrm{pr}_W = \sum_{i=0}^{k-1} w_i w_i^*.$$

연습문제 2.12 정리 2.9를 증명하시오. 정의 2.8에 의해 정의된 직교 사영 pr_W는 W의 정규직교 기저의 선택에 의존하지 않음을 보이시오.

예제 2.6 힐버트 공간 V의 선형 작용소 $T : V \to V$에 대해 $\ker(T) = \mathrm{im}(T^*)^\perp$이 만족된다. 왜냐하면 $v \in \ker(T)$이면 임의의 $w \in V$에 대해

$$T^*(w) \cdot v = w \cdot T(v) = w \cdot 0 = 0$$

이므로, $v \in \mathrm{im}(T^*)^\perp$이 성립한다. 역으로 $v \in \mathrm{im}(T^*)^\perp$이면 임의의 $w \in V$에 대해

$$T(v) \cdot w = v \cdot T^*(w) = 0$$

이므로, $T(v) = 0$이어서 $v \in \ker(T)$이다. □

연습문제 2.13 힐버트 공간 V, W와 선형 변환 $T : V \to W$에 대해

$$\ker(T) = \ker(T^*T), \quad \mathrm{im}(T) = \mathrm{im}(TT^*), \quad \ker(T^*) = (\mathrm{im}\, T)^\perp \tag{2.14}$$

을 보이시오.

2.2 스펙트럼 분해 정리

스펙트럼 분해 정리는 선형 작용소 또는 행렬이 대각화 될 수있는 경우에 고유값 및 고유벡터로 표현될 수 있다는 정리인데, 대각화 가능 행렬의 계산은 훨씬 간단한 계산으로 축소 될 수 있기 때문에 매우 유용하다.

2.2.1 스펙트럼 분해 정리와 행렬 표현

이제 양자 역학의 근간을 이루는 스펙트럼 분해 정리를 공부하자.

정리 2.10 (스펙트럼 분해 정리, spectral decomposition)

힐버트 공간 V에 정의된 정규 작용소 $T : V \to V$에 대해, 다음의 성질들을 만족하는 서로 다른 복소수 $\lambda_1, \ldots, \lambda_m$과 서로 직교인 V의 부분공간 $V_1, \ldots, V_m$이 존재한다.

(1) 임의의 $1 \le i \ne j \le m$에 대해 $x \in V_i$이고 $y \in V_j$이면, $x \cdot y = 0$이다.

(2) 부분공간 V_i로 보내는 직교 사영을 $\Pi_i : V \to V$라고 두면,

$$\mathrm{id}_V = \Pi_1 + \cdots + \Pi_m$$

이 성립한다.

(3) $T = \lambda_1\Pi_1 + \cdots + \lambda_m\Pi_m$이 성립한다.

[증명] $n = \dim V$에 관한 귀납법을 사용하자. $n = 1$이면 증명할 것도 없이 자명하다. $n > 1$이라고 하면, 고유값을 하나 잡고 λ_1이라고 쓰자.[9] 고유값 λ_1에 대응되는 고유공간

$$V(\lambda_1) = \{x \in V \mid Tx = \lambda_1 x\}$$

[9] 복소 정방 행렬은 항상 복소수 집합에서 고유값를 갖는다. 대수학의 기본정리를 다항식 $\det(T - \lambda I)$에 적용하면 된다.

을 생각하자. 가정에 의해 $TT^* = T^*T$ 이므로, 임의의 벡터 $x \in V(\lambda_1)$ 에 대해

$$TT^*x = T^*Tx = \lambda_1 T^*x$$

이어서 $T^*x \in V(\lambda_1)$ 이다. 따라서

$$T^*(V(\lambda_1)) \subset V(\lambda_1)$$

이다. 만약 $x \in V(\lambda_1)$ 이고 $y \in V(\lambda_1)^\perp$ 이라면, $T(x) = \lambda_1 x \in V(\lambda_1)$ 이고 $T^*(x) \in V(\lambda_1)$ 이므로

$$x \cdot Ty = T^*x \cdot y = 0, \quad x \cdot T^*y = Tx \cdot y = 0$$

이다. 따라서

$$T(V(\lambda_1)^\perp) \subset V(\lambda_1)^\perp, \quad T^*(V(\lambda_1)^\perp) \subset V(\lambda_1)^\perp$$

이므로 T, T^* 는 힐버트 공간 $V(\lambda_1)^\perp$ 에 작용하는 정규 작용소이다.

λ_1 이 고유값이므로 $V(\lambda_1) \neq 0$ 이며 $V(\lambda_1) \cap V(\lambda_1)^\perp = \{0\}$ 이다. 따라서 귀납법 가정에 의해 λ_1 과 다르고 서로 다른 고유값들 $\lambda_2, \ldots, \lambda_m$ 이 있어서 이들에 대응하는 고유공간들은 서로 직교이고, $V(\lambda_1)^\perp$ 를 생성한다. 즉

$$\begin{aligned} V &= V(\lambda_1) \oplus V(\lambda_1)^\perp \\ &= V(\lambda_1) \oplus V(\lambda_2) \oplus \cdots \oplus V(\lambda_m) \end{aligned} \tag{2.15}$$

로 쓸 수 있고, 이 성분들은 모두 서로 직교이다.

따라서 임의의 벡터 $x \in V$ 를 유일하게

$$x = x_1 + \cdots + x_m, \quad x_i \in V(\lambda_i) \tag{2.16}$$

로 쓸 수 있고,

$$T(x) = T(x_1) + \cdots + T(x_m) = \lambda_1 x_1 + \cdots + \lambda_m x_m \tag{2.17}$$

이 성립한다. 정리는 (2.15), (2.16), (2.17)로부터 바로 얻는다. □

예제 2.7 선형 작용소 $T \in \mathcal{L}(V)$ 가 정규 작용소라면, 정리 2.10 (3)에 의해

$$T = \lambda_1 \Pi_1 + \cdots + \lambda_m \Pi_m$$

이다. 그러면 임의의 함수 $f : \mathbb{C} \to \mathbb{C}$에 대해

$$f(T) = f(\lambda_1)\Pi_1 + \cdots + f(\lambda_m)\Pi_m \in \mathcal{L}(V)$$

라고 정의할 수 있다. 특히,

$$f(t) = \sum_{i=0}^{m} a_i t^i \tag{2.18}$$

가 다항식일 때 (또는 해석적 함수일 때)

$$\Pi_i^2 = \Pi_i, \quad \Pi_i\Pi_j = 0 \ (i \neq j)$$

를 써서 전개해보면, 이는 식 (2.18)에서 t 대신 선형 작용소 T를 대입하여 얻은 선형 변환

$$f(T) = \sum_{i=0}^{m} a_i T^i$$

과 같음을 확인할 수 있다. 예를 들어 $f(t) = t^n$이면,

$$T^n = \lambda_1^n \Pi_1 + \cdots + \lambda_m^n \Pi_m$$

를 얻는다. □

따름정리 2.11

$T : V \to V$가 n차원 힐버트 공간 V의 정규 작용소라면, T의 고유벡터들로 이루어진 정규직교 기저 $\mathcal{B} = \{x_0, \ldots, x_{n-1}\}$이 존재한다. 각각의 x_i $(0 \leq i < n)$에 대응되는 고유값을 λ_i라 쓰면,

$$T = \sum_{0 \leq i < n} \lambda_i x_i x_i^*$$

가 성립한다. 따라서 T의 $\mathcal{B}$에 관한 행렬 표현 $[T]_{\mathcal{B}}$는 대각 행렬이 되고 대각선의 성분들은 $\lambda_0, \cdots, \lambda_{n-1}$이다.

[증명] 정리 2.10에 의해 V는 서로 수직인 고유공간 $V(\lambda_i)$들의 직합이다. 각각의 고유공간에서 정규직교 기저를 하나씩 골라 이들을 모두 모으면, 고유벡터로 이루어진 V의 정규직교 기저 $\{x_0, \ldots, x_{n-1}\}$를 얻는다. T는

$$T(x_j) = \lambda_j x_j, \quad \forall\, 0 \leq j < n$$

이 성립하는 유일한 선형 변환이고,

$$\sum_{0\le i<n} \lambda_i x_i x_i^*(x_j) = \sum_{0\le i<n} \lambda_i x_i \delta_{ij} = \lambda_j x_j, \quad \forall\, 0 \le j < n$$

이므로 $T = \sum_{0\le i<n} \lambda_i x_i x_i^*$ 이다.

행렬 표현은 (2.5)와 $x_i \cdot T(x_j) = x_i \cdot \lambda_j x_j = \lambda_j \delta_{ij}$ 로부터 대각 행렬이고 대각선 성분들이 $\{\lambda_i\}$ 임을 안다. □

임의의 정규 행렬 $A \in M_n = M_{n\times n}$ 에 대해

$$T_A : \mathbb{C}^n \to \mathbb{C}^n, \quad T_A(x) = Ax$$

를 생각하면, 식 (1.19)와 (2.11)에 의해 정규 작용소가 된다. 정리 2.10에 의해 $\mathbb{C}^n$ 의 정규직교 기저 $\mathcal{B}' = \{x_0, \dots, x_{n-1}\}$ 이 존재하여 $[T_A]_{\mathcal{B}'}$ 이 대각선 성분들이 고유값인 대각 행렬이 된다. 이 대각 행렬을 D 라고 쓰자. $\mathbb{C}^n$ 의 표준 기저 $\mathcal{B}$ 에 대한 T_A 의 행렬 표현이 A 이고 정규직교 기저 $\mathcal{B}, \mathcal{B}'$ 사이의 좌표 변환 행렬 $U = [\mathrm{id}_{\mathbb{C}^n}]^{\mathcal{B}}_{\mathcal{B}'}$ 는 유니터리 행렬임을 이미 알고 있으므로

$$A = [T_A]_{\mathcal{B}} = [\mathrm{id}_{\mathbb{C}^n}]^{\mathcal{B}}_{\mathcal{B}'}[T_A]_{\mathcal{B}'}[\mathrm{id}_{\mathbb{C}^n}]^{\mathcal{B}'}_{\mathcal{B}} = UDU^* = UDU^{-1} \tag{2.19}$$

임을 얻는다. 역으로 유니터리 행렬 U 와 대각 행렬 D 에 대해 (2.19)와 같이 $A = UDU^*$ 로 쓰인 행렬은 정규 행렬임을 금방 확인할 수 있다.

연습문제 2.14 행렬 $A \in M_n$ 이 정규 행렬일 필요 충분 조건은 유니터리 행렬 U 와 대각 행렬 D 가 있어서 $A = UDU^*$ 가 성립함을 슈르 삼각화(정리 1.21)를 써서 직접 증명하시오.[10]

예제 2.8 행렬 $A = \begin{pmatrix} 0 & -1 \\ 1 & 0 \end{pmatrix}$ 은 정규 행렬이고, 고유값 $i, -i$ 에 대응하는 크기가 1인 고유벡터는 각각

$$v_0 = \frac{1}{\sqrt{2}}\begin{pmatrix} 1 \\ -i \end{pmatrix}, \quad v_1 = \frac{1}{\sqrt{2}}\begin{pmatrix} 1 \\ i \end{pmatrix}$$

이다. 그러므로 v_0, v_1 을 각각 열 벡터로 갖는 행렬 $U = (v_0\, v_1)$ 는 유니터리 행렬이고, A 의

[10]상삼각 행렬 Q 가 정규 행렬일 필요 충분 조건은 Q 가 대각 행렬임을 성분들을 하나씩 비교해서 확인하자.

스펙트럼 분해

$$A = UDU^* = \frac{1}{2}\begin{pmatrix} 1 & 1 \\ -i & i \end{pmatrix}\begin{pmatrix} i & 0 \\ 0 & -i \end{pmatrix}\begin{pmatrix} 1 & i \\ 1 & -i \end{pmatrix}$$

를 얻는다. □

연습문제 2.15 행렬 $A = \begin{pmatrix} 1 & 1 & 0 \\ 0 & 1 & 1 \\ 1 & 0 & 1 \end{pmatrix}$는 정규 행렬임을 보이고, A의 스펙트럼 분해를 구하시오.

따름정리 2.12

n차원 힐버트 공간 V의 정규 작용소 T와 T'이 $TT' = T'T$를 만족하면, 정규직교 기저 $\{x_0, \ldots, x_{n-1}\}$가 존재하여

$$T = \sum_{0 \le i < n} \lambda_i x_i x_i^*, \quad T' = \sum_{0 \le i < n} \mu_i x_i x_i^*, \quad (\lambda_i, \mu_i \in \mathbb{C})$$

라고 쓸 수 있다.

[증명] $TT' = T'T$이 성립하므로 T'은 T의 각각의 고유값 λ_i에 대응되는 고유공간 $V(\lambda_i)$을 자신으로 보낸다. 즉 T'을 $V(\lambda_i)$에 작용하는 정규 작용소로 볼 수 있고, 스펙트럼 분해 정리를 적용하여 고유벡터로 이루어진 정규직교 기저를 구할 수 있다. 이들을 모든 i에 대해 합하면 원하는 정규직교 기저가 된다. □

정리 2.13

힐버트 공간 V의 선형 작용소 T가 정규 작용소일 필요 충분 조건은

$$\|T(v)\| = \|T^*(v)\|, \quad \forall v \in V$$

인 것이다.

[증명] T가 정규 작용소, 즉 $TT^* = T^*T$이면,

$$\|T(v)\|^2 = T(v) \cdot T(v) = T^*T(v) \cdot v = TT^*(v) \cdot v$$

$$= T^*(v) \cdot T^*(v) = \|T^*(v)\|^2$$

이어서 $\|T(v)\| = \|T^*(v)\|$ 이다.

역으로 모든 $v \in V$ 에 대해 $\|T(v)\| = \|T^*(v)\|$ 이 만족된다고 하자. 전개하여 임의의 $v, w \in V$ 에 대해

$$v \cdot w = \frac{1}{4}\big(\|v + w\|^2 - \| - v + w\|^2 \tag{2.20}$$

$$+ \sqrt{-1}\|\sqrt{-1}v + w\|^2 - \sqrt{-1}\| - \sqrt{-1}v + w\|^2\big) \tag{2.21}$$

$$= \frac{1}{4} \sum_{\lambda = \pm 1, \pm\sqrt{-1}} \lambda \|\lambda v + w\|^2 \tag{2.22}$$

임을 확인하자. 이를 쓰면 임의의 $v, w \in V$ 에 대해

$$\begin{aligned} T^*T(v) \cdot w = T(v) \cdot T(w) &= \frac{1}{4} \sum_{\lambda = \pm 1, \pm\sqrt{-1}} \lambda \|\lambda T(v) + T(w)\|^2 \\ &= \frac{1}{4} \sum_{\lambda = \pm 1, \pm\sqrt{-1}} \lambda \|T(\lambda v + w)\|^2 \\ &= \frac{1}{4} \sum_{\lambda = \pm 1, \pm\sqrt{-1}} \lambda \|T^*(\lambda v + w)\|^2 \\ &= \frac{1}{4} \sum_{\lambda = \pm 1, \pm\sqrt{-1}} \lambda \|\lambda T^*(v) + T^*(w)\|^2 \\ &= T^*(v) \cdot T^*(w) = TT^*(v) \cdot w \end{aligned}$$

이므로, $TT^* = T^*T$ 이다. □

연습문제 2.16 정규 작용소 T 에 대해 다음을 보이시오.

(1) T 의 모든 고유값의 절대값이 1이면, T 는 유니터리이다.

(2) T 의 모든 고유값이 실수이면, T 는 자기수반이다.

(3) 위 (1), (2)의 역이 각각 성립한다.

2.2.2 양의 작용소

정의 2.14 (양의 작용소)

힐버트 공간 V 에 작용하는 **양의 작용소**(positive operator)란 자기수반 선형 변환인데, 고유값이 모두 음이 아닌 것을 말한다. 고유값이 모두 음이 아닌 자기수반 행렬을 **양부호**

행렬(positive semidefinite matrix)이라 부른다.

스펙트럼 분해 정리에 의해 $T \in \mathcal{L}(V)$가 양의 작용소이면 직교 사영 Π_i들이 존재하여 $\mathrm{id}_V = \sum_{i=1}^m \Pi_i$이고

$$T = \lambda_1\Pi_1 + \cdots + \lambda_m\Pi_m, \quad \lambda_i \geq 0$$

이다. 임의의 $x \in V$에 대해 $x_i = \Pi_i(x)$라 두면, $x = \sum_i x_i$이고

$$\begin{aligned} x \cdot Tx &= \Big(\sum_i x_i\Big) \cdot T\Big(\sum_j x_j\Big) \\ &= \Big(\sum_i x_i\Big) \cdot \Big(\sum_j \lambda_j x_j\Big) \\ &= \sum_i \lambda_i \|x_i\|^2 \geq 0 \end{aligned}$$

임을 안다.

역으로 어떤 자기수반 작용소 $T \in \mathcal{L}(V)$가

$$x \cdot Tx \geq 0, \quad \forall x \in V \tag{2.23}$$

를 만족한다고 가정하자. 그러면 T의 고유벡터 $x \in V$ (즉 $T(x) = \lambda x$)에 대해

$$0 \leq x \cdot Tx = x \cdot \lambda x = \lambda \|x\|^2$$

이므로, 모든 고유값이 음이 아니다. 따라서 수반 작용소 T가 양의 작용소일 필요 충분 조건은 (2.23)이 만족되는 것이다. 같은 이유로 자기수반 행렬 $A \in M_n$이 양부호 행렬일 필요 충분 조건은

$$v \cdot Av = v^* Av \geq 0, \quad \forall v \in \mathbb{C}^n$$

인 것이다.

연습문제 2.17 선형 작용소 $T : V \to V$에 대해 다음 조건이 서로 동치임을 보이시오.

(1) T가 양의 작용소이다.

(2) 모든 벡터 $v \in V$에 대해 $T(v) \cdot v \geq 0$이다.

(3) 선형 작용소 $S : V \to V$가 존재하여 $T = S^* S$이다.

만약 $T : V \to V$가 양의 작용소이고 고유값이

$$\lambda_1 \geq \cdots \geq \lambda_k > \lambda_{k+1} = \cdots = \lambda_m = 0$$

이라면, 정리 2.10을 사용하여 함수 $f : \mathbb{R}_{>0} \to \mathbb{R}$에 대해

$$f(T) = f(\lambda_1)\,\Pi_1 + \cdots + f(\lambda_k)\,\Pi_k \tag{2.24}$$

라고 정의할 수 있다. 예를 들어, $\sqrt{T}$와 $\log T$가 이와 같이 잘 정의된다.

$$\sqrt{T} = \sqrt{\lambda_1}\,\Pi_1 + \cdots + \sqrt{\lambda_k}\,\Pi_k,$$
$$\log T = \log(\lambda_1)\,\Pi_1 + \cdots + \log(\lambda_k)\,\Pi_k.$$

양의 작용소들의 집합은 작지 않은데, 스펙트럼 정리를 통해 양의 작용소들의 집합은 자기수반 작용소들의 실 벡터 공간 전체를 생성함을 알 수 있다.

따름정리 2.15

임의의 자기수반 작용소 T는 두 양의 작용소 P, Q의 차 $P - Q$로 나타낼 수 있다.

[증명] 스펙트럼 분해 정리에 의해 정규직교 기저 $\{x_i\}$와 실수 $\{\lambda_i\}$가 존재하여 $T = \sum_{0 \leq i < n} \lambda_i x_i x_i^*$라고 쓸 수 있다. 이제

$$P = \sum_{\lambda_i \geq 0} \lambda_i x_i x_i^*, \quad Q = \sum_{\lambda_i < 0} (-\lambda_i) x_i x_i^*$$

라고 두면, 증명이 끝난다. □

힐버트 공간 V의 선형 작용소 $T : V \to V$에 대해 T^*T는 자명하게 자기수반이고

$$x \cdot T^*Tx = Tx \cdot Tx = \|Tx\|^2 \geq 0$$

이므로 T는 양의 작용소이다. 그 제곱근인

$$|T| := \sqrt{T^*T} \in \mathcal{L}(V)$$

를 T의 **절대값**이라 부른다. $|T|$는 정의에 의해 양의 작용소이므로, 임의의 $x \in V$에 대해

$$\|T(x)\|^2 = T(x) \cdot T(x) = x \cdot T^*T(x) = x \cdot |T|^2(x)$$

$$= |T|(x) \cdot |T|(x) = \||T|(x)\|^2$$

이므로, $T(x) = 0$일 필요 충분 조건은 $|T|(x) = 0$이다.

2.2.3 특이값 분해

정리 2.16 (특이값 분해, singular value decomposition)

힐버트 공간 V와 W 사이의 선형 변환 $T : V \to W$가 있고 그 계수를 r이라고 하자. 그러면, 양의 실수 $s_1, \ldots, s_r$와 정규직교인 부분집합

$$\{x_1, \ldots, x_r\} \subset V, \quad \{y_1, \ldots, y_r\} \subset W$$

가 있어서

$$T = s_1 y_1 x_1^* + \cdots + s_r y_r x_r^*$$

가 만족된다.

[증명] $T^*T : V \to V$를 생각하면 자명하게 자기수반 작용소이므로 정규 작용소이다. 정리 2.10에 의해 T^*T의 고유벡터로 이루어진 정규직교 기저 $\{x_1, \ldots, x_n\}$가 존재한다. 이때

$$\lambda_i(x_i \cdot x_i) = x_i \cdot T^*Tx_i = Tx_i \cdot Tx_i \geq 0$$

이므로 모든 고유값은 음이 아닌 실수이다. 필요하면 기저 벡터들의 순서를 바꿔서

$$T^*Tx_i = \lambda_i x_i, \quad \lambda_1 \geq \lambda_2 \geq \cdots \geq \lambda_n$$

이라고 둘 수 있는데, 계수가 r이므로

$$\lambda_{r+1} = \cdots = \lambda_n = 0, \quad \lambda_1 \geq \lambda_2 \geq \cdots \geq \lambda_r > 0$$

이다. 이제

$$s_i = \sqrt{\lambda_i}, \quad y_i = \frac{1}{s_i} T(x_i) \qquad \forall\, 1 \leq i \leq r$$

라고 두면, 정리에서 요구하는 모든 조건이 만족된다. □

정의 2.17

정리 2.16의 실수값 $s_1, \ldots, s_r$를 T의 **특이값**(singular value)라고 부르고, $s_1 y_1 x_1^* + \cdots + s_r y_r x_r^*$를 T의 **특이값 분해**라고 한다.

정리 2.16의 증명에서 고유벡터로 이루어진 정규직교 기저는 유일하지 않으므로, 벡터들 x_i, y_j 들은 T에 의해 유일하게 결정되지 않는다. 하지만 특이값 $s_1, \ldots, s_r$은 유일하게 T에 의해 완전히 결정된다. 그 이유는 직접 계산에 의해

$$T^*T = s_1^2 x_1 x_1^* + \cdots + s_r^2 x_r x_r^*$$

이므로, $s_1^2, \ldots, s_r^2$은 T^*T의 고유값이어야 하기 때문이다. 또한, x_i들이 정규직교이므로,

$$(T^*T)^2 = s_1^4 x_1 x_1^* + \cdots + s_r^4 x_r x_r^*$$

이다. 만약 $s_1 > s_2 \geq s_3 \geq \cdots \geq s_r$이라면,

$$\frac{1}{s_1^{2k}}(T^*T)^k \longrightarrow x_1 x_1^*$$

임을 알 수 있다.

행렬 $A \in M_{m \times n}$가 정의하는 선형 변환

$$\phi_A : \mathbb{C}^n \longrightarrow \mathbb{C}^m, \quad \phi_A(v) = Av$$

의 특이값 분해

$$\phi_A = s_1 y_1 x_1^* + \cdots + s_r y_r x_r^*$$

를 생각하자. 정규직교 집합인 $\{x_1, \cdots, x_r\}$과 $\{y_1, \cdots, y_r\}$을 확장하여 $\mathbb{C}^n$의 정규직교 기저 $\mathcal{B}' = \{x_1, \cdots, x_n\}$과 $\mathbb{C}^m$의 정규직교 기저 $\mathcal{B}'' = \{y_1, \cdots, y_m\}$을 만들면

$$\phi_A(x_i) = s_i y_i, \quad (s_{r+1} = \cdots = s_n = 0)$$

이므로, 이 기저들에 대한 ϕ_A의 행렬 표현 $[\phi_A]_{\mathcal{B}'}^{\mathcal{B}''}$은 대각선 상의 성분들이 $s_1, s_2, \ldots, s_n$인 대각 행렬이 된다. 이 대각 행렬을

$$D = [\phi_A]_{\mathcal{B}'}^{\mathcal{B}''}$$

라고 두자. $\mathbb{C}^n$과 $\mathbb{C}^m$의 표준 정규직교 기저를 각각 $\mathcal{B}_n$, $\mathcal{B}_m$이라고 표기하고

$$P = [\mathrm{id}_{\mathbb{C}^n}]_{\mathcal{B}'}^{\mathcal{B}_n}, \quad Q = [\mathrm{id}_{\mathbb{C}^m}]_{\mathcal{B}''}^{\mathcal{B}_m}$$

라고 두자. 정의에 의해 $P \in M_n$는 $x_1, \cdots, x_n$을 열 벡터로 갖는 행렬이고, $Q \in M_m$는 $y_1, \cdots, y_m$을 열 벡터로 갖는 행렬이다. 그리고 $\mathcal{B}_n, \mathcal{B}_m, \mathcal{B}', \mathcal{B}''$ 모두가 정규직교 기저이므로 P와 Q는 유니터리 행렬들이다. 표준 정규직교 기저에 대한 ϕ_A의 행렬 표현은 자명하게 A 자신이므로

$$\begin{aligned} A &= [\phi_A]_{\mathcal{B}_n}^{\mathcal{B}_m} = [\mathrm{id}_{\mathbb{C}^m} \circ \phi_A \circ \mathrm{id}_{\mathbb{C}^n}]_{\mathcal{B}_n}^{\mathcal{B}_m} \\ &= [\mathrm{id}_{\mathbb{C}^m}]_{\mathcal{B}''}^{\mathcal{B}_m} [\phi_A]_{\mathcal{B}'}^{\mathcal{B}''} [\mathrm{id}_{\mathbb{C}^n}]_{\mathcal{B}_n}^{\mathcal{B}'} = QDP^{-1} \\ &= QDP^* \end{aligned}$$

이다. 다시 써보면 아래와 같다.

$$A = \begin{pmatrix} | & & | & & | \\ y_1 & \cdots & y_r & \cdots & y_m \\ | & & | & & | \end{pmatrix} \begin{pmatrix} s_1 & \cdots & 0 & \cdots & 0 \\ \vdots & \ddots & 0 & \cdots & 0 \\ 0 & \cdots & s_r & \cdots & 0 \\ \vdots & \vdots & \vdots & \ddots & \vdots \\ 0 & \cdots & 0 & \cdots & 0 \end{pmatrix} \begin{pmatrix} - & x_1^* & - \\ & \vdots & \\ - & x_r^* & - \\ & \vdots & \\ - & x_n^* & - \end{pmatrix}$$

이를 행렬 A의 **특이값 분해**라고 부른다.

예제 2.9 행렬 $A = \begin{pmatrix} 0 & 1 \\ 1 & 1 \\ 1 & 0 \end{pmatrix}$의 특이값 분해를 구해보자.
우선 A^*A를 구해보면,

$$A^*A = \begin{pmatrix} 2 & 1 \\ 1 & 2 \end{pmatrix}$$

이다. A^*A의 고유값은 3과 1이므로 $s_1 = \sqrt{3}$, $s_2 = 1$이다. A^*A의 고유값 $3, 1$에 대응하는 고유벡터를 구하면, 각각

$$x_1 = \begin{pmatrix} \frac{1}{\sqrt{2}} \\ \frac{1}{\sqrt{2}} \end{pmatrix}, \quad x_2 = \begin{pmatrix} -\frac{1}{\sqrt{2}} \\ \frac{1}{\sqrt{2}} \end{pmatrix}$$

이고

$$y_1 = s_1^{-1} A x_1 = \begin{pmatrix} \frac{1}{\sqrt{6}} \\ \frac{2}{\sqrt{6}} \\ \frac{1}{\sqrt{6}} \end{pmatrix}, \quad y_2 = s_2^{-1} A x_2 = \begin{pmatrix} \frac{1}{\sqrt{2}} \\ 0 \\ -\frac{1}{\sqrt{2}} \end{pmatrix}$$

이다. y_1, y_2에 수직인 단위 벡터

$$y_3 = \begin{pmatrix} \frac{1}{\sqrt{3}} \\ -\frac{1}{\sqrt{3}} \\ \frac{1}{\sqrt{3}} \end{pmatrix}$$

를 잡으면, A의 특이값 분해는

$$A = \begin{pmatrix} \frac{1}{\sqrt{6}} & \frac{1}{\sqrt{2}} & \frac{1}{\sqrt{3}} \\ \frac{2}{\sqrt{6}} & 0 & -\frac{1}{\sqrt{3}} \\ \frac{1}{\sqrt{6}} & -\frac{1}{\sqrt{2}} & \frac{1}{\sqrt{3}} \end{pmatrix} \begin{pmatrix} \sqrt{3} & 0 \\ 0 & 1 \\ 0 & 0 \end{pmatrix} \begin{pmatrix} \frac{1}{\sqrt{2}} & \frac{1}{\sqrt{2}} \\ -\frac{1}{\sqrt{2}} & \frac{1}{\sqrt{2}} \end{pmatrix}$$

라고 쓸 수 있다. □

연습문제 2.18

(1) 행렬 $A = \begin{pmatrix} 3 & 2 & 2 \\ 2 & 3 & -2 \end{pmatrix}$의 특이값 분해를 구하시오.

(2) 행렬 A의 0 아닌 특이값의 개수는 행렬 A의 계수와 같음을 보이시오.

(3) 가역 행렬 A의 특이값 분해가 $A = QDP^*$일 때, A^*와 A^{-1}의 특이값 분해를 구하시오.

2.2.4 극 분해와 슈미트 분해

특이값 분해의 결과로 극 분해와 슈미트 분해를 얻는다.

정리 2.18 (극 분해, polar decomposition)

힐버트 공간 V의 선형 작용소 $T \in \mathcal{L}(V)$의 절대값을 $|T| := \sqrt{T^*T}$로 정의했음을 기억하자.

(1) 임의의 선형 작용소 $T \in \mathcal{L}(V)$에 대해 V의 유니터라 작용소 U가 존재하여

$$T = U|T|$$

을 만족한다.

(2) 임의의 선형 작용소 $T \in \mathcal{L}(V)$에 대해

$$|\operatorname{tr}(T)| \le \operatorname{tr}(|T|)$$

이고, 등호가 성립할 필요 충분 조건은 T가 양의 작용소인 것이다.

(3) 임의의 선형 작용소 $T \in \mathcal{L}(V)$와 V의 유니터리 작용소 U에 대해

$$|\operatorname{tr}(TU)| = |\operatorname{tr}(UT)| \le \operatorname{tr}|T|$$

이 성립하고, 등호가 성립할 필요 충분 조건은 $UT = |T|$인 것이다.

[증명] (1) 특이값 분해 정리에 의해 정규직교 기저

$$\{x_i\}_{1\le i\le n}, \quad \{y_i\}_{1\le i\le n}$$

와 실수들 $\{s_i \ge 0\}$가 존재하여

$$T = \sum_{i=1}^{r} s_i x_i y_i^* \tag{2.25}$$

라고 쓸 수 있다. 따라서

$$T^*T = \sum_{i=1}^{r} s_i^2 y_i y_i^*, \quad |T| = \sqrt{T^*T} = \sum_{i=1}^{r} s_i y_i y_i^* \tag{2.26}$$

을 얻는다. 모든 $1 \le i \le n$에 대해 $U(y_i) = x_i$를 만족하는 유일한 유니터리 작용소 U를 생각하면,

$$U|T| = \sum_{i=1}^{d} s_i U y_i y_i^* = \sum_{i=1}^{d} s_i x_i y_i^* = T$$

이므로 (1)이 증명되었다.

(2) (1)의 증명에서 선택한 x_i와 y_i가 단위 벡터들이므로

$$|y_i \cdot x_i| = |y_i^* x_i| \le 1$$

이고, 등호는 $x_i = \alpha_i y_i$ ($|\alpha_i| = 1$)일 때만 성립한다. 식 (2.25)에 의해

$$\begin{aligned}|\operatorname{tr}(T)| &= \left|\sum_{i=1}^{d} y_i^* T y_i\right| = \left|\sum_{i=1}^{d} y_i^* s_i x_i\right| \\ &= \left|\sum_{i=1}^{d} s_i (y_i^* x_i)\right| \le \sum_{i=1}^{d} s_i |y_i^* x_i|\end{aligned}$$

$$\leq \sum_{i=1}^{d} s_i$$

이다. 등호가 성립할 필요 충분 조건은 $s_i > 0$인 모든 i에 대해 $x_i = y_i$이므로 T 가 양의 작용소인 것이다. 한편, 식 (2.26)에 의해

$$\operatorname{tr}|T| = \operatorname{tr}\left(\sum_{i=1}^{d} s_i y_i y_i^*\right) = \sum_{i=1}^{d} s_i \geq |\operatorname{tr}(T)|$$

이므로 (2)가 증명되었다.

(3) U를 유니터리 작용소라 하면, (2)에 의해

$$|\operatorname{tr}(UT)| \leq \operatorname{tr}|UT| = \operatorname{tr}\sqrt{T^*U^*UT} = \operatorname{tr}\sqrt{T^*T} = \operatorname{tr}|T|$$

이다. 등호가 성립할 필요 충분 조건은 (2)에 의해 UT가 양의 작용소인 것인데, 이는 $UT = |UT|$임과 동치인데 항상 $|UT| = |T|$이므로 (3)이 증명되었다. □

정리 2.19 (슈미트 분해, Schmidt decomposition)

힐버트 공간 V, W의 텐서 곱 $V \otimes W$의 0이 아닌 원소 ρ에 대해 양의 실수 $s_1 \geq \cdots \geq s_r$와 정규직교 부분집합

$$\{x_1, \ldots, x_r\} \subset V, \quad \{y_1, \ldots, y_r\} \subset W$$

가 존재하여

$$\rho = \sum_{i=1}^{r} s_i x_i \otimes y_i \tag{2.27}$$

로 쓸 수 있다. 여기서 r과 $s_1, \ldots, s_r$은 ρ에 의해 유일하게 결정되며, r을 **슈미트 수**(Schmidt number)라고 부른다.

[증명] (1.32)를 사용하여 ρ에 대응하는 $\mathcal{L}(V, W)$의 원소를 생각하고 정리 2.16을 적용하면, 정리 2.19를 얻는다. □

힐버트 공간 V, W에 대해 $\dim V = m$, $\dim W = n$이고 $\{v_i\}$와 $\{w_j\}$는 각각 V과 W의

기저일 때, 텐서 곱의 원소 $\rho \in V \otimes W$는

$$\rho = \sum_{i=1}^{m} \sum_{j=1}^{n} s_{ij} v_i \otimes w_j, \quad s_{ij} \in \mathbb{C}$$

로 나타낼 수 있다. 그런데 슈미트 분해 정리에 의해 ρ를 식 (2.27)과 같이 이중 합(double sum)이 아닌 단일 합(single sum)으로 쓸 수 있고, 슈미트 수는 $r \leq \min\{m, n\}$이다.

2.3 디랙의 기호들

디랙은 선형 대수학의 대상들에 대해 양자 역학을 공부할 때, 종종 유용한 기호들을 만들었다. 브라-켓 표기법은 힐버트 공간에서 벡터의 스칼라 곱 또는 내적을 나타내기 위해 사용되는데, 1939년에 폴 디랙에 의해 소개되었기 때문에 **디랙 표기법**이라고도 한다.

디랙의 기호 체계에서 힐버트 공간은 흔히 $\mathcal{H}$로 쓰고, $\mathcal{H}$의 벡터는 $|x\rangle$, $|\psi\rangle$, $|0\rangle$와 같이 $|-\rangle$꼴로 쓴다. 그리고 $|x\rangle$는 켓(ket)-엑스로 읽고, 주로 열 벡터를 나타낸다. 영 벡터는 켓 기호없이 그냥 0으로 쓴다.

예제 2.10 힐버트 공간 $\mathcal{H} = \mathbb{C}^2$의 표준 직교 기저는 다음과 같이 기술된다.

$$|0\rangle := \begin{pmatrix} 1 \\ 0 \end{pmatrix}, \quad |1\rangle := \begin{pmatrix} 0 \\ 1 \end{pmatrix}.$$

따라서

$$\frac{1}{\sqrt{2}}|0\rangle + \frac{1}{\sqrt{2}}|1\rangle = \begin{pmatrix} \frac{1}{\sqrt{2}} \\ \frac{1}{\sqrt{2}} \end{pmatrix}$$

이다. 그리고 $\mathcal{H}$의 임의의 벡터를 $|x\rangle, |y\rangle, \ldots$ 등으로 표기한다.

벡터의 텐서 곱에 대해서는 다음과 같이 정의한다.

$$|x, y\rangle := |x\rangle \otimes |y\rangle. \tag{2.28}$$

텐서 곱에서는 여러 가지 기호들이 쓰이고 있는데, 두 힐버트 공간 $\mathcal{H}_1$, $\mathcal{H}_2$에 대해 $|x\rangle \in \mathcal{H}_1$과 $|y\rangle \in \mathcal{H}_2$의 텐서 곱은 $\mathcal{H}_1 \otimes \mathcal{H}_2$의 원소이고 아래와 같이 다양하게 기술된다.

$$|x\rangle \otimes |y\rangle, \ \ |x\rangle|y\rangle, \ \ |x, y\rangle, \ \ |xy\rangle.$$

힐버트 공간 $\mathcal{H}$의 벡터 $|x\rangle$와 $|y\rangle$의 내적은

$$\langle x|y\rangle := |x\rangle \cdot |y\rangle$$

로 표기한다. (2.4)에 의해

$$|x\rangle^*(|y\rangle) = \langle x|y\rangle, \quad \forall |y\rangle \in \mathcal{H}$$

이므로 양변에서 $|y\rangle$를 지우고

$$|x\rangle^* =: \langle x| \in \mathcal{H}^*$$

로 쓰는 것이 자연스럽다. 따라서 $\langle x|y\rangle = \langle x||y\rangle$이다.

힐버트 공간 $\mathcal{H}$의 정규직교 기저 $\{v_0, \cdots, v_{n-1}\}$에 대해, (2.3)을 디랙의 기호를 사용하여 쓰면,

$$|x\rangle = \sum_{i=0}^{n-1} \langle v_i|x\rangle |v_i\rangle = \sum_i |v_i\rangle\langle v_i|x\rangle, \quad \forall |x\rangle \in \mathcal{H}$$

이 되고 좌변은 $\mathrm{id}_{\mathcal{H}}|x\rangle$이므로 양변에서 $|x\rangle$를 지워

$$\mathrm{id}_{\mathcal{H}} = \sum_{0\le i<n} |v_i\rangle\langle v_i| \tag{2.29}$$

를 얻는데 이는 사실 (2.13)을 디랙의 기호로 표현한 것 뿐이다.

힐버트 공간 $\mathcal{H}$의 선형 작용소 $T \in \mathcal{L}(\mathcal{H})$는 브라 $\langle x| \in \mathcal{H}^*$에 전치 변환 T^t로 작용한다. 즉

$$\langle x|T \in \mathcal{H}^*, \quad (\langle x|T)|y\rangle = \langle x|(T|y\rangle) =: \langle x|T|y\rangle, \ \forall |y\rangle \in \mathcal{H}$$

로 주어진다.

연습문제 2.19 다음을 보이시오.

$$(\langle x|y\rangle)^* = \langle y|x\rangle, \quad (\alpha|x\rangle + \beta|y\rangle)^* = \overline{\alpha}\langle x| + \overline{\beta}\langle y|,$$
$$(\langle x|T|y\rangle)^* = \langle y|T^*|x\rangle, \quad (T|x\rangle\langle y|)^* = |y\rangle\langle x|T^*.$$

식 (2.29)를 사용하면, 벡터와 행렬을 기저 벡터들의 브라와 켓으로 전개할 수 있다. 몇가지 예를 들면 다음과 같다.

- $\langle x| = \langle x|\mathrm{id}_{\mathcal{H}} = \sum_{0\le i<n} \langle x|e_i\rangle\langle e_i|$.
- $\langle x|y\rangle = \langle x|\mathrm{id}_{\mathcal{H}}|y\rangle = \sum_{0\le i<n} \langle x|v_i\rangle\langle v_i|y\rangle$.

- $T = \mathrm{id}_{\mathcal{H}} \circ T \circ \mathrm{id}_{\mathcal{H}} = \sum_{0 \le i,j<n} |v_i\rangle\langle v_i|T|v_j\rangle\langle v_j| = \sum_{0\le i,j<n} \langle v_i|T|v_j\rangle |v_i\rangle\langle v_j|$.
- $T|x\rangle = (\mathrm{id}_{\mathcal{H}} \circ T \circ \mathrm{id}_{\mathcal{H}})|x\rangle = \sum_{0\le i,j<n} |v_i\rangle\langle v_i|T|v_j\rangle\langle v_j|x\rangle$.

표준 내적 공간 $\mathbb{C}^n$ 에서 임의의 벡터 $|x\rangle$는 열 벡터 또는 $n \times 1$ 행렬

$$|x\rangle = \begin{pmatrix} x_0 \\ x_1 \\ \vdots \\ x_{n-1} \end{pmatrix}$$

으로 쓰고 $\langle x| = |x\rangle^*$는 그 수반 행렬인

$$\begin{pmatrix} \overline{x_0} & \overline{x_1} & \cdots & \overline{x_{n-1}} \end{pmatrix}$$

임을 안다. 내적은

$$\langle x|y\rangle = |x\rangle^*|y\rangle = \sum_i \overline{x_i} y_i$$

가 된다. 브라와 켓의 순서를 바꾸어서 행렬을 나타내기도 하는데,

$$|x\rangle\langle y| = \begin{pmatrix} x_1 \\ \vdots \\ x_n \end{pmatrix} \begin{pmatrix} \overline{y_1} & \cdots & \overline{y_n} \end{pmatrix} = \begin{pmatrix} x_1\overline{y_1} & \cdots & x_1\overline{y_n} \\ \vdots & \ddots & \vdots \\ x_n\overline{y_1} & \cdots & x_n\overline{y_n} \end{pmatrix}$$

와 같이 계수 1인 행렬을 준다.

예제 2.4에서 본 바와 같이 $\mathbb{C}^2 \otimes \mathbb{C}^2$는 표준 직교 기저

$$\{|0\rangle \otimes |0\rangle,\ |0\rangle \otimes |1\rangle,\ |1\rangle \otimes |0\rangle,\ |1\rangle \otimes |1\rangle\} \tag{2.30}$$

를 갖는다. (2.28)의 기호와 텐서 곱의 정의를 사용하여 다시 쓰면,

$$|0,0\rangle = |0\rangle \otimes |0\rangle = \begin{pmatrix} 1 \\ 0 \end{pmatrix} \otimes \begin{pmatrix} 1 \\ 0 \end{pmatrix} = \begin{pmatrix} 1\begin{pmatrix} 1 \\ 0 \end{pmatrix} \\ \\ 0\begin{pmatrix} 1 \\ 0 \end{pmatrix} \end{pmatrix} = \begin{pmatrix} 1 \\ 0 \\ 0 \\ 0 \end{pmatrix},$$

$$|0,1\rangle = |0\rangle \otimes |1\rangle = \begin{pmatrix} 1 \\ 0 \end{pmatrix} \otimes \begin{pmatrix} 0 \\ 1 \end{pmatrix} = \begin{pmatrix} 1\begin{pmatrix} 0 \\ 1 \end{pmatrix} \\ \\ 0\begin{pmatrix} 0 \\ 1 \end{pmatrix} \end{pmatrix} = \begin{pmatrix} 0 \\ 1 \\ 0 \\ 0 \end{pmatrix},$$

$$|1,0\rangle = |1\rangle \otimes |0\rangle = \begin{pmatrix} 0 \\ 1 \end{pmatrix} \otimes \begin{pmatrix} 1 \\ 0 \end{pmatrix} = \begin{pmatrix} 0\begin{pmatrix} 1 \\ 0 \end{pmatrix} \\ \\ 1\begin{pmatrix} 1 \\ 0 \end{pmatrix} \end{pmatrix} = \begin{pmatrix} 0 \\ 0 \\ 1 \\ 0 \end{pmatrix},$$

$$|1,1\rangle = |1\rangle \otimes |1\rangle = \begin{pmatrix} 0 \\ 1 \end{pmatrix} \otimes \begin{pmatrix} 0 \\ 1 \end{pmatrix} = \begin{pmatrix} 0\begin{pmatrix} 0 \\ 1 \end{pmatrix} \\ \\ 1\begin{pmatrix} 0 \\ 1 \end{pmatrix} \end{pmatrix} = \begin{pmatrix} 0 \\ 0 \\ 0 \\ 1 \end{pmatrix}.$$

그러므로 $\mathbb{C}^4 \simeq \mathbb{C}^2 \otimes \mathbb{C}^2$ 의 벡터는, 예를 들어

$$\begin{pmatrix} \frac{1}{\sqrt{2}} \\ 0 \\ 0 \\ \frac{1}{\sqrt{2}} \end{pmatrix} = \frac{1}{\sqrt{2}}|0,0\rangle + \frac{1}{\sqrt{2}}|1,1\rangle, \qquad \begin{pmatrix} 0 \\ \frac{1}{\sqrt{2}} \\ \frac{1}{\sqrt{2}} \\ 0 \end{pmatrix} = \frac{1}{\sqrt{2}}|0,1\rangle + \frac{1}{\sqrt{2}}|1,0\rangle$$

과 같이 쓸 수 있다. □

연습문제 2.20 $\mathbb{C}^2 \otimes \mathbb{C}^2 \otimes \mathbb{C}^2$ 의 표준 직교 기저를 (2.30)과 같이 켓 기호로 쓰고, 대응하는 벡터를 구하시오.

두 힐버트 공간 $\mathcal{H}$, $\mathcal{K}$와 텐서 곱 $\mathcal{H} \otimes \mathcal{K}$의 벡터 $|x\rangle \otimes |y\rangle = |x, y\rangle$에 대해

$$(T \otimes S)|x\rangle \otimes |y\rangle = (T|x\rangle) \otimes (S|y\rangle)$$

이므로, 모든 벡터 $|x \otimes y\rangle, |x' \otimes y'\rangle \in \mathcal{H} \otimes \mathcal{K}$에 대해

$$\langle x \otimes y|T \otimes S|x' \otimes y'\rangle = \langle x|T|x'\rangle\langle y|S|y'\rangle$$

이 성립한다.

1장에서 선형 변환과 행렬의 자취를 정의하였는데, 이를 브라-켓 기호를 사용하여 써보자. 힐버트 공간 $\mathcal{H}$의 정규직교 기저 $\mathcal{B} = \{|v_0\rangle, \ldots, |v_{n-1}\rangle\}$가 주어졌을 때, 선형 작용소 T의 자취에 관한 식 (2.8)은 디랙의 기호를 쓰면

$$\operatorname{tr}(T) = \operatorname{tr}([T]_{\mathcal{B}}) = \sum_{0 \le i < n} \langle v_i | T | v_i \rangle$$

로 기술된다. 또한, $|x\rangle, |y\rangle \in \mathcal{H}$에 대해 $\langle y|x\rangle \in \mathbb{C}$이므로

$$\operatorname{tr}(|x\rangle\langle y|) = \operatorname{tr}(\langle y||x\rangle) = \operatorname{tr}\langle y|x\rangle = \langle y|x\rangle$$

이 성립한다.

디랙의 기호가 유용한 상황이 있고 보통의 선형 대수학의 기호가 편리한 상황이 있다. 이 책에서는 위에서 사용한 선형 대수학의 기호와 디랙의 기호를 함께 사용하겠다.

2.4 양자 역학의 공리들

20세기 초반 위대한 수학자 폰 노이만에 의해 양자 역학의 수학적 접근이 확립되었고, 현재까지 모든 전문적인 교과서에서 이를 토대로 양자 역학을 소개하고 있다. 이 책에서는 힐버트 공간의 차원이 유한인 경우만 다루기로 한다. 따라서 내적이 주는 거리의 완전성은 고려할 필요가 없고, 무한이 주는 복잡한 문제를 피해갈 수 있다. 양자 역학의 공리들을 차례로 살펴보자.

2.4.1 양자 상태

양자 역학에서 물리적 현상은 힐버트 공간 $\mathcal{H}$의 0이 아닌 벡터 $|\psi\rangle$들이 결정한다. 0이 아닌 복소수 α에 대해 두 벡터 $|\psi\rangle, |\xi\rangle \in \mathcal{H}$가 $|\psi\rangle = \alpha|\xi\rangle$를 만족하고 있으면, 이 두 벡터가 **동등하다**고 말하고

$$|\psi\rangle \sim |\xi\rangle \tag{2.31}$$

라고 쓴다. 동등한 벡터를 같은 원소로 생각하면 **사영 공간**(projective space)

$$\mathbb{P}\mathcal{H} = (\mathcal{H} - \{0\})/\sim$$

을 얻는데, 이는 기하학적으로 $2n-2$ 차원 미끈한 다양체가 되며 많은 좋은 성질들을 가져 수학자들이 가장 사랑하는 공간이기도 하다. 0이 아닌 벡터 $|\psi\rangle$가 주어지면 스칼라 곱을 해서 얻은 벡터들의 집합이 1차원 부분공간이 된다. 따라서 $|\psi\rangle$에 스칼라 곱을 해서 얻은 벡터들은 모두 같은 1차원 부분공간을 만드므로, $\mathbb{P}\mathcal{H}$은 $\mathcal{H}$의 1차원 부분공간들의 집합과 같다.

연습문제 2.21 힐버트 공간 $\mathcal{H}$에 속하는 0이 아닌 임의의 $|x\rangle$, $|y\rangle$, $|z\rangle$에 대해 다음을 보이시오.[11] (단, $\sim$는 (2.31)로 정의된 관계(relation)이다.)

(1) $|x\rangle \sim |x\rangle$.

(2) $|x\rangle \sim |y\rangle \Longrightarrow |y\rangle \sim |x\rangle$.

(3) $|x\rangle \sim |y\rangle$, $|y\rangle \sim |z\rangle \Longrightarrow |x\rangle \sim |z\rangle$.

정의 2.20

양자 상태(quantum state)란 사영 공간 $\mathbb{P}\mathcal{H}$의 원소를 말한다.

임의의 0이 아닌 벡터 $|x\rangle$는 단위 벡터 $\||x\rangle\|^{-1}|x\rangle$와 동등하므로, $\mathcal{H}$에 있는 단위 구

$$S_{\mathcal{H}} = \{|x\rangle \in \mathcal{H} \cong \mathbb{C}^n \mid \langle x|x\rangle = 1\}$$

만 생각해도 모든 상태들을 얻을 수 있다. 따라서 사영 공간을

$$\mathbb{P}\mathcal{H} = S_{\mathcal{H}}/\sim$$

이라고 쓸 수 있는데, 여기서 두 단위 벡터 $|x\rangle$, $|y\rangle$에 대해 $|x\rangle \sim |y\rangle$라 함은 원 군(circle group) $\mathbf{U}(1) = \{\alpha \in \mathbb{C} \mid |\alpha| = 1\}$의 원소 α가 있어 $|x\rangle = \alpha|y\rangle$가 성립한다는 뜻이다. 즉 **양자 상태**란 단위 벡터인데 크기가 1인 복소수를 곱해서 얻은 것은 같은 상태로 간주한다는 뜻이다.

---

[11] (1)을 만족하면 반사적(reflexive) 관계, (2)를 만족하면 대칭적(symmetric) 관계, (3)을 만족하면 추이적(transitive) 관계라고 한다. (1), (2), (3)을 모두 만족하면 동등 관계(equivalence relation)라고 한다. 동등한 것끼리 모아둔 부분집합을 동등 류(equivalence class)라고 부르고 동등 류들은 전체 집합을 겹치는 부분이 없게 나눈다. 즉 분할(partition)한다. 역으로 분할이 주어지면 동등 류가 정의된다.

예를 들어, 4차원 시공간 $\mathbb{R}^4$에서 움직이는 입자라면 힐버트 공간은 $\mathbb{R}^4$에서 정의된 복소 함수들이 이루는 벡터 공간의 부분공간이라고 생각할 수 있다.[12]

2.4.2 관측량

물리학에서 위치, 운동량, 에너지, 스핀 등 실험을 통해 측정할 수 있는 것이 관측량이다. 양자 역학에서는 모든 측정 가능한 고전적인(동역학적) 물리량에 대응하는 선형 작용소가 존재한다고 가정한다.

정의 2.21

관측량(observable)은 힐버트 공간 $\mathcal{H}$에서 자신으로 가는 자기수반 작용소 $M : \mathcal{H} \to \mathcal{H}$, $M = M^*$를 말한다.

관측이 되었을 때, 측정되는 값은 실수인데 이것은 관측량의 고유값 중의 하나가 된다.

2.4.3 측정

힐버트 공간 $\mathcal{H}$에서 정의된 관측량 $M : \mathcal{H} \to \mathcal{H}$, 즉 자기수반 작용소가 주어졌고, M의 (서로 다른) 고유값들을 $u_1, u_2, \ldots, u_m \in \mathbb{R}$이라고 두자. 고유값 $u_i \in \mathbb{R}$에 대해 고유공간

$$\mathcal{H}_{u_i} = \ker(M - u_i \,\mathrm{id}_{\mathcal{H}}) = \{|x\rangle \in \mathcal{H} \mid M|x\rangle = u_i|x\rangle\} \tag{2.32}$$

을 생각하면, 이 고유공간들은 서로 수직이고 힐버트 공간 $\mathcal{H}$는 이 고유공간들의 직합(direct sum)

$$\mathcal{H} = \mathcal{H}_{u_1} \oplus \mathcal{H}_{u_2} \oplus \cdots \oplus \mathcal{H}_{u_m} \tag{2.33}$$

으로 쓸 수 있다. 스펙트럼 분해 정리(정리 2.10)에 의해 임의의 벡터 $|x\rangle \in \mathcal{H}$는

$$|x\rangle = |x_1\rangle + \cdots + |x_m\rangle, \qquad |x_i\rangle \in \mathcal{H}_{u_i} \quad \forall i \tag{2.34}$$

[12]더 일반적으로는 위상공간(phase space) 상에서 정의된 벡터 번들(vector bundle)의 섹션(section)들의 공간을 생각하는 경우가 많다.

으로 유일하게 쓸 수 있고, 직교 사영

$$E_{u_i} = \Pi_i : \mathcal{H} \longrightarrow \mathcal{H}_{u_i} \subset \mathcal{H}, \quad |x\rangle \mapsto |x_i\rangle \tag{2.35}$$

을 생각하면 항등함수 $\mathrm{id}_{\mathcal{H}}$와 관측량 M은

$$\mathrm{id}_{\mathcal{H}} = E_{u_1} + \cdots + E_{u_m}, \quad M = u_1 E_{u_1} + \cdots + u_m E_{u_m} \tag{2.36}$$

으로 쓸 수 있다.

측정에 관한 양자 역학의 공리는 다음과 같다. **단위 벡터 $|x\rangle \in \mathcal{H}$ (즉 양자 상태)가 주어졌을 때, 관측량 M을 측정하면 M의 고유값 중의 하나 u_i $(1 \le i \le m)$를 얻는다. 측정 결과, 고유값 $u_i \in \mathbb{R}$를 얻을 확률은**

$$\mathrm{Prob}(u_i) = \|x_i\|^2 = \langle x|E_{u_i}|x\rangle =: \langle E_{u_i}\rangle \tag{2.37}$$

로 주어진다. 식 (2.34)에 의해

$$\mathrm{Prob}(u_1) + \cdots + \mathrm{Prob}(u_m) = \sum_i \||x_i\rangle\|^2 = \||x\rangle\|^2 = 1$$

를 얻는다.

측정한 값이 u_i일 경우, 측정 후 양자 상태는

$$\frac{|x_i\rangle}{\||x_i\rangle\|} = \frac{E_{u_i}|x\rangle}{\|E_{u_i}|x\rangle\|} \tag{2.38}$$

가 된다. 따라서 다시 관측량 M을 측정하면 100%의 확률로 u_i를 얻고 측정 후 상태는 (2.38)이 그대로 얻어진다. 양자 상태 $|x\rangle$의 관측량 M을 측정했을 때 기대값은, 식 (2.36)과 (2.37)에 의해

$$\begin{aligned}\langle M\rangle &= \sum_{i=1}^{m} u_i \mathrm{Prob}(u_i) = \sum_{i=1}^{m} u_i \langle x|E_{u_i}|x\rangle \\ &= \langle x|\sum_{i=1}^{m} u_i E_{u_i}|x\rangle = \langle x|M|x\rangle\end{aligned} \tag{2.39}$$

로 주어진다.

2.4.4 동력학(dynamics)

양자 역학에서 시간에 따라 양자 상태가 변하는 것은 **유니터리 변환**(unitary transformation)을 따른다. 다시 말하면, **시각 t에서 양자 상태를 $|x(t)\rangle \in \mathcal{H}$라고 하면 다른 시각 t'에서 양자 상태는**

$$\begin{aligned} &|x(t')\rangle = U(t,t')|x(t)\rangle, \\ &U(t,t')^* U(t,t') = \mathrm{id}_{\mathcal{H}}, \ \ U(t,t) = \mathrm{id}_{\mathcal{H}} \end{aligned} \tag{2.40}$$

로 주어진다. 양변을 t'에 대해 미분하고 $t' = t$라고 두면,

$$\frac{d}{dt}|x(t)\rangle = \left.\frac{d}{dt'}\right|_{t'=t} U(t,t')|x(t)\rangle \tag{2.41}$$

이다. 그리고 $U(t,t')^* U(t,t') = I$이고 $U(t,t) = I$이므로,

$$\left.\frac{d}{dt'}\right|_{t'=t} U(t,t')^* + \left.\frac{d}{dt'}\right|_{t'=t} U(t,t') = 0 \tag{2.42}$$

이다. 여기서 양의 실수 $\hbar$를 고정하고

$$\left.\frac{d}{dt'}\right|_{t'=t} U(t,t') = \frac{1}{\sqrt{-1}\hbar} H$$

로 H를 정의하면, 식 (2.42)에 의해 $H^* = H$, 즉 H는 관측량이 되고 식 (2.41)은 슈뢰딩거의 **운동 방정식**

$$\sqrt{-1}\hbar \frac{d}{dt}|x(t)\rangle = H|x(t)\rangle \tag{2.43}$$

이 된다. 여기서 관측량 H를 **해밀토니안**(Hamiltonian)이라고 부른다.

식 (2.40)의 유니터리 변환은 자명하게

$$U(t_2, t_0) = U(t_2, t_1)U(t_1, t_0) \quad (t_2 > t_1 > t_0)$$

을 만족할 것이 요구된다. 시각 t_0에서 t_2로의 변환은 t_0에서 t_1로의 변환과 t_1에서 t_2로의 변환의 합성 변환과 같은 결과를 얻는다는 것을 의미한다.

2.4.5 합성 계(composite system)

양자 역학에서 **힐버트 공간 $\mathcal{H}$에 의해 기술되는 양자 역학계와 힐버트 공간 $\mathcal{H}'$에 의해 기술되는 양자 역학계를 함께 생각하면, 두 계를 동시 기술하는 힐버트 공간은 텐서 곱 $\mathcal{H}\otimes\mathcal{H}'$이 된다.** 예제 2.4에서 본 것처럼, $\mathcal{H}$의 정규직교 기저 $\{|i\rangle\}$와 $\mathcal{H}'$의 정규직교 기저 $\{|\mu\rangle\}$를 고르면,

$$|i\rangle\otimes|\mu\rangle=|i,\mu\rangle$$

들이 다시 정규직교 기저가 되는 내적이 $\mathcal{H}\otimes\mathcal{H}'$에 유일하게 존재한다. 만약 $|x\rangle,|y\rangle\in\mathcal{H}$이고 $|u\rangle,|v\rangle\in\mathcal{H}'$이라면,

$$|x\rangle\otimes|u\rangle=|x,u\rangle\text{과}\quad |y\rangle\otimes|v\rangle=|y,v\rangle$$

는 합성 계를 나타내는 텐서 곱 $\mathcal{H}\otimes\mathcal{H}'$의 원소가 되고, 예제 2.2의 정의로부터

$$\langle x,u|y,v\rangle=\langle x|y\rangle\langle u|v\rangle \tag{2.44}$$

가 성립한다.

여러 양자 역학계들의 합성 계를 생각하면, 위의 방법으로 일반화를 할 수 있다. 수학적으로 텐서 곱은 결합법칙이 만족되므로, 다음과 같이 동형 관계에 있는 텐서 곱들을 동일시할 수 있다.

$$\mathcal{H}\otimes\mathcal{H}'\otimes\mathcal{H}''=(\mathcal{H}\otimes\mathcal{H}')\otimes\mathcal{H}''=\mathcal{H}\otimes(\mathcal{H}'\otimes\mathcal{H}'').$$

마찬가지로, n개의 양자 역학계들의 합성 계는 $\mathcal{H}=\mathcal{H}_1\otimes\mathcal{H}_2\otimes\cdots\otimes\mathcal{H}_n$이고, 내적은

$$\langle x_1,x_2,\ldots,x_n|y_1,y_2,\ldots,y_n\rangle=\langle x_1|y_1\rangle\langle x_2|y_2\rangle\cdots\langle x_n|y_n\rangle$$

으로 주어진다.

연습문제 2.22 식 (2.44)를 보이시오.

2.4.6 큐빗(qubit)

고전적 컴퓨터에서는 정보의 최소 단위가 비트인데, 이는 0 아니면 1이다. 양자 계산에서는 양자 상태를 계산에 사용하는데, 2.4.1절에서 정의했듯이 이는 힐버트 공간 $\mathcal{H}$의 1차원 부분

공간이다. 만약 $\dim \mathcal{H} = 1$이면, $\mathbb{P}\mathcal{H}$는 1개의 원소만을 가지므로 어떠한 정보도 처리할 수 없다. 따라서 양자 계산과 양자 정보에서 정보의 최소 단위는 $\mathcal{H} = \mathbb{C}^2$일 때부터 얻는다. 즉 양자 계산과 양자 정보에서는 0과 1에 각각 서로 수직인 단위 벡터

$$|0\rangle = \begin{pmatrix} 1 \\ 0 \end{pmatrix}, \quad |1\rangle = \begin{pmatrix} 0 \\ 1 \end{pmatrix}$$

를 대응시키고, 이들이 만들어 내는 2차원 힐베르트 공간 $\mathbb{C}^2$로부터 얻은 양자 상태가 정보의 최소 단위가 된다.

정의 2.22

큐빗이란 힐베르트 공간이 2차원인 경우, 즉 $\mathcal{H} = \mathbb{C}^2$일 때의 양자 상태를 말한다. n-**큐빗**이란 힐베르트 공간이 2차원 힐베르트 공간 $\mathbb{C}^2$를 n번 텐서 곱하여 얻은 2^n차원 공간 $(\mathbb{C}^2)^{\otimes n}$일 때의 양자 상태를 말한다.

큐빗(qubit)은 퀀텀(quantum)과 비트(bit)의 합성어이며, 큐빗은 두 상태 $|0\rangle$와 $|1\rangle$의 일차 결합 $\alpha|0\rangle + \beta|1\rangle$으로 나타낼 수 있다. 여기서 α와 β는 $|\alpha|^2 + |\beta|^2 = 1$을 만족하는 복소수이다.

큐빗 $|\psi\rangle = \alpha|0\rangle + \beta|1\rangle$ $(|\alpha|^2 + |\beta|^2 = 1)$이 주어졌을 때, 자기수반 행렬

$$\begin{pmatrix} 1 & 0 \\ 0 & -1 \end{pmatrix}$$

를 관측량으로 큐빗 $|\psi\rangle$를 측정한다고 하자. 고유값은 1과 -1이고 각각에 대응되는 고유벡터는 $|0\rangle$, $|1\rangle$이다. 2.4.2절에 의해 측정되는 값은 1 또는 -1이고, 2.4.3절에 의해 확률 $|\alpha|^2$으로 측정값이 1이 나오고 측정 후 양자 상태 $|0\rangle$를 얻는다. 또한, 확률 $|\beta|^2$으로 측정값 -1이 나오고 측정 후 상태는 $|1\rangle$가 된다.

3차원 이상인 힐베르트 공간이 유용한 경우도 종종 있다. 힐베르트 공간 $\mathcal{H}$가 3차원이면 양자 상태 $|\phi\rangle \in \mathbb{P}\mathcal{H}$를 **큐트릿**(qu-trit)이라고 하는데, 이는 퀀텀(quantum) 트릿(trit)의 합성어이다. 즉 큐트릿 $|\phi\rangle$은 서로 직교하는 3개의 양자 상태 $|0\rangle$, $|1\rangle$과 $|2\rangle$의 일차 결합으로 나타난다.

$$|\phi\rangle = \alpha|0\rangle + \beta|1\rangle + \gamma|2\rangle, \quad (|\alpha|^2 + |\beta|^2 + |\gamma|^2 = 1).$$

이때, 이 큐트릿이 대각 행렬로 주어지는 관측량에 대해 상태 $|0\rangle$에서 측정될 확률은 $|\alpha|^2$, 상태 $|1\rangle$에서 측정될 확률은 $|\beta|^2$, 상태 $|2\rangle$에서 측정될 확률은 $|\gamma|^2$이다. 당연히 세 상태에서 측정될 총 확률은 1이 된다.

3차원 힐버트 공간을 표준 내적 공간 $\mathbb{C}^3$과 동일시할 수 있으므로, $|0\rangle$, $|1\rangle$, $|2\rangle$은 주로 표준 기저 벡터들을 나타낸다. 즉

$$|0\rangle = \begin{pmatrix} 1 \\ 0 \\ 0 \end{pmatrix}, \quad |1\rangle = \begin{pmatrix} 0 \\ 1 \\ 0 \end{pmatrix}, \quad |2\rangle = \begin{pmatrix} 0 \\ 0 \\ 1 \end{pmatrix}.$$

일반적으로 힐버트 공간이 d차원이면, 양자 상태를 **큐딧**(qu-dit)이라고 부르는데 이는 **qu**antum **digit**의 합성어이다. 큐딧도 큐트릿의 경우와 같은 방법으로 설명된다.

CHAPTER 3

양자 계산

양자 컴퓨터는 물질의 양자적 성질을 활용해 디지털 컴퓨터보다 압도적인 연산 능력을 보여 주목받고 있다. 기존 컴퓨터는 연산 단위로 비트를 사용하고, 0 또는 1로 정보를 표현하는 데 비해 양자 컴퓨터의 연산 단위는 큐빗이고, 한 개의 큐빗은 $|0\rangle$ 또는 $|1\rangle$ 일 수도 있고 $|0\rangle$과 $|1\rangle$의 중첩 상태 $\alpha|0\rangle + \beta|1\rangle$ 일 수도 있다. 또, 2비트는 00, 01, 10, 11 중 한 번에 한 가지 정보만 처리할 수 있지만, 2-큐빗은 $|00\rangle$, $|01\rangle$, $|10\rangle$, $|11\rangle$의 네 가지가 중첩된 정보를 양자 상태에서 처리할 수 있다. 이러한 특성때문에 양자 컴퓨터는 적은 큐빗으로도 많은 경우의 수를 표현할 수 있고, 종종 통상의 전기적 컴퓨터보다 압도적인 효율성을 보인다.

이 장에서는 고전 컴퓨터의 토대를 구성하는 논리 게이트와 회로에 대해 살펴본 후, 양자 컴퓨터의 양자 게이트와 그들로 이루어진 양자 회로에 대해서 알아본다.

3.1 부울 함수와 논리 게이트

19세기 중반 영국의 수학자 부울(George Boole, 1815–1864)은 논리학의 대수적 구조를 발견하였고, 논리 대수인 부울 대수를 창시하여 기호 논리학 분야에 큰 업적을 남겼다.

참/거짓을 판별할 수 있는 명제들이 있다면, 이들로부터 논리적 연결사 and, or 또는 not에 의해 구성된 새로운 명제의 진리값(참/거짓)을 결정할 수 있고 이는 대수적 구조에 의해 주어진다. 이와 같이 부울 대수에서는 참/거짓, 또는 0/1의 조합으로 연산되는데, 부울 연산 또는 논리 연산은 한 개 이상의 입력 논리값들로부터 새로운 논리값을 얻는 연산을 말한다. 기본 논리 연산으로 논리합(**or**), 논리곱(**and**)과 논리부정(**not**)이 있다. 논리 연산을 컴퓨터

이론에서 사용할 때 **게이트**라고 부르는데, 진리값들이 전기 신호로 표현되고 논리 연산은 전기 회로에서 신호가 들어오고 나오는 관문처럼 여겨지기 때문이다.

3.1.1 기본 논리 게이트

참(True)을 1, 거짓(False)을 0이라고 쓰자.

논리곱 **and**는 주어진 복수 명제가 모두 참인지를 나타내는 논리 연산인데, 다음과 같이 진리값을 배정한다. 진리값이 각각 a와 b인 명제들이 **and**로 연결되었다면, 그 진리값은 $a \wedge b$라고 쓰고

$$0 \wedge 0 = 0,\ \ 0 \wedge 1 = 0,\ \ 1 \wedge 0 = 0,\ \ 1 \wedge 1 = 1$$

로 주어진다.

<table>
<tr><th>부울 함수</th><th>기호</th><th>진리표</th></tr>
<tr><td>and</td><td>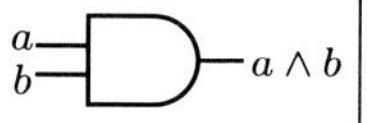
</td><td>
<table>
<tr><th>a</th><th>b</th><th>$a \wedge b$</th></tr>
<tr><td>0</td><td>0</td><td>0</td></tr>
<tr><td>0</td><td>1</td><td>0</td></tr>
<tr><td>1</td><td>0</td><td>0</td></tr>
<tr><td>1</td><td>1</td><td>1</td></tr>
</table>
</td></tr>
</table>

논리합 **or**은 주어진 복수 명제에 적어도 1개 이상의 참이 있는지를 나타내는 논리 연산인데, 진리값이 각각 a와 b인 명제들이 **or**로 연결되었다면, 그 진리값은 $a \vee b$라고 쓰고

$$0 \vee 0 = 0,\ \ 0 \vee 1 = 1,\ \ 1 \vee 0 = 1,\ \ 1 \vee 1 = 1$$

로 준다.

<table>
<tr><th>부울 함수</th><th>기호</th><th>진리표</th></tr>
<tr><td>or</td><td>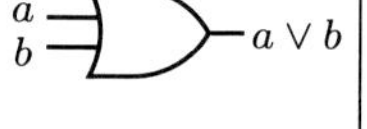
</td><td>
<table>
<tr><th>a</th><th>b</th><th>$a \vee b$</th></tr>
<tr><td>0</td><td>0</td><td>0</td></tr>
<tr><td>0</td><td>1</td><td>1</td></tr>
<tr><td>1</td><td>0</td><td>1</td></tr>
<tr><td>1</td><td>1</td><td>1</td></tr>
</table>
</td></tr>
</table>

논리 부정 **not**은 출력이 입력과 반대되는 값을 가지는 논리 연산인데, 진리값이 각각 a인 명제에 **not**을 작용하면, 그 진리값은 $\neg a$로 쓰고

$$\neg 0 = 1,\ \ \neg 1 = 0$$

을 따른다.

<table>
<tr><th>부울 함수</th><th>기호</th><th>진리표</th></tr>
<tr><td>not</td><td>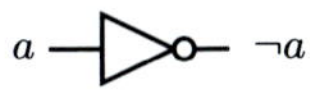
</td><td><table><tr><td>a</td><td>$\neg a$</td></tr><tr><td>0</td><td>1</td></tr><tr><td>1</td><td>0</td></tr></table></td></tr>
</table>

다양한 응용들을 위한 디지털 시스템을 쉽게 구성하기 위해 기본적인 논리 게이트인 **and**, **or**, **not** 외에도 몇 가지 변형된 게이트들이 있다. 예를 들어 배타적 **or**인 **xor** 게이트는 참인 입력의 개수가 홀수일 때, 참으로 출력을 내보내는 논리 게이트인데, $a \oplus b$로 쓰고 진리값은

$$0 \oplus 0 = 0, \;\; 0 \oplus 1 = 1, \;\; 1 \oplus 0 = 1, \;\; 1 \oplus 1 = 0$$

으로 준다. **xor** 게이트는 두 값이 서로 같은 지 혹은 다른 지를 비교하는 기능을 쉽게 구현할 수 있게 해준다.

<table>
<tr><th>부울 함수</th><th>기호</th><th>진리표</th></tr>
<tr><td>xor</td><td>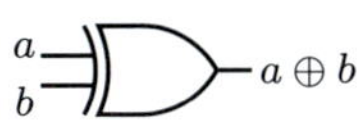
</td><td><table><tr><td>a</td><td>b</td><td>$a \oplus b$</td></tr><tr><td>0</td><td>0</td><td>0</td></tr><tr><td>0</td><td>1</td><td>1</td></tr><tr><td>1</td><td>0</td><td>1</td></tr><tr><td>1</td><td>1</td><td>0</td></tr></table></td></tr>
</table>

일반적으로 참(True) $= 1$, 거짓(False) $= 0$으로 썼을 때, **부울 함수**는

$$\{0,1\}^n \longrightarrow \{0,1\} \tag{3.1}$$

형태의 함수를 일컫는다. 같은 부울 함수가 다양한 형태로 나타날 수 있는데, 예를 들어

$$a \vee b = \neg(\neg a \wedge \neg b), \quad a \oplus b = (a \wedge \neg b) \vee (\neg a \wedge b) \tag{3.2}$$

와 같이 쓸 수 있다.

연습문제 3.1 식 (3.2)를 보이시오.

3.1.2 NAND 게이트와 NOR 게이트

자연스러운 질문은 모든 부울 함수를 생성하는 최소한의 부울 함수들을 찾을 수 있느냐는 것이다.

정의 3.1

부울 함수들의 집합

$$\{f_k : \{0,1\}^{n_k} \to \{0,1\}\}_{k\in\Gamma}$$

이 **함수적으로 완전하다**는 것은 임의의 자연수 n과 임의의 부울 함수

$$\{0,1\}^n \to \{0,1\}$$

을 $\{f_k\}$들의 합성으로 쓸 수 있음을 의미한다.

정리 3.2

$\{\neg, \wedge\}$는 함수적으로 완전한 부울 함수들의 집합이다. 즉 **not**과 **and**를 반복해서 쓰면 모든 부울 함수를 만들 수 있다.

정리 3.2의 증명은 이 책의 범위를 벗어난다. 관심있는 독자는 수리 논리학 교과서를 참고하길 바란다.

함수적으로 완전한 부울 함수들의 유한 집합은 무한히 많다. 예를 들어, $\{\neg, \vee\}$도 함수적으로 완전한 부울 함수들의 집합이어서 **not**과 **or**를 반복해서 쓰면 모든 부울 함수를 만들 수 있다. 그 이유는

$$a \wedge b = \neg(\neg a \vee \neg b)$$

와 같이 **and**를 **not**과 **or**의 조합으로 쓸 수 있기 때문이다.

연습문제 3.2 $\{\oplus, \wedge\}$는 함수적으로 완전한 부울 함수의 집합임을 보이시오.

not과 **and**의 합성인 **nand** 게이트는 모든 입력이 참인 경우에만 거짓으로 출력을 내보내는 논리 게이트인데, **and** 게이트와 반대되는 출력을 내보낸다. 기호는 $a \uparrow b = \neg(a \wedge b)$로 쓰고

진리값은

$$0 \uparrow 0 = 1,\ \ 0 \uparrow 1 = 1,\ \ 1 \uparrow 0 = 1,\ \ 1 \uparrow 1 = 0$$

으로 주어진다.

<table>
<tr><th>부울 함수</th><th>기호</th><th>진리표</th></tr>
<tr><td>nand</td><td>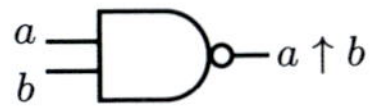
</td><td>
<table>
<tr><td>a</td><td>b</td><td>$a \uparrow b$</td></tr>
<tr><td>0</td><td>0</td><td>1</td></tr>
<tr><td>0</td><td>1</td><td>1</td></tr>
<tr><td>1</td><td>0</td><td>1</td></tr>
<tr><td>1</td><td>1</td><td>0</td></tr>
</table>
</td></tr>
</table>

or와 **not**의 합성인 **nor**은 부정 논리합을 구현하는 게이트로써, **or** 게이트와는 반대로 동작한다. 기호는 $a \downarrow b = \neg(a \vee b)$로 쓰고 진리값은

$$0 \downarrow 0 = 1,\ \ 0 \downarrow 1 = 0,\ \ 1 \downarrow 0 = 0,\ \ 1 \downarrow 1 = 0$$

으로 주어진다.

<table>
<tr><th>부울 함수</th><th>기호</th><th>진리표</th></tr>
<tr><td>nor</td><td>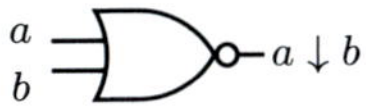
</td><td>
<table>
<tr><td>a</td><td>b</td><td>$a \downarrow b$</td></tr>
<tr><td>0</td><td>0</td><td>1</td></tr>
<tr><td>0</td><td>1</td><td>0</td></tr>
<tr><td>1</td><td>0</td><td>0</td></tr>
<tr><td>1</td><td>1</td><td>0</td></tr>
</table>
</td></tr>
</table>

정리 3.3

$\{\uparrow\}$과 $\{\downarrow\}$는 각각 함수적으로 완전한 부울 함수의 집합이다. 다시 말하면, **nand**만으로 또는 **nor**만으로 모든 부울 함수를 만들 수 있다.

[증명] $\{\uparrow\}$이 함수적으로 완전함을 보이기 위해 정리 3.2에 의해 $\neg$와 $\wedge$를 $\uparrow$만으로 쓸 수 있음을 보이면 충분한데, 이는

$$\neg a = a \uparrow a, \quad a \wedge b = (a \uparrow b) \uparrow (a \uparrow b) \tag{3.3}$$

를 확인하면 된다. 마찬가지로 $\{\downarrow\}$이 함수적으로 완전함을 보이기 위해

$$\neg a = a \downarrow a, \quad a \vee b = (a \downarrow b) \downarrow (a \downarrow b) \tag{3.4}$$

를 확인하면 된다. □

연습문제 3.3 식 (3.3)과 (3.4)를 증명하시오.

정리 3.2와 정리 3.3은 해석에서 사실 약간의 주의가 필요한데, 이들로 모든 부울 함수를 만들기 위해서는 복제(cloning 또는 fan-out)가 허용되어야 한다. 예를 들어, (3.3)의 두 번째 식은 좌변의 a나 b가 우변에서는 복제되어 두 번씩 사용되었다. 앞으로 배우겠지만, 고전 컴퓨터에서는 시그널을 복제하는 것이 쉬운 일이나 양자 컴퓨터에서는 복제가 불가능하다. 정확하게는, **nand**와 함께 복제 함수

$$\mathbf{cl} : \{0,1\} \longrightarrow \{0,1\}^2, \quad \mathbf{cl}(a) = (a,a),$$

교환 함수

$$\mathbf{ex} : \{0,1\}^2 \longrightarrow \{0,1\}^2, \quad \mathbf{ex}(a,b) = (b,a)$$

와 함께 항등 함수를 곱하는 것이 허용되어야 **nand**로 모든 부울 함수를 생성할 수 있다.

3.1.3 토폴리 게이트와 프레드킨 게이트

부울 함수를 일반화하여 자연수 n, m에 대해

$$\{0,1\}^n \longrightarrow \{0,1\}^m \tag{3.5}$$

형태의 함수들을 생각할 수 있다. 이는 부울 함수 m개를 생각하는 것과 같다. 에너지 효율적인 컴퓨팅을 위해서는 이러한 함수 중에서 일대일 대응이 되는 것들, 즉 역함수가 존재하는 함수들이 특히 관심의 대상이 된다.[1] 일대일 대응이 되려면 원소의 개수가 같아야 하므로 $m = n$인 경우를 생각해야만 한다.

비가역(non-reversible) 함수를 쓰면 출력값을 알 때 입력값을 확실히 알 수가 없고, 에너지의 손실이 생긴다. 그러면 부울 함수 중에서 가역인 함수가 있는지 질문할 수 있는데, 에너지의 손실이 없는 가역 함수로써 다음의 함수들이 특히 중요하다.

[1] 폰 노이만의 추측(란다우어의 정리)에 의해 정보 손실이 발생할 때마다 에너지가 소모된다. 즉 역함수가 존재하지 않는 부울 함수는 에너지 효율을 떨어뜨리게 된다.

정의 3.4

cnot(controlled not) 함수는

$$\mathbf{cnot} : \{0,1\}^2 \longrightarrow \{0,1\}^2, \quad \mathbf{cnot}(a,b) = (a, a \oplus b)$$

로 정의된다. 즉

$$\mathbf{cnot}(0,0) = (0,0), \quad \mathbf{cnot}(0,1) = (0,1),$$
$$\mathbf{cnot}(1,0) = (1,1), \quad \mathbf{cnot}(1,1) = (1,0)$$

이다.

cnot 함수는 출력값으로 0 또는 1 하나의 비트만 허용할 때, 두 번째 비트를 택하면 **xor** 함수가 되어 종종 **cnot** 함수를 가역 **xor** 함수라고도 한다. **cnot** 함수를 두 번 연속해서 취하면

$$(a,b) \xrightarrow{\mathbf{cnot}} (a, a \oplus b) \xrightarrow{\mathbf{cnot}} (a, a \oplus a \oplus b) = (a,b)$$

이 되어, **cnot** ∘ **cnot**은 항등 함수이다.

<table>
<tr><th>부울 함수</th><th>기호</th><th>진리표</th></tr>
<tr><td>cnot</td><td>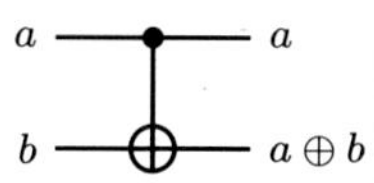
</td><td>
<table>
<tr><th colspan="2">입력</th><th colspan="2">출력</th></tr>
<tr><td>a</td><td>b</td><td>a</td><td>$a \oplus b$</td></tr>
<tr><td>0</td><td>0</td><td>0</td><td>0</td></tr>
<tr><td>0</td><td>1</td><td>0</td><td>1</td></tr>
<tr><td>1</td><td>0</td><td>1</td><td>1</td></tr>
<tr><td>1</td><td>1</td><td>1</td><td>0</td></tr>
</table>
</td></tr>
</table>

정의 3.5

토폴리(Toffoli) 함수는

$$T : \{0,1\}^3 \longrightarrow \{0,1\}^3, \quad T(a,b,c) = (a, b, (a \wedge b) \oplus c)$$

로 정의된다.

토폴리 함수는 **ccnot**(controlled-controlled-not) 함수라고도 하고, 3개의 비트를 입력하고 3개의 비트를 출력하는 함수이다. T의 모든 출력값을 구해보면, 다음과 같다.

$$\begin{aligned} T(0,0,0) &= (0,0,0), \quad T(0,0,1) = (0,0,1) \\ T(0,1,0) &= (0,1,0), \quad T(0,1,1) = (0,1,1) \\ T(1,0,0) &= (1,0,0), \quad T(1,0,1) = (1,0,1) \\ T(1,1,0) &= (1,1,1), \quad T(1,1,1) = (1,1,0) \end{aligned}$$

그러므로, 토폴리 함수는 처음 두 비트가 모두 1인 경우 세 번째 비트가 반전되고, 그렇지 않으면 모든 비트가 동일하게 유지됨을 알 수 있다.

<table>
<tr><th>부울 함수</th><th>기호</th><th>진리표</th></tr>
<tr><td>T</td><td>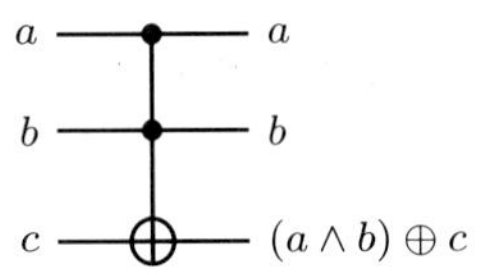
</td><td>
<table>
<tr><th colspan="3">입력</th><th colspan="3">출력</th></tr>
<tr><th>a</th><th>b</th><th>c</th><th>a</th><th>b</th><th>$(a \wedge b) \oplus c$</th></tr>
<tr><td>0</td><td>0</td><td>0</td><td>0</td><td>0</td><td>0</td></tr>
<tr><td>0</td><td>0</td><td>1</td><td>0</td><td>0</td><td>1</td></tr>
<tr><td>0</td><td>1</td><td>0</td><td>0</td><td>1</td><td>0</td></tr>
<tr><td>0</td><td>1</td><td>1</td><td>0</td><td>1</td><td>1</td></tr>
<tr><td>1</td><td>0</td><td>0</td><td>1</td><td>0</td><td>0</td></tr>
<tr><td>1</td><td>0</td><td>1</td><td>1</td><td>0</td><td>1</td></tr>
<tr><td>1</td><td>1</td><td>0</td><td>1</td><td>1</td><td>1</td></tr>
<tr><td>1</td><td>1</td><td>1</td><td>1</td><td>1</td><td>0</td></tr>
</table>
</td></tr>
</table>

정의 3.6

프레드킨(Fredkin) 함수는

$$\begin{aligned} &F : \{0,1\}^3 \longrightarrow \{0,1\}^3, \\ &F(a,b,c) = (a, (\neg a \wedge b) \vee (a \wedge c), (\neg a \wedge c) \vee (a \wedge b)) \end{aligned}$$

로 정의된다.

프레드킨 함수는 **cswap** (controlled swap) 함수라고도 하는데, 에드워드 프레드킨이 만든 가역적 계산에 적합한 함수이다. 프레드킨 함수 F는 첫 번째 비트의 값은 변경하지 않고, 첫 번째 입력 비트의 값이 1인 경우에만 두 번째, 세 번째 입력 비트의 값을 교환하여 출력한다.

<table>
<tr><th>부울 함수</th><th>기호</th><th>진리표</th></tr>
<tr><td>F</td><td>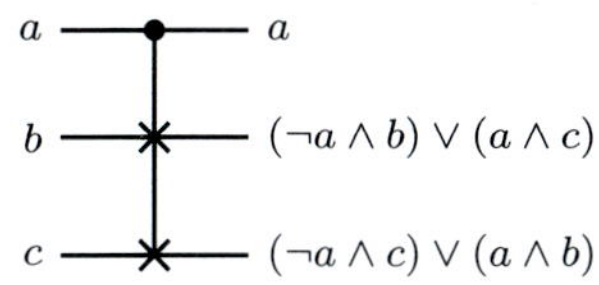</td><td>
<table>
<tr><th colspan="3">입력</th><th colspan="3">출력</th></tr>
<tr><td>a</td><td>b</td><td>c</td><td>a</td><td>$(\neg a \wedge b) \vee (a \wedge c)$</td><td>$(\neg a \wedge c) \vee (a \wedge b)$</td></tr>
<tr><td>0</td><td>0</td><td>0</td><td>0</td><td>0</td><td>0</td></tr>
<tr><td>0</td><td>0</td><td>1</td><td>0</td><td>0</td><td>1</td></tr>
<tr><td>0</td><td>1</td><td>0</td><td>0</td><td>1</td><td>0</td></tr>
<tr><td>0</td><td>1</td><td>1</td><td>0</td><td>1</td><td>1</td></tr>
<tr><td>1</td><td>0</td><td>0</td><td>1</td><td>0</td><td>0</td></tr>
<tr><td>1</td><td>0</td><td>1</td><td>1</td><td>1</td><td>0</td></tr>
<tr><td>1</td><td>1</td><td>0</td><td>1</td><td>0</td><td>1</td></tr>
<tr><td>1</td><td>1</td><td>1</td><td>1</td><td>1</td><td>1</td></tr>
</table>
</td></tr>
</table>

이 세 함수 **cnot**, **ccnot**, **cswap**은 모두 자신이 자신의 역함수이므로, 일대일 대응이다.

연습문제 3.4 다음 물음에 답하시오.

(1) $(a, a \oplus a \oplus b) = (a, b)$임을 보이시오.

(2) 각각의 $a, b, c \in \{0, 1\}$에 대해 $F(a, b, c)$를 구하여 표를 만드시오.

(3) $T \circ T$과 $F \circ F$는 항등 함수임을 보이시오.

정리 3.3으로부터 다음을 얻는다.

정리 3.7

자연수 n과 $0 \leq i \leq n$인 정수에 대해, 사영(projection)

$$\begin{aligned} p_i : \{0,1\}^{n+1} &\longrightarrow \{0,1\}^n, \\ (a_0, \ldots, a_n) &\longmapsto (a_0, \ldots, a_{i-1}, a_{i+1}, \ldots, a_n) \end{aligned}$$

과 주입(injection)

$$\begin{aligned} \imath_i : \{0,1\}^n &\longrightarrow \{0,1\}^{n+1}, \\ \imath_i(a_0, \ldots, a_{n-1}) &\longmapsto (a_0, \ldots, a_{i-1}, 0, a_i, a_{i+1}, \ldots, a_{n-1}), \end{aligned}$$

$$\begin{aligned} \jmath_i : \{0,1\}^n &\longrightarrow \{0,1\}^{n+1}, \\ \jmath_i(a_0, \ldots, a_{n-1}) &\longmapsto (a_1, \ldots, a_{i-1}, 1, a_i, a_{i+1}, \ldots, a_{n-1}) \end{aligned}$$

을 자유롭게 쓸 수 있다면, 토폴리 함수 T 하나만을 써서 모든 부울 함수를 만들 수 있다. 또한, 프레드킨 함수 F로도 모든 부울 함수를 만들 수 있다.

[증명] 토폴리 함수를 써서

$$\begin{aligned}(p_0 \circ p_1 \circ T \circ \jmath_2)(a,b) &= (p_0 \circ p_1)(T(a,b,1)) \\ &= (p_0 \circ p_1)(a,b,(a \wedge b) \oplus 1) \\ &= (a \wedge b) \oplus 1 = \neg(a \wedge b) = a \uparrow b,\end{aligned}$$

$$\begin{aligned}(p_1 \circ T \circ \imath_2 \circ \jmath_1)(a) &= p_1(T(a,1,0)) = p_1(a,1,a) \\ &= (a,a) = \mathbf{cl}(a)\end{aligned}$$

와 같이 **nand**와 복제 함수를 쓸 수 있다. 정리 3.3에 의해 모든 부울 함수를 토폴리 함수로 만들어 낼 수 있다.

프레드킨 함수를 써서

$$(F \circ \jmath_2 \circ \imath_1)(a) = F(a,0,1) = (a,a,\neg a)$$

를 얻는데, 추가적으로 p_2를 작용하면 복제 함수 **cl**을 얻고 $p_0 \circ p_1$을 작용하면 **not** 함수를 얻는다. 또한,

$$\begin{aligned}(p_0 \circ p_1 \circ F \circ \imath_2)(a,b) &= (p_0 \circ p_1)(F(a,b,0)) \\ &= (p_0 \circ p_1)(a, \neg a \wedge b, a \wedge b) = a \wedge b\end{aligned}$$

이므로, **and** 함수를 얻는다. 정리 3.2에 의해 모든 부울 함수를 프레드킨 함수로 합성할 수 있다. □

만약 (3.1)과 (3.5)가 n-비트 정보의 처리로 보였다면 자신의 통찰력에 자신감을 가져도 좋겠다. 20세기 초 폰 노이만과 섀넌(Shannon)은 전기적 신호로 진리값을 표현하고 (즉 전기 펄스가 있으면 1, 없으면 0), 논리적 연결사는 스위치들로 구성하여, 모든 부울식 논리적 연산을 전기 회로로 표현할 수 있음을 관찰했다. 이 관찰이 20세기 컴퓨터 혁명을 이끌었고, 현재 사용되는 (양자 컴퓨터를 제외한) 모든 컴퓨터의 기본 원리가 되었다.

앞에서 얘기한 것처럼 컴퓨터를 설계할 때, 위에서 나온 부울 함수들은 함수라는 말 대신 **게이트**라고 불린다. 그리고 게이트들을 연달아 쓴 것, 즉 함수들을 합성(을 전기적으로 구성한 것)을 **회로**라고 부른다. 정리 3.2와 정리 3.3, 정리 3.7을 컴퓨터를 설계할 때의 언어로 다시 풀면 다음과 같다.

정리 3.8

(1) 모든 논리 연산은 복제 **cl**, **not** 게이트와 **and** 게이트를 조합하여 회로로 구현할 수 있다.

(2) 모든 논리 연산은 복제 **cl**과 **nand** 게이트만을 써서 회로로 구현할 수 있다.

(3) 모든 논리 연산은 복제 **cl**과 **nor** 게이트만을 써서 회로로 구현할 수 있다.

(4) 모든 논리 연산은 토폴리 게이트만을 써서 회로로 구현할 수 있다.

(5) 모든 논리 연산은 프레드킨 게이트만을 써서 회로로 구현할 수 있다.

이 정리에서 사영과 주입, 교환 **ex**이나 항등함수를 곱하는 것은 전기선을 버리거나 꼬거나 옆에 놓는 등 자명하게 회로에서 구현할 수 있는 것이므로 항상 쓸 수 있다고 가정한다.

위 정리에 나온 게이트들처럼 이들만으로 다른 모든 게이트를 표현할 수 있다면, 이를 **범용 게이트**(universal gate)라고 부른다. 다시 말해 범용 게이트만 있으면, 이것을 써서 모든 부울 함수를 표현할 수 있고 (고전적) 컴퓨터를 구성할 수 있다.

3.2 양자 게이트와 양자 회로

고전 컴퓨터에서 정보의 기본단위가 비트, 즉 0 또는 1이었다면, 양자 컴퓨팅에서 정보의 기본단위는 서로 수직인 두 개의 단위 벡터

$$|0\rangle = \begin{pmatrix} 1 \\ 0 \end{pmatrix}, \quad |1\rangle = \begin{pmatrix} 0 \\ 1 \end{pmatrix}$$

이 생성하는 2차원 벡터 공간 $\mathbb{C}^2$ 의 단위 벡터이고 이를 **큐빗**(qubit)이라고 부른다.

집합 $\{0,1\}$을 n번 곱집합을 취한 것을 $\{0,1\}^n$라고 쓰자. 예를 들어,

$$\begin{aligned}
\{0,1\}^2 &= \{0,1\} \times \{0,1\} = \{(0,0),(0,1),(1,0),(1,1)\} \\
\{0,1\}^3 &= \{0,1\} \times \{0,1\} \times \{0,1\} \\
&= \{(0,0,0),(0,0,1),(0,1,0),(0,1,1), \\
&\qquad (1,0,0),(1,0,1),(1,1,0),(1,1,1)\}
\end{aligned}$$

와 같이 $\{0,1\}^n$은 $0,1$로 이루어진 길이가 n인 순서쌍들

$$a = (a_0, \ldots, a_{n-1}), \qquad a_0, \ldots, a_{n-1} = 0 \text{ 또는 } 1$$

의 집합이다. 만약 n-비트 입력값이 주어진다면, 고전 컴퓨팅에서는 $\{0,1\}^n$의 원소 $a = (a_0, \ldots, a_{n-1})$, $a_i \in \{0,1\}, \forall i$를 받았다는 뜻이다.

양자 컴퓨팅에서는 각각의 n-비트 수열 a마다 단위 벡터

$$\begin{aligned}|a\rangle &= |a_0, a_1, \ldots, a_{n-1}\rangle \\ &= |a_0 a_1 \cdots a_{n-1}\rangle \\ &= |a_0\rangle \otimes |a_1\rangle \otimes \cdots \otimes |a_{n-1}\rangle\end{aligned}$$

를 잡고, 이들이 생성하는 2^n차원 벡터 공간

$$(\mathbb{C}^2)^{\otimes n} = \mathbb{C}^2 \otimes \mathbb{C}^2 \otimes \cdots \otimes \mathbb{C}^2$$

의 모든 단위 벡터들이 n-큐빗 벡터가 된다.

예를 들어, $n = 2$이면 네 개의 벡터

$$\begin{aligned}&|0,0\rangle := |0\rangle \otimes |0\rangle, \ \ |0,1\rangle := |0\rangle \otimes |1\rangle, \\ &|1,0\rangle := |1\rangle \otimes |0\rangle, \ \ |1,1\rangle := |1\rangle \otimes |1\rangle\end{aligned}$$

가 텐서 곱으로 정의되는 4차원 공간 $\mathbb{C}^2 \otimes \mathbb{C}^2 \cong \mathbb{C}^4$의 정규직교 기저가 되며,

$$\begin{aligned}&(\alpha_0|0\rangle + \alpha_1|1\rangle) \otimes (\beta_0|0\rangle + \beta_1|1\rangle) \\ &= \alpha_0\beta_0|0,0\rangle + \alpha_0\beta_1|0,1\rangle + \alpha_1\beta_0|1,0\rangle + \alpha_1\beta_1|1,1\rangle \\ &= \alpha_0\beta_0|0\rangle \otimes |0\rangle + \alpha_0\beta_1|0\rangle \otimes |1\rangle + \alpha_1\beta_0|1\rangle \otimes |0\rangle + \alpha_1\beta_1|1\rangle \otimes |1\rangle\end{aligned}$$

의 규칙으로 텐서 곱은 전개된다. 행렬로 쓰고 싶으면

$$|0,0\rangle = \begin{pmatrix}1\\0\\0\\0\end{pmatrix}, \ |0,1\rangle = \begin{pmatrix}0\\1\\0\\0\end{pmatrix}, \ |1,0\rangle = \begin{pmatrix}0\\0\\1\\0\end{pmatrix}, \ |1,1\rangle = \begin{pmatrix}0\\0\\0\\1\end{pmatrix}$$

라고 쓸 수 있고, 임의의 2-큐빗 벡터는

$$\begin{aligned}&\alpha_{00}|0,0\rangle + \alpha_{01}|0,1\rangle + \alpha_{10}|1,0\rangle + \alpha_{11}|1,1\rangle, \\ &|\alpha_{00}|^2 + |\alpha_{01}|^2 + |\alpha_{10}|^2 + |\alpha_{11}|^2 = 1\end{aligned} \tag{3.6}$$

로 기술된다.

또한, $\{|a\rangle\}_{a\in\{0,1\}^n}$ 은 2^n 차원 공간 $(\mathbb{C}^2)^{\otimes n}$ 의 정규직교 기저이므로 $(\mathbb{C}^2)^{\otimes n}$ 의 임의의 원소 $|\psi\rangle$ 는

$$|\psi\rangle = \sum_{a\in\{0,1\}^n} \langle a|\psi\rangle|a\rangle$$

로 쓸 수 있고, $(\mathbb{C}^2)^{\otimes n}$ 의 내적은

$$|\psi\rangle = \sum_{a\in\{0,1\}^n} \psi_a|a\rangle,\ |\xi\rangle = \sum_{a\in\{0,1\}^n} \xi_a|a\rangle \implies \langle\psi|\xi\rangle = \sum_{a\in\{0,1\}^n} \overline{\psi_a}\xi_a$$

로 주어진다. 우리는 1장에서와 같이 $\{|a\rangle\}_{a\in\{0,1\}^n}$ 를 $(\mathbb{C}^2)^{\otimes n}$ 의 표준 기저라고 부르고, $|a\rangle$ $(a \in \{0,1\}^n)$ 각각을 표준 기저 벡터라고 부르겠다.

양자 컴퓨터는 양자 역학의 원리를 따른다. 따라서 큐빗들, 즉 양자 상태의 변화는 유니터리 변환에 의해 주어진다.

정의 3.9

양자 게이트(quantum gate)는 자연수 n 이 있어서 $(\mathbb{C}^2)^{\otimes n}$ 에서 자신으로 가는 유니터리 변환이다. 양자 게이트들이 합성된 것을 **양자 회로**(quantum circuit)라고 부른다.

유니터리 변환은 벡터의 크기를 보존하고 행렬로 표현되었을 때, 역행렬이 항상 존재한다. 이는 양자에 어떤 변환을 가했을 때, 역변환이 항상 가능하므로 양자 컴퓨터를 통해 출력한 값으로부터 입력한 값을 찾는 것이 항상 가능하다는 것이다.

벡터 공간 $(\mathbb{C}^2)^{\otimes n}$ 에서 자신으로 가는 선형 사상

$$G : (\mathbb{C}^2)^{\otimes n} \longrightarrow (\mathbb{C}^2)^{\otimes n}$$

은 기저 벡터의 이미지에 의해 완전히 결정된다. 따라서 양자 게이트를 기술하기 위해서는 표준 기저 벡터 $\{|a\rangle\}_{a\in\{0,1\}^n}$ 들의 이미지 $G|a\rangle$ 들만 결정하면 된다. 만약 모든 $a \in \{0,1\}^n$ 에 대해 이미지 $G|a\rangle \in (\mathbb{C}^2)^{\otimes n}$ 를 알고 있다면, G가 유니터리 변환, 즉 양자 게이트가 될 필요

충분 조건은 $\{G|a\rangle\}_{a\in\{0,1\}^n}$가 정규직교인 것이다. 다시 말해,

$$G|a\rangle \cdot G|b\rangle = \langle a|G^*G|b\rangle = \delta_{ab} = \begin{cases} 1, & a = b \\ 0, & a \neq b \end{cases}$$

이 성립하는 것인데, 이는 다시 $G^*G = \mathrm{id}_{(\mathbb{C}^2)^{\otimes n}}$, 즉 G의 표준 기저에 대한 행렬 표현이 유니터리 행렬임과 동등하다.

예제 3.1 (1-큐빗 게이트) $\mathbb{C}^2$의 표준 기저 $\{|0\rangle, |1\rangle\}$에 대해 다음의 유니터리 행렬로 표현되는 게이트 $\mathbb{C}^2 \to \mathbb{C}^2$들이 유용하다.

$$I = \begin{pmatrix} 1 & 0 \\ 0 & 1 \end{pmatrix}, \quad X = \begin{pmatrix} 0 & 1 \\ 1 & 0 \end{pmatrix},$$

$$Y = \begin{pmatrix} 0 & 1 \\ -1 & 0 \end{pmatrix}, \quad Z = \begin{pmatrix} 1 & 0 \\ 0 & -1 \end{pmatrix}.$$

또한, 유니터리 행렬

$$H = \frac{1}{\sqrt{2}} \begin{pmatrix} 1 & 1 \\ 1 & -1 \end{pmatrix}$$

로 정의되는 **아다마르(Hadamard) 게이트**는 매우 유용하다. 그리고 실수 θ에 대해 행렬

$$R_\theta = \begin{pmatrix} 1 & 0 \\ 0 & e^{\sqrt{-1}\theta} \end{pmatrix}$$

가 정의하는 게이트를 **위상 게이트**라고 부른다. □

연습문제 3.5 예제 3.1에 나오는 모든 행렬이 유니터리임을 보이시오.

예제 3.1에 있는 게이트 X는 큐빗의 상태가 $|0\rangle$이었으면 $|1\rangle$로, $|1\rangle$이었으면 $|0\rangle$으로 바꾸는 게이트이므로 고전 컴퓨터의 논리 게이트 중 **not** 게이트의 양자화로 볼 수 있다. 또한 중첩 상태에 있는 큐빗 $\alpha|0\rangle + \beta|1\rangle$을 $\alpha|1\rangle + \beta|0\rangle$로 바꾸는데, $|0\rangle$과 $|1\rangle$이 될 수 있는 확률을 교환하는 형태로 작용한다. 이것을 **파울리**(Pauli) X **게이트**라고 한다.

아다마르 게이트는 $|0\rangle$이나 $|1\rangle$의 상태인 큐빗을 $|0\rangle$과 $|1\rangle$이 동시에 존재하는 중첩 상태로

바꾸어 주고, 측정값이 $|0\rangle$ 또는 $|1\rangle$ 일 확률이 같게 한다.

$$|0\rangle \longrightarrow \frac{1}{\sqrt{2}}(|0\rangle + |1\rangle), \qquad |1\rangle \longrightarrow \frac{1}{\sqrt{2}}(|0\rangle - |1\rangle).$$

위상 게이트는 $|0\rangle$ 는 변경하지 않고 $|1\rangle$ 을 $e^{\sqrt{-1}\theta}|1\rangle$ 으로 바꾸어 준다. 이 게이트를 통과한 후에 $|0\rangle$ 과 $|1\rangle$ 의 측정 확률은 변하지 않는다.

정의 3.10 (2-큐빗 게이트)

양자 $cnot$ **게이트**는 고전적 **cnot** 게이트 $(a, b) \mapsto (a, a \oplus b)$ 로부터

$$|a\rangle \otimes |b\rangle = |a, b\rangle \longmapsto |a, a \oplus b\rangle = |a\rangle \otimes |a \oplus b\rangle, \quad \forall a, b \in \{0, 1\}^2$$

를 만족하는 유일한 선형 변환

$$cnot : (\mathbb{C}^2)^{\otimes 2} \longrightarrow (\mathbb{C}^2)^{\otimes 2}$$

으로 정의된다. 또한 **교환 게이트**는

$$ex : (\mathbb{C}^2)^{\otimes 2} \longrightarrow (\mathbb{C}^2)^{\otimes 2}$$

$$|a\rangle \otimes |b\rangle = |a, b\rangle \mapsto |b, a\rangle = |b\rangle \otimes |a\rangle, \quad \forall a, b \in \{0, 1\}^2$$

에 의해 정의된다.

양자 $cnot$ 게이트는 2-큐빗에서 작용하며, 정의에 의해

$$\begin{aligned} cnot(|0,0\rangle) &= |0,0\rangle, & cnot(|0,1\rangle) &= |0,1\rangle, \\ cnot(|1,0\rangle) &= |1,1\rangle, & cnot(|1,1\rangle) &= |1,0\rangle \end{aligned}$$

를 만족한다. 양자 $cnot$ 게이트를 행렬로 나타내면 다음과 같다.

$$cnot = \begin{pmatrix} 1 & 0 & 0 & 0 \\ 0 & 1 & 0 & 0 \\ 0 & 0 & 0 & 1 \\ 0 & 0 & 1 & 0 \end{pmatrix}$$

교환 게이트는 두 큐빗이 있을 때 각각의 상태를 서로 바꾸는 게이트인데, 행렬로 나타내면

다음과 같다.

$$ex = \begin{pmatrix} 1 & 0 & 0 & 0 \\ 0 & 0 & 1 & 0 \\ 0 & 1 & 0 & 0 \\ 0 & 0 & 0 & 1 \end{pmatrix}$$

정의 3.11 (3-큐빗 게이트)

양자 토폴리 게이트는 3비트에서 정의된 고전적 토폴리 게이트 T를 사용하여, 임의의 $a, b, c \in \{0, 1\}$에 대해

$$|a\rangle \otimes |b\rangle \otimes |c\rangle = |a, b, c\rangle \longmapsto |a, b, (a \wedge b) \oplus c\rangle = |a\rangle \otimes |b\rangle \otimes |(a \wedge b) \oplus c\rangle$$

를 만족하는 유일한 선형 변환

$$\mathcal{T} : (\mathbb{C}^2)^{\otimes 3} \longrightarrow (\mathbb{C}^2)^{\otimes 3}$$

으로 정의된다. 유사한 방법으로 고전적 프레드킨 게이트(정의 3.6)로부터 **양자 프레드킨 게이트**도 정의한다.

양자 토폴리 게이트는 3-큐빗에서 정의된 게이트로써 표준 기저에 대해 다음과 같이 행렬로 표현된다.

$$\begin{pmatrix} 1 & 0 & 0 & 0 & 0 & 0 & 0 & 0 \\ 0 & 1 & 0 & 0 & 0 & 0 & 0 & 0 \\ 0 & 0 & 1 & 0 & 0 & 0 & 0 & 0 \\ 0 & 0 & 0 & 1 & 0 & 0 & 0 & 0 \\ 0 & 0 & 0 & 0 & 1 & 0 & 0 & 0 \\ 0 & 0 & 0 & 0 & 0 & 1 & 0 & 0 \\ 0 & 0 & 0 & 0 & 0 & 0 & 0 & 1 \\ 0 & 0 & 0 & 0 & 0 & 0 & 1 & 0 \end{pmatrix}$$

연습문제 3.6

(1) 양자 *cnot* 게이트와 교환 게이트가 유니터리 변환임을 보이시오.

(2) 양자 프레드킨 게이트를 표준 기저를 사용해 정의하고, 이 선형 변환이 유니터리 변환임을 보이시오.

고전적 컴퓨터에서 토폴리 게이트나 프레드킨 게이트는 범용 게이트, 즉 다른 모든 게이트를 합성해낼 수 있고, 이것만으로 고전적 컴퓨터를 구성할 수 있음을 얘기했다. 여기서 자연스럽게 떠오르는 질문은 "과연 양자 컴퓨터에 대해서도 범용 게이트가 존재하겠는가?"라는 것이다.

칸토르의 집합론을 알고 있는 사람이라면, 유한 개의 게이트들로 다른 모든 양자 게이트를 합성하는 것을 불가능함을 금방 알 수 있다. 왜냐하면 유니터리 변환들의 집합의 원소의 개수는 실수 집합의 원소의 개수와 같고, 유한 집합을 유한 번 곱해서 얻을 수 있는 모든 집합을 다 더해 봐야 원소의 개수가 자연수 집합의 원소의 개수 이하이다. 칸토르의 기념비적 증명에 의해 실수 집합의 원소의 개수는 자연수 집합의 원소의 개수보다 월등히 많으므로, 양자 컴퓨팅에서 범용 게이트를 찾는 것은 불가능하다. 하지만 다음과 같은 사실이 알려져 있다.

정리 3.12

임의의 양자 게이트는 예제 3.1과 정의 3.10에 나오는 게이트 H, $R_{\pi/4}$, $cnot$을 합성하여 원하는 만큼 근사시킬 수 있다.

두 양자 게이트 G, G' 사이의 거리는 고정된 정규직교 기저에 대해 행렬표현 U, U'을 구한 후, 두 행렬 사이의 거리

$$\|U - U'\| = \sqrt{\mathrm{tr}\left((U - U')^*(U - U')\right)} \tag{3.7}$$

로 정의할 수 있다. 정리 3.12의 핵심은 임의의 자연수 n에 대해 유니터리 군

$$\mathbf{U}(n) := \{U \in M_n | \, U\text{는 유니터리 행렬}\}$$

에서 $R_{\pi/4}$, H, $cnot$이 생성하는 $\mathbf{U}(n)$의 부분군(subgroup)이 $\mathbf{U}(n)$의 빽빽한(dense) 부분집합이 된다는 것이다.[2] 용감한 독자라면 직접 증명에 도전해보고, 양자 정보 이론을 배우는데 우선 순위를 둔 사람은 수학자들의 탁월한 능력을 믿고 받아들이자.[3]

[2]거리공간 A의 어떤 부분집합 B가 빽빽하다(dense)함은 임의의 작은 양의 실수 ε에 대해, A의 임의의 한 점을 중심으로 ε 거리 이내에 B의 원소가 적어도 하나 존재한다는 뜻이다.

[3]직접 증명하려면 다음과 같이 생각해보자. 먼저 $R_{\pi/4}$과 H가 유니터리 군 $\mathbf{U}(2)$의 빽빽한 부분군을 생성함을 보이자. 다음으로 치환(permutation)과 $\mathbf{U}(2)$로 $\mathbf{U}(n)$을 생성할 수 있음을 보이고, 마지막으로 치환들을 $cnot$으로 생성해 보자.

양자 컴퓨터를 사용한 양자 컴퓨팅은 고전적 컴퓨팅과 근본적으로 다른 성질들을 가지는데, 그 중 가장 놀랍고 중요한 사실은 양자 정보는 복제가 불가능하다는 것이다. 어떤 큐빗을 복제한다는 것은 무슨 뜻인가? 임의의 큐빗, 즉 단위 벡터 $|x\rangle \in \mathbb{C}^2$에 양자 게이트들을 작용하여 $|x\rangle \otimes |x\rangle$를 얻는다는 뜻이다. 양자 게이트는 유니터리이므로, 보조 큐빗 $|0\rangle$을 추가하여

$$(\mathbb{C}^2)^{\otimes 2} \longrightarrow (\mathbb{C}^2)^{\otimes 2}, \quad |x\rangle \otimes |0\rangle \longmapsto |x\rangle \otimes |x\rangle, \quad \forall\, |x\rangle \in \mathbb{C}^2 \tag{3.8}$$

을 만족하는 양자 게이트가 존재하는가 묻는 것이다.

정리 3.13 (복제불가 정리)

(3.8)을 만족하는 양자 게이트는 존재하지 않는다.

[증명] 모든 $|x\rangle = \alpha|0\rangle + \beta|1\rangle \;\; (\alpha, \beta \in \mathbb{C},\ |\alpha|^2 + |\beta|^2 = 1)$에 대해 (3.8)을 만족하는 게이트 G가 있다고 하자. G는 선형 변환이므로,

$$G((\alpha|0\rangle + \beta|1\rangle) \otimes |0\rangle) = \alpha\, G(|0\rangle \otimes |0\rangle) + \beta\, G(|1\rangle \otimes |0\rangle)$$

이 만족된다. 위의 식 좌변에 (3.8)을 적용하면

$$\begin{aligned}(\alpha|0\rangle + \beta|1\rangle) &\otimes (\alpha|0\rangle + \beta|1\rangle) \\ &= \alpha^2|0,0\rangle + \alpha\beta|0,1\rangle + \alpha\beta|1,0\rangle + \beta^2|1,1\rangle\end{aligned}$$

이고, 우변에 적용하면

$$\alpha|0,0\rangle + \beta|1,1\rangle$$

을 얻는다. 이들이 일치하려면, $\alpha^2 = \alpha$, $\beta^2 = \beta$, $\alpha\beta = 0$이 동시에 성립해야 한다. 그런데 α, β는 $|\alpha|^2 + |\beta|^2 = 1$이 만족되는 복소수이므로, $\alpha \neq 0$이고 $\beta \neq 0$인 경우, 식 (3.8)이 성립할 수 없다. □

정리 3.13에서 주장하는 것은 어떤 큐빗 $|x\rangle$를 가져오더라도 $|x\rangle \otimes |x\rangle$로 복제해주는 게이트가 없다는 것이지 특정한 큐빗을 복제하는 게이트가 없다는 뜻은 아니다. 예를 들어, 양자 cnot 게이트를 쓰면

$$cnot(|0\rangle \otimes |0\rangle) = |0\rangle \otimes |0\rangle, \quad cnot(|1\rangle \otimes |0\rangle) = |1\rangle \otimes |1\rangle$$

를 얻으므로 두 개의 큐빗 $|0\rangle$과 $|1\rangle$은 복제 가능하다. 정리 3.13의 증명이 알려주는 바는 정확히 두 개의 큐빗까지만 복제할 수 있다는 것이다. (길이가 1인 복소수 α에 대해 $\alpha|x\rangle$와 $|x\rangle$는 같은 큐빗으로 간주한다.)

정리 3.13보다 일반적으로 다음과 같은 상황을 생각하자. 힐버트 공간 $\mathcal{H}$의 양자 상태 $|\psi\rangle$와 $|\phi\rangle$, $|0\rangle$이 있고, 추가적으로 보조적인 힐버트 공간 $\mathcal{H}_F$와 $\mathcal{H}_F$의 양자 상태 $|v\rangle_F, |w\rangle_F$가 존재하여

$$\begin{cases} |\psi\rangle \otimes |0\rangle \otimes |0\rangle_F \longmapsto |\psi\rangle \otimes |\psi\rangle \otimes |v\rangle_F, \\ |\phi\rangle \otimes |0\rangle \otimes |0\rangle_F \longmapsto |\phi\rangle \otimes |\phi\rangle \otimes |w\rangle_F \end{cases} \tag{3.9}$$

를 만족하는 $\mathcal{H} \otimes \mathcal{H} \otimes \mathcal{H}_F$의 유니터리 변환이 있다고 하자. 그러면, 마지막 $\mathcal{H}_F$ 성분을 떼어 버리면 정리 3.13의 경우와 다르게 복제 함수가 된다.

정리 3.14

서로 다른 양자 상태 $|\psi\rangle$와 $|\phi\rangle$에 대해 $\langle\psi|\phi\rangle \neq 0$이면 (3.9)를 만족하는 유니터리 변환은 존재하지 않는다.

[증명] 유니터리 변환은 내적을 보존하므로, 식 (3.9)의 좌변과 우변의 내적이 같아야 한다. 따라서

$$\langle\psi|\phi\rangle = \langle\psi|\phi\rangle^2 \langle v|w\rangle$$

로부터 $|\langle\psi|\phi\rangle| = 1 = |\langle v|w\rangle|$이어야 하므로 $|\psi\rangle$와 $|\phi\rangle$는 $\mathbb{P}\mathcal{H}$의 같은 점, 즉 동일한 양자 상태이어야만 한다. □

고전적 컴퓨팅에서는 복제가 수시로 이루어진다. 복제 불가 정리 때문에 고전적 컴퓨팅의 대부분의 알고리즘은 양자 컴퓨팅으로 확장되지 않는다. 하지만 고전적인 상태들인 $|0\rangle$과 $|1\rangle$은 복제가 가능하므로, 고전 컴퓨팅에서 가능한 작업은 양자 컴퓨팅을 통해서도 가능하다. 한편, 복제 불가 정리 덕분에 안전한 정보 전달이 가능해지는 측면도 있다. 이 정리는 현재 양자 정보 이론의 주춧돌이 되었고, 양자 암호 통신 (quantum cryptography communication)의 핵심적인 요소로써 정보 전달 과정에서 복제 및 도청의 위협을 원리적으로 막을 수 있다는 근거가 된다.

3.3 양자 회로의 응용

고전 컴퓨터의 정보 처리 과정이 전자회로로 구현되는 것과 같이 양자 컴퓨터를 구현하기 위해서는 양자 회로를 설계할 필요가 있다. 큐빗들이 양자 정보를 운반하는 수단이라면 양자 게이트는 큐빗들의 정보를 바꾸거나 전달하는 정보처리 과정에 사용되는데, 양자 회로는 양자 게이트들로 구성되어 있다.

이 절에서는 양자 회로의 예와 양자 컴퓨터로 가능한 일들의 주요한 사례를 살펴보자.

3.3.1 벨 회로(Bell circuit)

양자 얽힘(quantum entanglement)은 양자 정보 이론에서 핵심적 역할을 차지하고 있는데, 양자 세계에만 존재할 수 있는 특성이며 양자 시스템에서 나타나는 상관 관계가 시공간적으로 멀리 떨어진 경우에서도 나타나는 기묘한 성질인 비국소성(non-locality)의 원천이 된다.

벨 회로는 얽힌 상태를 만들어내는 회로인데, 이를 위해서는 얽힌 상태의 정의부터 알아보자. 일단 2-큐빗 벡터는 식 (3.6)으로 주어지는 $\mathbb{C}^2 \otimes \mathbb{C}^2$ 의 단위 벡터임을 기억하자.

정의 3.15

두 개의 큐빗 벡터 $|x\rangle, |y\rangle \in \mathbb{C}^2$ 가 있어서

$$|x\rangle \otimes |y\rangle \in \mathbb{C}^2 \otimes \mathbb{C}^2$$

의 꼴로 쓸 수 있는 2-큐빗 벡터를 **분리 가능**(separable)이라고 한다. 이렇게 쓸 수 없는 2-큐빗 벡터 $\rho \in \mathbb{C}^2 \otimes \mathbb{C}^2$ 를 **얽힌**(entangled) 벡터라고 하자.

예를 들어, $|0,0\rangle = |0\rangle \otimes |0\rangle$, $|1,1\rangle = |1\rangle \otimes |1\rangle$ 등은 분리 가능이다. 또한,

$$\frac{1}{2}\left(|0,0\rangle - |0,1\rangle + |1,0\rangle - |1,1\rangle\right) = \frac{1}{\sqrt{2}}(|0\rangle + |1\rangle) \otimes \frac{1}{\sqrt{2}}(|0\rangle - |1\rangle)$$

도 분리 가능이다.

분리 가능인지 얽힌 상태인지 어떻게 판별할 수 있을까? $\mathbb{C}^2 \otimes \mathbb{C}^2$에 있는 분리 가능 벡터 $|x\rangle \otimes |y\rangle$는, $\mathbb{C}^2$의 표준 내적, 즉 $\{|0\rangle, |1\rangle\}$이 정규직교 기저인 내적을 사용해 얻는 동형변환

$$\mathbb{C}^2 \otimes \mathbb{C}^2 \cong (\mathbb{C}^2)^* \otimes \mathbb{C}^2 \cong \mathcal{L}(\mathbb{C}^2, \mathbb{C}^2) = \mathcal{L}(\mathbb{C}^2) \tag{3.10}$$

를 적용하면, 선형 변환

$$|y\rangle\langle x| : |z\rangle \mapsto \langle x|z\rangle |y\rangle$$

로 보내지는데 이 선형 변환의 이미지는 모두 벡터 $|y\rangle$의 상수배로만 나타나므로 계수 1인 선형 변환이다. 역으로 어떤 2-큐빗 벡터 $|\rho\rangle$에 대응되는 선형 변환의 계수가 1이면 그 이미지에 있는 단위 벡터 $|y\rangle$를 하나 고르고, 커널에 수직인 단위 벡터 중에서 $|y\rangle$의 역 이미지(inverse image)[4]에 들어가는 $|x\rangle$를 골라 $|\rho\rangle = |x\rangle \otimes |y\rangle$라고 쓸 수 있다. 따라서 대응되는 선형 변환의 계수가 1인지 또는 2인지에 따라 분리 가능인지 얽힌 상태인지 판별할 수 있다.

연습문제 3.7 어떤 2-큐빗 벡터 $|\rho\rangle$가 분리 가능일 필요 충분 조건은 (3.10)을 통해 $|\rho\rangle$에 대응되는 선형 변환의 행렬식의 값이 0인 것을 보이시오.

항등함수 $\mathrm{id} = \mathrm{id}_{\mathbb{C}^2} : \mathbb{C}^2 \to \mathbb{C}^2$, $\mathrm{id}\,|x\rangle = |x\rangle$와 아다마르 게이트 H (예제 3.1), 그리고 양자 *cnot* 게이트(정의 3.10)를 사용하여 **벨 회로**는 다음과 같이 양자 게이트의 합성으로 정의된다.

$$B = cnot \circ (H \otimes \mathrm{id}_{\mathbb{C}^2}) : \mathbb{C}^2 \otimes \mathbb{C}^2 \longrightarrow \mathbb{C}^2 \otimes \mathbb{C}^2. \tag{3.11}$$

여기에 $|0, 0\rangle = |0\rangle \otimes |0\rangle$를 작용시키면,

$$\begin{aligned} B|0,0\rangle &= cnot(H|0\rangle \otimes |0\rangle) = cnot\left(\frac{1}{\sqrt{2}}(|0\rangle + |1\rangle) \otimes |0\rangle\right) \\ &= \frac{1}{\sqrt{2}}(cnot|0,0\rangle + cnot|1,0\rangle) = \frac{1}{\sqrt{2}}(|0,0\rangle + |1,1\rangle) \end{aligned} \tag{3.12}$$

를 얻는다. 같은 방법으로

$$B|0,1\rangle = \frac{1}{\sqrt{2}}(|0,1\rangle + |1,0\rangle), \tag{3.13}$$

$$B|1,0\rangle = \frac{1}{\sqrt{2}}(|0,0\rangle - |1,1\rangle), \tag{3.14}$$

$$B|1,1\rangle = \frac{1}{\sqrt{2}}(|0,1\rangle - |1,0\rangle) \tag{3.15}$$

[4]함수 $f : X \to Y$에 대해 원소 $y \in Y$의 **역 이미지**란 $f^{-1}(y) = \{x \in X \mid f(x) = y\}$를 말한다.

를 얻는다.

연습문제 3.8 식 (3.13), (3.14), (3.15)가 성립함을 보이시오.

식 (3.12)에서 얻은 2-큐빗 벡터 $\frac{1}{\sqrt{2}}(|0,0\rangle + |1,1\rangle)$로부터 (3.10)을 통해 선형 변환

$$\frac{1}{\sqrt{2}}(|0\rangle\langle 0| + |1\rangle\langle 1|)$$

을 얻는데, 이를 표준 기저를 사용하여 2×2 행렬로 쓰면,

$$\frac{1}{\sqrt{2}}\begin{pmatrix} 1 & 0 \\ 0 & 1 \end{pmatrix}$$

이 된다. 식 (3.13), (3.14), (3.15)에서 얻은 2-큐빗 벡터들도 이와 같이 행렬로 쓰면 각각

$$\frac{1}{\sqrt{2}}\begin{pmatrix} 0 & 1 \\ 1 & 0 \end{pmatrix}, \quad \frac{1}{\sqrt{2}}\begin{pmatrix} 1 & 0 \\ 0 & -1 \end{pmatrix}, \quad \frac{1}{\sqrt{2}}\begin{pmatrix} 0 & -1 \\ 1 & 0 \end{pmatrix} \tag{3.16}$$

인데, 모두 계수가 2이므로 얽힌 양자 상태임을 알 수 있다. 즉 벨 회로를 통해 분리 가능 상태인 $|0,0\rangle$, $|0,1\rangle$, $|1,0\rangle$, $|1,1\rangle$로부터 (3.12), (3.13), (3.14), (3.15)의 얽힌 상태들을 만들어냈다. 양자 게이트들은 유니터리 변환이고 이들의 합성인 B도 유니터리 변환이다. 따라서

$$B|0,0\rangle, \quad B|0,1\rangle, \quad B|1,0\rangle, \quad B|1,1\rangle$$

은 $\mathbb{C}^2 \otimes \mathbb{C}^2$의 또다른 정규직교 기저가 되는데, 이를 **벨 기저**라고 부르자.

연습문제 3.9 식 (3.13), (3.14), (3.15)로부터 (3.16)의 행렬을 얻음을 보이시오.

아다마르 게이트의 역함수는 다시 아다마르 게이트이고, $cnot$의 역함수도 마찬가지로 $cnot$이다. 즉

$$H^{-1} = H, \qquad cnot^{-1} = cnot. \tag{3.17}$$

따라서 벨 회로가 주는 함수의 역함수를 표현하는 **역 벨 회로**를 얻고 싶다면, 식 (3.11)의 게이트들을 역순으로 게이트를 합성하면 된다.[5] 다시 말해

$$B^{-1} = (H \otimes \mathrm{id}_{\mathbb{C}^2}) \circ cnot \tag{3.18}$$

[5] $(g \circ f)^{-1} = f^{-1} \circ g^{-1}$. 양말 신고 신발 신었으면 역은 신발 벗고 양말 벗으면 된다.

이 성립한다.

연습문제 3.10 식 (3.17)을 보이시오.

3.3.2 초밀집 코딩 (Superdense coding)

초밀집 코딩이란 고전적 2-비트 정보를 양자 1-큐빗으로 전송 가능함을 보여주는 양자 통신 프로토콜인데, 1992년 Bennett와 Wiesner에 의해 처음 제안되었으며 1996년 Mattel, Weinfurter, Kwiat 그리고 Zeilinger에 의해 실험적으로 구현되었다. 초밀도 코딩은 안전한 양자 비밀 코딩의 기본 원리이며, 전송되는 정보를 해독하기 위해 두 개의 큐빗이 모두 필요하므로 메시지를 도청당할 위험이 없다는 장점을 가진다.

먼저 벨 회로를 통해 (3.12)의 얽힌 상태

$$\frac{1}{\sqrt{2}}\left(|0,0\rangle+|1,1\rangle\right) \tag{3.19}$$

를 만들자. 양자 역학의 공리로부터 이 벡터는 사실 전자든 광자든 양자 컴퓨터를 구현하는 입자 두 개를 함께 생각해서 얻는 시스템의 상태를 표현하고 있는 것이다. 텐서 곱 $\mathbb{C}^2\otimes\mathbb{C}^2$의 첫 번째 성분 $\mathbb{C}^2$는 첫 번째 입자의 상태, 두 번째 성분 $\mathbb{C}^2$는 두 번째 입자의 상태를 표현한다.

• 준비작업: 정보를 주고 받고 싶은 용식과 동백이 (3.19)의 두 입자들을 한 개씩 나눠 가져가 보관한다.

• 전송: 용식이 2-비트 정보, 즉 $\{00,01,10,11\}$에서 하나를 동백에게 보내려고 한다. 만약 00을 보내고 싶다면, 예제 3.1의 I 게이트를 자신이 보유한 큐빗에 작용한다. 만약 01이라면 예제 3.1의 X 게이트, 10이라면 Z 게이트, 11이라면 Y 게이트를 각각 자신의 큐빗에 작용한다. 이렇게 얻은 큐빗을 동백에게 보낸다.

• 수령: 동백은 용식에게서 받은 큐빗과 자신이 보유한 큐빗을 모아 (3.18)의 역 벨 회로 B^{-1}를 작용한다. 용식이 보내고자 한 2-비트가 $a\in\{0,1\}^2$라면, 동백이 $|a\rangle$를 얻게 된다.

• 분석: 만약 용식이 00을 보내고자 했다면, 자신의 큐빗에 아무 변화도 안 준 것이므로 동백이 수령 후 얻은 2-큐빗은 (3.19) 그대로인데 이는 (3.12)에 의해 $B|0,0\rangle$과 같다. 만약 01

을 보내고자 했다면, X를 작용하여 첫 번째 큐빗이 $|0\rangle \mapsto |1\rangle$, $|1\rangle \mapsto |0\rangle$으로 바뀌므로 식 (3.19)는

$$\frac{1}{\sqrt{2}}(|1,0\rangle + |0,1\rangle) = B|0,1\rangle$$

이 된다. 만약 10을 보내고자 했다면, Z를 작용하여 첫 번째 큐빗이 $|0\rangle \mapsto |0\rangle$, $|1\rangle \mapsto -|1\rangle$으로 바뀌므로 식 (3.19)는

$$\frac{1}{\sqrt{2}}(|0,0\rangle - |1,1\rangle) = B|1,0\rangle$$

이 된다. 만약 11을 보내고자 했다면, Y를 작용하여 첫 번째 큐빗이 $|0\rangle \mapsto -|1\rangle$, $|1\rangle \mapsto |0\rangle$으로 바뀌므로 식 (3.19)는

$$\frac{1}{\sqrt{2}}(-|1,0\rangle + |0,1\rangle) = B|1,1\rangle$$

이 된다. 따라서 동백이 B^{-1}를 작용하면, 용식이 보내고자 한 2-비트 정보 a를 $|a\rangle$의 형태로 얻게 된다.

3.3.3 양자 전송(Quantum teleportation)

양자 전송은 초밀집 코딩의 역으로 양자 1-큐빗을 고전적인 2-비트를 보내 전송할 수 있음을 보여준다. 양자 얽힘을 통해 양자 정보를 고전적 통신을 통해 전송하는 방법인 것이다.

동백은 용식에게 큐빗 $\alpha|0\rangle + \beta|1\rangle \in \mathbb{C}^2$을 전송하고자 하는데, 전화로 고전적 2-비트 정보만 전달할 수 있다고 하자. 그리고 예제 3.1에서 논의한 1-큐빗 게이트 I, X, Y, Z를 생각하자.

- 준비작업: 정보를 주고 받고 싶은 용식과 동백이 (3.19)의 두 입자들을 한 개씩 나눠 가져가 보관한다.

- 전송: 동백은 자신이 전송하고자 하는 큐빗 $\alpha|0\rangle + \beta|1\rangle$과 준비작업에서 보관하고 있던 큐빗을 한자리에 모은다. 이렇게 얻은 2-큐빗에

$$B^{-1} = (H \otimes \mathrm{id}_{\mathbb{C}^2}) \circ cnot$$

를 작용한다. 이후 측정을 하여 $|0,0\rangle$, $|0,1\rangle$, $|1,0\rangle$, $|1,1\rangle$ 중 하나의 상태를 얻는다. 이렇게 얻는 2-비트(00, 01, 10, 11 중의 하나)를 용식에게 전화하여 알려준다.

• <u>수령</u>: 동백이 00이라고 알려주면 용식은 자신이 보유한 큐빗에 I를 작용한다. 만약 01이라면 X를, 10이라면 Z를, 11이라면 Y를 각각 작용한다. 그 결과로 용식이 얻는 큐빗이 정확히 동백이 전송하고자 했던 큐빗이다.

• <u>분석</u>: 동백이 보내고자 하는 큐빗은 용식과 나누어 가진 2-큐빗과 함께 3-큐빗을 이루는데, 이는

$$\begin{aligned}&(\alpha|0\rangle + \beta|1\rangle) \otimes \frac{1}{\sqrt{2}}(|00\rangle + |11\rangle)\\&= \frac{1}{\sqrt{2}}\big(\alpha|000\rangle + \alpha|011\rangle + \beta|100\rangle + \beta|111\rangle\big)\end{aligned}$$

이다. 양자 $cnot$ 게이트를 앞쪽 두 성분(동백이 가지고 있는 입자들)에 작용하면, 즉 $cnot \otimes \mathrm{id}_{\mathbb{C}^2}$를 작용하면,

$$\frac{1}{\sqrt{2}}\big(\alpha|000\rangle + \alpha|011\rangle + \beta|110\rangle + \beta|101\rangle\big)$$

를 얻는다. 다시 아다마르 게이트 H를 맨 앞 성분에만 작용하면,

$$\begin{aligned}&\frac{1}{2}\big(\alpha|000\rangle + \alpha|100\rangle + \alpha|011\rangle + \alpha|111\rangle\\&\quad + \beta|010\rangle - \beta|110\rangle + \beta|001\rangle - \beta|101\rangle\big)\end{aligned}$$

이 된다. 이를 정리하면,

$$\begin{aligned}&\frac{1}{2}|00\rangle \otimes \big(\alpha|0\rangle + \beta|1\rangle\big) + \frac{1}{2}|01\rangle \otimes \big(\alpha|1\rangle + \beta|0\rangle\big)\\&\quad + \frac{1}{2}|10\rangle \otimes \big(\alpha|0\rangle - \beta|1\rangle\big) + \frac{1}{2}|11\rangle \otimes \big(-\beta|0\rangle + \alpha|1\rangle\big)\end{aligned}$$

이 되어 동백이 측정하면 각각 1/4의 확률로 네 상태 $|00\rangle$, $|01\rangle$, $|10\rangle$, $|11\rangle$ 중 하나를 얻는다.

만약 동백이 측정하여 $|00\rangle$을 얻었다면, 용식이 보유한 큐빗은

$$\alpha|0\rangle + \beta|1\rangle = I(\alpha|0\rangle + \beta|1\rangle)$$

이 되어 이미 동백이 보내고자 하는 큐빗을 보유한 상태이다. 만약 동백이 $|01\rangle$를 얻었다면, 용식이 보유한 큐빗은

$$\alpha|1\rangle + \beta|0\rangle = X^{-1}(\alpha|0\rangle + \beta|1\rangle)$$

이 되어 X를 작용하면 동백이 보내고자 하는 큐빗을 얻는다. 만약 동백이 $|10\rangle$를 얻었다면,

용식이 보유한 큐빗은

$$\alpha|0\rangle - \beta|1\rangle = Z^{-1}(\alpha|0\rangle + \beta|1\rangle)$$

이 되어 Z를 작용하면 동백이 보내고자 하는 큐빗을 얻는다. 만약 동백이 $|11\rangle$를 얻었다면, 용식이 보유한 큐빗은

$$-\beta|0\rangle + \alpha|1\rangle = Y^{-1}(\alpha|0\rangle + \beta|1\rangle)$$

이 되어 Y를 작용하면 동백이 보내고자 하는 큐빗을 얻는다.

3.3.4 양자 오류 수정(Quantum error correction)

정보는 잡음, 물리적 흠집 등 다양한 이유로 손상될 수 있으므로, 정보를 오류 없이 전송하고 저장하는 일은 간단하지 않다. 따라서 정보 전송 과정에서는 오류가 발생하기 마련인데, 전송 과정에서 생긴 오류를 탐지하고 원래의 정보를 다시 구축하는 것이 고전적인 오류 수정이다.

예를 들어, 전선을 타고 가던 펄스가 중간에 간섭을 받아 0이 1로, 또는 1이 0으로 바뀌어서 전달될 수 있다. 만약 한 비트에 오류가 생길 확률이 p이고 전송과정이 동일하다면, 두 비트에서 동시에 오류가 생길 확률은 p^2이 된다. 대부분의 실용적인 통신에서 p 값은 작으므로 p^2 값은 무시할 수 있을 정도로 작다. 이를 무시하면, 다음과 같은 고전적인 오류 수정 방법을 얻는다.

• 고전적 오류 수정 코드: 전송된 정보의 오류를 탐지하고 수정하는 가장 간단한 방법은 정보를 필요한 만큼 반복해서 보내는 것이다.

전송하고자 하는 비트마다 세 번씩 반복해서 보낸다. 세 비트가 일치하여 도착하면 받아들이고, 셋 중 둘이 일치하되 하나가 다른 값이면 둘이 일치하는 값을 받아들인다. 통신을 통해 000이나 111을 전송해서 $b_0b_1b_2$를 받았고, 이 세 비트 중 기껏해야 1개만 오류가 발생할 수 있다고 하자.

만약 $b_0 \oplus b_1 = 0$, $b_0 \oplus b_2 = 0$이라면, $b_0 = b_1 = b_2$이어서 오류 없이 1비트를 전송받은 셈이다. 만약 $b_0 \oplus b_1 = 0$, $b_0 \oplus b_2 = 1$이라면, $b_0 = b_1 \neq b_2$이므로 b_2는 버려야 한다. 만약 $b_0 \oplus b_1 = 1$, $b_0 \oplus b_2 = 0$이라면, $b_0 = b_2 \neq b_1$이므로 b_1을 버리면 된다. 만약 $b_0 \oplus b_1 = 1$,

$b_0 \oplus b_2 = 1$이라면, $b_1 = b_2 \neq b_0$이므로 b_0를 버리면 된다. 즉 $b_0 \oplus b_1$과 $b_0 \oplus b_2$를 계산하면 정확히 오류를 수정할 수 있다.

이제 이 상황에서 비트를 큐빗으로 바꾸어보자. 주어진 큐빗 $\alpha|0\rangle + \beta|1\rangle$을 세 번 반복하는 것은 다음과 같은 양자 회로를 거치면 된다.

- 큐빗을 3번 반복하여 전송: 3-큐빗 $(\alpha|0\rangle + \beta|1\rangle) \otimes |0\rangle \otimes |0\rangle$을 생각하자. 우선 세 번째 큐빗은 그대로 두고 첫 번째, 두 번째 큐빗들에 *cnot* 게이트를 작용하여

$$cnot(\alpha|00\rangle + \beta|10\rangle) \otimes |0\rangle = \alpha|000\rangle + \beta|110\rangle$$

을 얻고, 이번엔 두 번째 큐빗은 그대로 두고 첫 번째와 세 번째 큐빗들에 *cnot* 게이트를 작용하여

$$\alpha|000\rangle + \beta|111\rangle$$

를 얻는다. 그리고, 이 3-큐빗을 전송한다.

전송 과정에서 간섭이 있어서 세 큐빗 중 하나가 $|0\rangle$이 $|1\rangle$로, $|1\rangle$이 $|0\rangle$으로 바뀌었다고 하자. (유니터리 변환만 작용할 수 있으므로, $|0\rangle$과 $|1\rangle$ 모두 $|0\rangle$이 되는 등의 오류는 발생할 수 없다.) 3-큐빗 $\alpha|000\rangle + \beta|111\rangle$을 전송했을 때, 수령하는 3-큐빗

$$\alpha|a_0a_1a_2\rangle + \beta|b_0b_1b_2\rangle \tag{3.20}$$

은 세 가지 가능성이 있다. 첫 번째 큐빗이 뒤집혔다면 $\alpha|100\rangle + \beta|011\rangle$을, 두 번째 큐빗에서 오류가 났다면 $\alpha|010\rangle + \beta|101\rangle$을, 세 번째에서 생겼다면 $\alpha|001\rangle + \beta|110\rangle$을 받을 것이다. 양자 정보에서는 측정하면 상태가 바뀌므로, 이 오류를 측정 없이 수정해야 한다. 즉 오류가 난 큐빗을 버려야 하는데 어느 큐빗이 오류가 났는지 알아내야 한다.

- 오류 수정: 위의 경우 다음과 같이 오류가 난 큐빗을 찾아낼 수 있다. 받은 3-큐빗 (3.20)에 2-큐빗 $|00\rangle = |0\rangle \otimes |0\rangle$를 가져와서 얻는 5-큐빗

$$(\alpha|a_0a_1a_2\rangle + \beta|b_0b_1b_2\rangle) \otimes |00\rangle$$

을 생각하자.

먼저 2, 3, 5번째 큐빗들은 그대로 두고 1, 4번째 큐빗에만 $cnot$ 게이트를 작용하자. 다시 1, 3, 5번째 큐빗들은 그대로 두고 2, 4번째 큐빗에만 $cnot$ 게이트를 작용하면, 4번째 큐빗은 $|a_0 \oplus a_1\rangle$과 $|b_0 \oplus b_1\rangle$의 중첩상태임을 알 수 있다. 이제 4번째 큐빗만 측정하자. 어느 경우건 우리의 가정하에서는

$$a_0 \oplus a_1 = b_0 \oplus b_1$$

이므로, 측정 결과 $|0\rangle$이 나오면 $a_0 = a_1$, $b_0 = b_1$이어서 처음 두 큐빗에는 오류가 없음을, $|1\rangle$이 나오면 $a_0 \neq a_1$, $b_0 \neq b_1$이어서 처음 두 큐빗 중 하나에 오류가 있음을 됨을 알 수 있다.

다시 2, 3, 4번째 큐빗들은 그대로 두고 1, 5번째 큐빗에만 $cnot$ 게이트를 작용한 후, 1, 2, 4번째 큐빗들은 그대로 두고 3, 5번째 큐빗들에만 $cnot$ 게이트를 작용하자. 마찬가지로 $a_0 \oplus a_2 = b_0 \oplus b_2$이고 5번째 큐빗만 측정해보면

$$|a_0 \oplus a_2\rangle = |b_0 \oplus b_2\rangle$$

를 얻는다. 따라서 $|0\rangle$이 나오면 1, 3번째 큐빗에는 오류가 없음을, $|1\rangle$이 나오면 1, 3번째 큐빗 중 하나에 오류가 있음을 알 수 있다.

위의 두 번의 측정에서 1, 2, 3번째 큐빗은 보존되었으며 오류가 있다면 오류가 난 큐빗이 어떤 것인지 정확히 알아낼 수 있다. 오류가 난 큐빗이 있으면 버리고 3번 반복할 때처럼 $cnot$ 게이트를 사용하여

$$(\alpha|0\rangle + \beta|1\rangle) \otimes |00\rangle, \quad \text{또는} \quad (\alpha|0\rangle + \beta|1\rangle) \otimes |0\rangle$$

를 만들어낼 수 있고, 첫 번째 큐빗만 취하면 원하던 대로 정확한 큐빗을 복원하게 된다.

3.3.5 양자 암호

양자 통신은 양자 상태에 저장된 정보를 송신자에서 수신자까지 전달하는 과정을 의미하며, 양자 상태에 담겨있는 정보는 0 또는 1의 이진 정보일 수도 있고 0과 1이 중첩되어 있는 정보일 수도 있다. 특히, 0과 1의 이진 정보를 양자 상태에 실어서 보내는 양자 통신의 경우에 전송되는 이진 정보가 도청되면, 수신자는 도청을 인식하고 상황에 알맞은 대처를 할 수 있다. 이러한 특성을 암호키 전송에 응용한 것이 양자 암호이다. 양자를 이용해서 송신자와 수신자

두 사람만 알고 있는 비밀키를 통신상에서 나누어 가질 수 있는 새로운 방식이며, 양자키 분배(Quantum Key Distribution) 기술로 불리기도 한다.

양자 암호는 양자 역학의 속성을 이용해 암호화 작업을 수행함으로써 만들어진다. 즉 양자의 중첩상태에 있는 양자를 한 번이라도 관측을 하게 되면 0과 1의 양쪽 값을 동시에 취하고 있던 상태가 0이나 1, 어느 한쪽으로 결정되는 성질을 이용하는 것이다. 누군가 통신을 도청하면, 그 순간 양자 암호가 반응하여 정보를 저장하고 있는 양자 암호 속의 입자의 양자 상태가 달라져 통신의 내용이 바뀌므로 도청된 사실을 알 수 있는 것이다.

두 사람 동백과 용식이 안전하게 정보를 주고받고 싶다면, 두 사람만 알고 있는 우리가 열쇠라고 부르는 수 p가 있으면 된다. 예를 들어, 동백이 메시지 x를 보내고 싶으면 $x+p$를 보내고 용식은 p를 빼서 x을 복원할 수 있지만 p를 모르는 사람은 누구도 $x+p$로부터 x를 알아낼 수 없다. 결국 어떻게 안전한 방법으로 두 사람만 아는 수, 즉 열쇠를 공유할 수 있는가가 암호론의 핵심이고 이를 역으로 찾아내는 것이 해킹의 기술이다.

• <u>질문</u>: 동백과 용식만 알고 다른 누구도 모르게 같은 수, 즉 열쇠를 나누어 가질 수 있을까? 이진법을 사용하면 $\{1,-1\}$로 이루어진 수열을 공유하면 된다.

• <u>방법</u>: 동백과 용식 두 사람이 먼저 벨 회로를 통해 얽힌 상태 (3.19)를 충분히 많이 만들고, 각각 첫째 입자와 둘째 입자들만 가져 간다. (입자들에 순서를 붙여 보관한다.) 동백은 예제 3.1에 나오는 X 게이트와 Z 게이트 중의 하나를 확률 1/2로 임의로 골라 측정한다. X와 Z는 자기수반이므로 관측량(observable)이고 측정하고 나면 고유벡터 중 하나로 사영된다. 용식도 자신이 가진 입자를 X 게이트와 Z 게이트 중의 하나를 확률 1/2로 임의로 골라 측정한다.

측정한 후에 동백과 용식은 전화로 자신이 X, Z 중 어떤 관측량을 매 입자마다 선택했는지 — 예를 들어 $(XXZXZZXZ)$ — 상대방에게 알려준다. 상대방이 알려준 관측량이 자신의 관측량과 일치하는 위치의 측정값만 취하면 정확하게 같은 $\{1,-1\}$의 수열을 얻는다.

• <u>분석</u>: 동백이 Z로 측정하여 측정값 1을 얻으면 양자 상태는 $|00\rangle$으로 직교 사영되고, 용식이 다시 Z로 측정하면 100%의 확률로 측정값 1을 얻는다. 측정값 -1의 경우도 마찬가지이다.

이제 X의 고유벡터들을

$$|+\rangle = \frac{1}{\sqrt{2}}(|0\rangle + |1\rangle), \quad |-\rangle = \frac{1}{\sqrt{2}}(|0\rangle - |1\rangle)$$

이라고 두면,

$$|0\rangle = \frac{1}{\sqrt{2}}(|+\rangle + |-\rangle), \quad |1\rangle = \frac{1}{\sqrt{2}}(|+\rangle - |-\rangle)$$

이므로 (3.19)의 상태는

$$\frac{1}{\sqrt{2}}(|++\rangle + |--\rangle)$$

이 된다. 동백이 X로 측정하여 측정값 1을 얻으면 양자 상태는 $|++\rangle$으로 직교 사영되고, 용식이 다시 X로 측정하면 100%의 확률로 측정값 1을 얻는다. 측정값 -1의 경우도 마찬가지이다.

따라서 (3.19)의 상태에 동백과 용식이 같은 관측량을 사용해 측정하면 둘은 당연히 같은 측정값을 얻는다.

• <u>안전성</u>: 보관하던 큐빗이 오염되었는지 판별할 수 있을까? 같은 관측량을 써서 얻은 측정값 중 몇 개만 골라서 전화로 비교해보자. 오염되어 있다면 다른 값을 얻을 것이고 이 경우 모두 버리고 처음부터 다시 진행하면 된다.

이 방법의 문제점은 처음에 벨 상태 (3.19)의 입자들을 다량 만들어 보관해야 한다는 것이다. 양자 상태를 오염되지 않게 보관하는 것은 쉬운 일이 아니다. 이를 보완하는 방법이 아래 소개할 BB84 프로토콜인데, 이것은 양자 키 분배 프로토콜 중에서 대표적인 방법으로 1984년 C. Bennet과 G. Brassard에 의해 제안되었다.

• <u>BB84 프로토콜</u>: 동백과 용식이 n-비트 열쇠를 공유하려고 한다. 동백은 힐버트 공간 $\mathbb{C}^2$에서 양자 상태를 갖는 입자 $4n$개를 준비한다. 동백은 예제 3.1에 나오는 X와 Z 중의 하나를 확률 1/2로 임의로 골라 측정한다. $4n$개의 측정값(1 또는 -1) 중 $2n$개를 골라 그 값들과 $4n$개의 측정 후 입자들을 용식에게 보낸다. 용식도 수령한 $4n$개의 입자들에 대해, 관측량 X와 Z 중의 하나를 확률 1/2로 임의로 골라 측정한다.

이제 동백은 자신이 선택한 관측량의 수열 — 예를 들어, $(XXZXZZXZ)$ — 과 보낸 $2n$개의 값의 위치를 전화하여 용식에게 알려주고, 용식은 일치하는 관측량이 선택된 입자들의 측정값만 취하고 나머지는 버린다. 앞쪽 $2n$개에 속하는 값들을 동백이 보내준 값과 비교하여 일치하면, 뒤쪽 $2n$개에 속하며 취한 측정값들을 열쇠로 갖는다. 용식이 동백에게 열쇠로 취한 측정값의 위치를 전화로 알려주면 끝난다. 만약 앞쪽 값들이 일치하지 않으면 오염되었거나 도청된 것이므로 모두 버리고 처음부터 다시 시작한다.

- 안전성: 입자를 전송하는 과정에서 생기는 오류는 앞에서 다룬 양자 오류 수정 방법을 쓴다. 만약 중간에 도청자 까불이가 있어서 동백이 보낸 입자를 낚아챘다가 그대로 다시 용식에게 보냈다면 어떨까? (만약 까불이가 입자의 상태를 바꿨다면 위에서 설명한 대로 $2n$개의 값을 비교하는 과정에서 도청이 있었음을 감지할 수 있다.) 전송된 입자의 양자 상태를 바꾸지 않고, 까불이가 뭔가 정보를 이끌어 낼 수 있을까?

이는 불가능하다. 까불이가 가로챈 입자의 상태를 $|\psi\rangle$라고 하자. 까불이가 할 수 있는 일은 새로운 입자 $|0\rangle_E$를 추가하여 유니터리 작용소 U를 사용하는 것뿐인데, 그러면

$$|\psi\rangle \longmapsto |\psi\rangle \otimes |0\rangle_E \longmapsto U(|\psi\rangle \otimes |0\rangle_E)$$

이다. 그런데 $|\psi\rangle$의 상태는 바뀌면 안 되므로

$$U(|\psi\rangle \otimes |0\rangle_E) = |\psi\rangle \otimes |v\rangle_E$$

형태로 써야 한다.

만약 다른 벡터 $|\phi\rangle$를 수령했다면, 같은 과정을 통해

$$|\phi\rangle \longmapsto |\phi\rangle \otimes |w\rangle_E$$

를 얻는다. 이제 까불이가 뭔가 알아내려면, $|v\rangle_E$와 $|w\rangle_E$를 통해서 알아야 한다. 그런데 $\langle\psi|\phi\rangle \neq 0$라면, 유니터리 작용소는 내적을 보존하므로,

$$\langle\psi|\phi\rangle = \langle\psi, v|\phi, w\rangle = \langle\psi|\phi\rangle\langle v|w\rangle$$

가 성립해서 $\langle v|w\rangle = 1$이다. 따라서 $|v\rangle_E = |w\rangle_E$를 얻는다. 연속성에 의해 모든 $|\psi\rangle$에 대해 $|v\rangle_E$는 항상 같은 벡터이므로, 까불이는 어떤 정보도 얻지 못한다고 결론낼 수 있다.

CHAPTER 4

양자 알고리즘

양자 컴퓨터가 큰 관심을 끌게 된 것은 중첩을 통해 많은 경우 계산을 병렬적으로 진행하여 계산시간을 획기적으로 단축시킬 가능성이 발견되고서부터이다. 특히, 1994년에 발견된 쇼어 알고리즘은 큰 소수들의 곱으로 주어진 수를 효율적으로 분해할 수 있음을 보였고, 인터넷 통신과 상거래의 표준인 RSA 암호체계를 깰 수 있음이 예상되어 양자 계산과 양자 정보 이론에 대한 지대한 관심을 이끌었다. 이 장에서는 현재까지 알려진 주요한 양자 알고리즘을 공부한다.

4.1 도이치-조자 알고리즘

1985년 기념비적인 논문을 통해 도이치(Deutsch)는 역사상 최초로 고전 컴퓨팅보다 효율적인 양자 알고리즘을 제시하였고, 1992년 조자(Jozsa)와 함께 큐빗의 수가 2 이상인 경우까지로 일반화하였다. 도이치-조자 알고리즘은 고전 알고리즘보다 기하 급수적으로 빠른 양자 알고리즘의 첫 번째 예 중 하나이다.

먼저 도이치-조자 알고리즘이 해결하고자 하는 문제를 살펴보자.

• 정의: 집합 $\{0,1\}^n$에서 $\{0,1\}$로 가는 함수 f가 **균형 함수**라는 것은 두 역 이미지들 $f^{-1}(0)$, $f^{-1}(1)$이 각각 2^{n-1}개의 원소를 가진다는 뜻이다. 또, 함수 $f:\{0,1\}^n \to \{0,1\}$가 **상수 함수**라는 것은 두 역 이미지들 $f^{-1}(0)$, $f^{-1}(1)$ 중 하나가 전체 집합 $\{0,1\}^n$이고 다른 하나는 공집합임을 말한다.

• 문제: 함수 $f : \{0,1\}^n \to \{0,1\}$가 상수 함수이거나 균형 함수라는 것을 알고 있다. 이 함수가 상수 함수인지 균형 함수인지 판별하라.

고전적인 컴퓨팅 개념으로 생각해보면, 2^{n-1}개의 함수값을 구할 때까지는 모두 같은 값이 나올 경우 상수 함수인지 균형 함수인지 판별할 수 없다. 따라서 $2^{n-1}+1$개의 함수값을 구해봐야 비로소 100%의 확률로 도이치-조자의 문제를 해결할 수 있다. 왜냐하면 f가 균형 함수인 경우 2^n개의 함수값 중 처음 알아본 절반이 0이고, 그 다음 함수값이 1이라면 그제서야 f가 균형 함수임을 알게 되고, 0이라면 f가 상수 함수임을 알게 된다. 따라서 운이 나쁘면 $2^{n-1}+1$개의 함수값을 구해봐야 문제를 해결할 수 있다. 놀랍게도 양자 컴퓨팅을 통하면 한 번만 양자 게이트를 통과시키면 알 수 있다는 것이 도이치-조자 알고리즘이다.

• 게이트: 힐버트 공간 $\mathbb{C}^2$의 표준 기저 $|0\rangle = \begin{pmatrix} 1 \\ 0 \end{pmatrix}$, $|1\rangle = \begin{pmatrix} 0 \\ 1 \end{pmatrix}$을 생각하고 $(\mathbb{C}^2)^{\otimes n} = \mathbb{C}^2 \otimes \cdots \otimes \mathbb{C}^2$의 표준 기저

$$|a\rangle = |a_0, \ldots, a_{n-1}\rangle = |a_0\rangle \otimes \cdots \otimes |a_{n-1}\rangle, \quad a = (a_0, \ldots, a_{n-1}) \in \{0,1\}^n$$

를 사용하자. 함수

$$\begin{aligned} F :\ (\mathbb{C}^2)^{\otimes n} \otimes \mathbb{C}^2 &\longrightarrow (\mathbb{C}^2)^{\otimes n} \otimes \mathbb{C}^2, \\ |a\rangle \otimes |b\rangle &\longmapsto (-1)^{b+f(a)} |a\rangle \otimes |b\rangle \end{aligned} \tag{4.1}$$

를 생각하면, 자명하게 유니터리 변환이므로 양자 게이트가 된다. 이를 항등 함수 $\mathrm{id} : \mathbb{C}^2 \to \mathbb{C}^2$와 게이트 $Z(x,y) = (x,-y)$를 써서 표현할 수 있는데, 먼저 함수 f를 사용하여 $a \in \{0,1\}^n$, $b \in \{0,1\}$에 대해

$$U : |a\rangle \otimes |b\rangle \longmapsto |a\rangle \otimes |b \oplus f(a)\rangle \tag{4.2}$$

로 정의되는 게이트를 생각하면,

$$F = U \circ (\mathrm{id} \otimes Z) \circ U \tag{4.3}$$

로 쓸 수 있다. 여기서 $b, c = 0, 1$에 대해 $b \oplus c$는 $b + c$를 2로 나눈 나머지를 뜻한다.

연습문제 4.1

(1) 식 (4.2)의 U는 유니터리 변환임을 보이시오.

(2) 식 (4.3)을 증명하시오.

• <u>준비작업</u>: $|0\rangle$에 아다마르 게이트 H를 적용하여 $\frac{1}{\sqrt{2}}(|0\rangle + |1\rangle)$를 얻고 자신을 n번, 그리고 $|0\rangle$을 텐서 곱하여

$$|\psi\rangle = \frac{1}{\sqrt{2}^n}(|0\rangle + |1\rangle)^{\otimes n} \otimes |0\rangle = \frac{1}{\sqrt{2}^n} \sum_{a \in \{0,1\}^n} |a\rangle \otimes |0\rangle \tag{4.4}$$

을 구하면 준비가 끝난다.

• <u>도이치-조자 알고리즘</u>: (4.1)로 정의된 게이트 F를 $|\psi\rangle$에 작용하고 측정하여, $|\langle\psi|F|\psi\rangle|$의 값이 0이면 균형 함수이고 1이면 상수 함수이다.

• <u>분석</u>: 직접 대입하면

$$F|\psi\rangle = \frac{1}{\sqrt{2}^n} \sum_{a \in \{0,1\}^n} (-1)^{f(a)} |a\rangle \otimes |0\rangle. \tag{4.5}$$

만약 f가 상수 함수라면, $(-1)^{f(a)} = \pm 1$이 되고

$$F|\psi\rangle = \pm|\psi\rangle$$

이므로 $|\langle\psi|F|\psi\rangle| = 1$이다.

만약 f가 균형 함수라면, 식 (4.5)의 각 항들이 정규직교인데 $(-1)^{f(a)}$의 값은 1이 2^{n-1}개이고 -1이 2^{n-1}개이므로 $|\langle\psi|F|\psi\rangle| = 0$이다.

연습문제 4.2 다음 물음에 답하시오.

(1) 벡터 $H|1\rangle$을 구하시오.

(2) (1)에서 구한 벡터를 n번, 그리고 $|1\rangle$을 텐서 곱하여 얻는 벡터에 게이트 F를 작용하여 얻는 벡터를 구하시오.

4.2 번슈타인-바지라니 알고리즘

번슈타인-바지라니(Bernstein-Vazirani) 알고리즘은 번슈타인-바지라니의 문제를 해결하기 위해 개발된 양자 알고리즘인데, 번슈타인-바지라니의 문제는 다음과 같다.

• 문제: 알려지지 않은 고정된 문자열 $a = (a_0, \ldots, a_{n-1}) \in \{0,1\}^n$에 의해 정의된 함수

$$f : \{0,1\}^n \longrightarrow \{0,1\}, \quad f(b) = a \cdot b = a_0 b_0 \oplus \cdots \oplus a_{n-1} b_{n-1}$$

가 주어졌을 때, f를 통해 a를 결정하라.

아다마르 게이트의 다음과 같은 성질을 사용하자.

$$\begin{aligned} H|b\rangle &= \frac{1}{\sqrt{2}}((-1)^{0\cdot b}|0\rangle + (-1)^{1\cdot b}|1\rangle) \\ &= \frac{1}{\sqrt{2}} \sum_{c\in\{0,1\}} (-1)^{c\cdot b}|c\rangle, \qquad b \in \{0,1\}, \\ H^{\otimes 2}|b\rangle &= H^{\otimes 2}|b_0\rangle \otimes |b_1\rangle = H|b_0\rangle \otimes H|b_1\rangle \\ &= \frac{1}{2}(\sum_{c_0\in\{0,1\}} (-1)^{c_0\cdot b_0}|c_0\rangle) \otimes \sum_{c_1\in\{0,1\}} (-1)^{c_1\cdot b_1}|c_1\rangle \\ &= \frac{1}{2} \sum_{c\in\{0,1\}^2} (-1)^{b\cdot c}|c\rangle, \qquad b = (b_0, b_1) \in \{0,1\}^2. \end{aligned} \tag{4.6}$$

일반적으로, $b = (b_0, \ldots, b_{n-1}) \in \{0,1\}^n$에 대해

$$H^{\otimes n}|b\rangle = H|b_0\rangle \otimes \cdots \otimes H|b_{n-1}\rangle = \frac{1}{\sqrt{2}^n} \sum_{c\in\{0,1\}^n} (-1)^{b\cdot c}|c\rangle \tag{4.7}$$

임을 알 수 있다.

연습문제 4.3 식 (4.7)을 증명하시오.

• 게이트: 함수 f를 사용하여 식 (4.1)로 정의된 게이트 F와 $H^{\otimes n} \otimes \mathrm{id}$를 합성하여 얻은 함수

$$\begin{aligned} G : (\mathbb{C}^2)^{\otimes n} \otimes \mathbb{C}^2 &\longrightarrow (\mathbb{C}^2)^{\otimes n} \otimes \mathbb{C}^2, \\ |b\rangle \otimes |d\rangle &\longmapsto (-1)^{d+f(b)} H^{\otimes n}|b\rangle \otimes |d\rangle \end{aligned} \tag{4.8}$$

를 생각하면, 유니터리 변환들의 합성이므로 유니터리 변환이어서 양자 게이트이다.

• 번슈타인-바지라니 알고리즘: (4.4)의 준비된 상태 $|\psi\rangle$에 게이트 G를 작용하면, $|a\rangle \otimes |0\rangle$을 얻고 앞의 n 큐빗을 취하면 a를 얻는다.

• 분석: 식 (4.5)에 의해

$$G|\psi\rangle = \frac{1}{\sqrt{2}^n} \sum_{b \in \{0,1\}^n} (-1)^{f(b)} H^{\otimes n}|b\rangle \otimes |0\rangle$$

인데, 식 (4.7)을 적용하면

$$= \frac{1}{2^n} \sum_{b,c \in \{0,1\}^n} (-1)^{f(b)}(-1)^{b \cdot c}|c\rangle \otimes |0\rangle$$

가 된다. $f(b) = a \cdot b$임을 사용하면

$$\begin{aligned} &= \frac{1}{2^n} \sum_{c \in \{0,1\}^n} \left(\sum_{b \in \{0,1\}^n} (-1)^{a \cdot b}(-1)^{b \cdot c} \right) |c\rangle \otimes |0\rangle \\ &= \frac{1}{2^n} \sum_{c \in \{0,1\}^n} \left(\sum_{b \in \{0,1\}^n} (-1)^{(a+c) \cdot b} \right) |c\rangle \otimes |0\rangle \end{aligned}$$

이다. 간단한 계산에 의해

$$\frac{1}{2^n} \sum_{b \in \{0,1\}^n} (-1)^{(a+c) \cdot b} = \begin{cases} 0, & a \neq c \\ 1, & a = c \end{cases} \tag{4.9}$$

임을 확인할 수 있으므로, 바라던 대로 $G|\psi\rangle = |a\rangle \otimes |0\rangle$을 얻는다.

연습문제 4.4 식 (4.9)를 증명하시오.

4.3 사이먼 알고리즘

사이먼 문제는 비트별 합으로 주어지는 함수에 관한 것인데, 먼저 비트별 합에 대해 알아보자. 집합 $\{0,1\}^n$의 두 원소 $a = (a_0, \ldots, a_{n-1})$와 $b = (b_0, \ldots, b_{n-1})$가 주어졌을 때, 이들의 비트별 합은

$$a \oplus b = (a_0 \oplus b_0, \ldots, a_{n-1} \oplus b_{n-1}) \in \{0,1\}^n \tag{4.10}$$

로 주어진다.

• <u>문제</u>: 알려지지 않은 고정된 $a = (a_0, \ldots, a_{n-1}) \in \{0,1\}^n - \{(0,\ldots,0)\}$에 대해 함수 $f : \{0,1\}^n \to \{0,1\}^n$이

$$f(b) = f(c) \iff a \oplus b = c \tag{4.11}$$

를 만족하도록 주어졌을 때, a를 구하라.

예를 들어, $n = 3$인 경우 함수 f가

$$\begin{aligned} f(0,0,0) = f(1,1,0) = (1,0,1), \quad f(0,0,1) = f(1,1,1) = (0,1,0), \\ f(0,1,0) = f(1,0,0) = (0,0,0), \quad f(0,1,1) = f(1,0,1) = (1,1,0) \end{aligned}$$

로 주어진다면 $a = (1,1,0)$이다.

• <u>게이트</u>: 함수 $V : (\mathbb{C}^2)^{\otimes n} \otimes (\mathbb{C}^2)^{\otimes n} \to (\mathbb{C}^2)^{\otimes n} \otimes (\mathbb{C}^2)^{\otimes n}$를

$$|b\rangle \otimes |c\rangle \longmapsto |b\rangle \otimes |f(b) \oplus c\rangle, \qquad b, c \in \{0,1\}^n \tag{4.12}$$

으로 정의하자. V 자신이 자신의 역함수가 되므로 일대일 대응이고, 표준 기저 벡터들이 표준 기저 벡터들로 보내지므로 유니터리 변환이다. 따라서 V는 양자 게이트이다. 여기에 아다마르 게이트 H와 항등 게이트 id를 사용하여, 게이트

$$S = (H^{\otimes n} \otimes \mathrm{id}^{\otimes n}) \circ V : (\mathbb{C}^2)^{\otimes n} \otimes (\mathbb{C}^2)^{\otimes n} \longrightarrow (\mathbb{C}^2)^{\otimes n} \otimes (\mathbb{C}^2)^{\otimes n} \tag{4.13}$$

를 정의하자.

• <u>준비작업</u>: 식 (4.7)을 써서 다음과 같은 벡터를 준비하자.

$$|\psi\rangle = (H|0\rangle)^{\otimes n} \otimes |0\rangle^{\otimes n} = \frac{1}{\sqrt{2}^n} \sum_{b \in \{0,1\}^n} |b\rangle \otimes |0, \ldots, 0\rangle. \tag{4.14}$$

• <u>사이먼 알고리즘</u>: 준비된 상태 $|\psi\rangle$에 (4.13)에서 정의된 게이트 S를 작용하여 $S|\psi\rangle$를 얻고, 앞쪽 n 큐빗만 취하여 측정한 벡터 $|c\rangle$, $(c \in \{0,1\}^n)$를 얻는다. 이를 여러 번 반복하여 c를 여러 개 얻고, 이들과 모두 수직$(a \cdot c = 0)$인 벡터 $a \in \{0,1\}^n$를 구하면 된다.

• 분석: 식 (4.12)에 의해 주어진 게이트 V를 $|\psi\rangle$에 작용하면,

$$V|\psi\rangle = \frac{1}{\sqrt{2}^n} \sum_{b\in\{0,1\}^n} |b\rangle \otimes |f(b)\rangle \tag{4.15}$$

이다. 다시 $H^{\otimes n} \otimes \mathrm{id}^{\otimes n}$을 작용하면,

$$S|\psi\rangle = (H^{\otimes n} \otimes \mathrm{id}^{\otimes n})V|\psi\rangle = \frac{1}{\sqrt{2}^n} \sum_{b\in\{0,1\}^n} H^{\otimes n}|b\rangle \otimes |f(b)\rangle$$

이다. 식 (4.7)에 의해

$$= \frac{1}{2^n} \sum_{b,c\in\{0,1\}^n} (-1)^{b\cdot c}|c\rangle \otimes |f(b)\rangle$$

$$= \frac{1}{\sqrt{2}^n} \sum_{c\in\{0,1\}^n} |c\rangle \otimes \frac{1}{\sqrt{2}^n} \left(\sum_{b\in\{0,1\}^n} (-1)^{b\cdot c}|f(b)\rangle \right)$$

이 된다. 그런데 $b \longmapsto a \oplus b$는 일대일 대응이므로, 위의 식은

$$= \frac{1}{\sqrt{2}^n} \sum_{c\in\{0,1\}^n} |c\rangle \otimes \frac{1}{\sqrt{2}^n} \sum_{b\in\{0,1\}^n} \frac{1}{2} \Big((-1)^{b\cdot c}|f(b)\rangle + (-1)^{(a\oplus b)\cdot c}|f(a\oplus b)\rangle \Big)$$

이 된다. 한편, 식 (4.11)에 의해 $f(b) = f(a \oplus b)$이므로

$$= \frac{1}{\sqrt{2}^n} \sum_{c\in\{0,1\}^n} |c\rangle \otimes \frac{1}{\sqrt{2}^n} \sum_{b\in\{0,1\}^n} \frac{1}{2}((-1)^{b\cdot c} + (-1)^{(a\oplus b)\cdot c})|f(b)\rangle$$

이다. 또한 $(a \oplus b)\cdot c = a\cdot c \oplus b \cdot c$이므로, 위의 식으로부터

$$\frac{1}{\sqrt{2}^n} \sum_{c\in\{0,1\}^n : a\cdot c=0} |c\rangle \otimes \frac{1}{\sqrt{2}^n} \sum_{b\in\{0,1\}^n} (-1)^{b\cdot c}|f(b)\rangle$$

를 얻는다. 따라서 뒤쪽 n개의 큐빗은 버리고 앞쪽 n개의 큐빗만을 측정하면, $a \cdot c = 0$을 만족하는 $|c\rangle$를 얻는다. 이것은 a의 성분들에 관한 일차식을 주고 위의 과정을 반복하여 충분히 많은 c를 찾으면, 일차연립방정식을 풀어 a를 유일하게 결정할 수 있다.

연습문제 4.5 다음 물음에 답하시오.

(1) 고정된 $a \in \{0,1\}^n$에 대해 $b \mapsto a \oplus b$로 정의되는 함수 $\{0,1\}^n \to \{0,1\}^n$의 역함수가 자기자신임을 보이시오.

(2) $(a \oplus b)\cdot c = a\cdot c \oplus b \cdot c$를 증명하시오.

(3) 아다마르 게이트 H에 대하여 $H^{\otimes 2}|0,0\rangle$과 $H^{\otimes 3}|0,0,0\rangle$을 구하시오.

4.4 쇼어 알고리즘

1994년 제안된 쇼어(Shor) 알고리즘은 큰 수의 소인수분해에 관한 것으로 양자 계산과 양자 정보에 관한 큰 관심을 불러오는 계기가 되었는데, 그 이유를 먼저 알아보자.

인터넷을 통해 은행 거래를 하거나 신용카드 정보를 전해 물건을 사고 파는 등 모든 상황에서 안전한 정보전달은 이루 말로 표현할 수 없을 정도로 중요하다. 정보를 암호화하여 보내고 받은 이가 해독하되 중간에 메시지를 가로채더라도 해독이 불가능에 가까울 정도로 어렵게 하기 위해서는 보내고 받는 이들이 공유하는 수가 필요한데, 이를 **열쇠**라고 부른다. 요점은 동백과 용식이 통신하여 같은 수를 공유하는데, 모든 통신과정을 도청한 까불이가 아무리 노력해도 이 수를 알아낼 수 없게 하면 되는 것이다.

현재의 표준적인 방법은 1978년 리베스트(Rivest), 샤미르(Shamir)과 애들먼(Adleman)이 발견한 RSA 공개 열쇠 체계인데, 다음과 같다. 은행과 내가 같은 열쇠를 공유하는 방법을 생각해 보자. 먼저 은행이 충분히 큰 (예를 들어, 2^{512} 이상) 서로 다른 두 소수(prime number) p, q를 찾고, $N = pq$라고 하자. 이러한 큰 소수를 찾는 것은 계산적으로 어렵지 않은 일이다. 다시 $(p-1)(q-1)$과 서로소인 자연수 $d > 1$를 찾고,

$$de \equiv 1 \mod (p-1)(q-1)$$

을 만족하는 e를 찾는다(수학적으로 항상 가능하며 컴퓨터로 쉽게 찾을 수 있다).[1] 이제 은행은 p, q, e를 아무도 모르게 잘 보관하고, N, d만 홈페이지에 게시하는 식으로 모두에게 공개한다.

이제 은행과 정보를 주고 받고 싶은 나는 열쇠, 즉 p, q보다 작은 자연수 K를 은행과 공유하되 중간에 도청하는 누구도 알 수 없게 하고자 한다. 내가 할 일은 비밀 열쇠인 K를 d제곱하고 N으로 나눈 나머지 $K^d \mod N$을 (공개적으로) 은행에 전달하기만 하면 된다. 그러면 은행은 이 수를 받아서 e제곱하여 N으로 나눈 나머지

$$(K^d)^e = K^{de} = K \cdot K^{de-1} \mod N$$

를 구하면, 이 값이 정확히 K와 일치한다.

이게 무슨 마술이냐고? 이 마술의 원리가 바로 페르마의 작은 정리(Fermat's little the-

[1] $de - 1$이 $(p-1)(q-1)$로 나누어진다는 말이다.

orem)[2]인데, $K^{(p-1)(q-1)}$을 $N = pq$로 나눈 나머지가 1임을 말한다. 그런데 $de - 1$이 $(p-1)(q-1)$의 배수이므로, K^{de-1}도 N으로 나눈 나머지가 1이 된다. 따라서 K^{de}을 N으로 나눈 나머지가 정확히 K가 된다.

연습문제 4.6 위 문단의 상황에서 페르마의 작은 정리로부터

$$K^{de} \equiv K \mod N$$

을 유도하시오.

나의 은행거래를 방해하려는 악당은 N, d와 $K^d \bmod N$은 알고 e는 모르는데, e를 알아내지 않고서 $K^d \bmod N$로부터 직접 K를 구하는 것은 매우 어렵다는 것이 알려져 있다. 결국 악당은 e를 찾아내는 수밖에 없는데, 이를 위해서는 N을 소인수분해하여 p, q를 찾아낼 수밖에 없다.

1978년 이래 수많은 시도와 도전이 있었지만 큰 두 소수의 곱을 소인수분해하는 효율적인 방법은 알려져 있지 않으며, RSA 공개 열쇠 체계의 안전성은 정확히 소인수 분해의 난이도와 비례한다고 말할 수 있다. 1994년에 발견된 쇼어의 소인수분해 알고리즘은 양자 컴퓨팅을 사용하면 엄청난 시간을 들이지 않고도 소인수분해가 가능하다는 것을 보여주었는데, 이는 양자 컴퓨터가 현실화될 경우 RSA 암호를 충분히 깨트릴 수 있게 되고 우리의 실생활에도 큰 영향을 미칠 수 있음을 의미한다. 그러므로 쇼어 알고리즘의 등장은 암호 연구에 큰 충격을 줌과 동시에 양자 계산과 양자 정보 연구에 지대한 관심을 유도해냈다.

이제 쇼어 알고리즘에 대해 자세히 알아보자. 우리가 해결하고자 하는 문제는 다음과 같다.

- 인수 문제: 주어진 자연수 N을 나누는 자연수 k $(1 < k < N)$를 찾으시오.

가장 단순한 방법은 1부터 차례로 나눠보는 것인데, $\sqrt{N}$까지 나눠봐야 하므로 필요한 계산량은 대체로 $\sqrt{N}$이라고 할 수 있다. 우리가 원하는 것은 $\log N$ 정도 계산량으로 답을 얻는 것이다.

[2]페르마의 작은 정리: 소수 p와 p로 나눠지지 않는 정수 a가 있으면, $a^{p-1} \equiv 1 \bmod p$, 즉 $a^{p-1} - 1$은 p로 나누어진다.

쇼어 알고리즘은 먼저 $1 < m < N$인 작은 수 m을 아무 거나 잡는 것으로 출발한다. 만약 운이 좋아서 m과 N이 서로소가 아니라면, 유클리드 호제법을 통해 매우 빠르게 m과 N의 최대공약수를 구할 수 있는데, 따라서 N의 약수를 찾을 수 있다. 이제 m과 N이 서로소라고 가정하고 다음의 문제를 생각하자.

• 주기 문제: $m^\gamma \equiv 1 \bmod N$인, 즉 m의 거듭제곱 m^γ을 N으로 나눈 나머지가 1이 되는 자연수 γ를 찾으시오.

이 주기 문제가 바로 양자 컴퓨팅이 필요한 부분이다. 이 문제의 답 γ를 빠르게 찾을 수 있다고 하고, N의 약수를 찾는 일을 계속해보자. 만약 γ가 홀수이면, 버리고 다른 m을 사용하여 위의 과정을 반복한다. 짝수인 γ를 찾으면

$$m^\gamma - 1 = (m^{\gamma/2} - 1)(m^{\gamma/2} + 1)$$

이므로, 우변의 두 수 중에서 하나는 N과 서로소가 아니다. 만약 $m^{\gamma/2} - 1$이나 $m^{\gamma/2} + 1$이 N으로 나눠지면 처음부터 다시 시작한다. 아니면 유클리드 호제법을 사용하여 $m^{\gamma/2} - 1 \bmod N$과 N의 최대공약수를 찾고, $m^{\gamma/2} + 1 \bmod N$과 N의 최대공약수를 찾으면, 이 둘 중 하나는 1보다 크고 N보다 작은 N의 약수를 주게 된다.

거듭제곱을 찾는 것은 계산량이 적은데, $m^\gamma \bmod N$을 알고 싶으면

$$m^2 \bmod N, \quad (m^2)^2 \bmod N, \quad (m^{2^2})^2 \bmod N$$

와 같이 제곱을 반복하여 $m^{2^a} \bmod N$을 찾고, γ를 이진법으로 표시한 후 1이 나오는 위치 a에 대해서 $m^{2^a} \bmod N$들을 곱해주면 된다. 결론적으로 주기 문제를 답할 수 있으면, 원래의 인수 문제를 빠른 시간에 해결할 수 있다.

주기 문제를 양자 알고리즘으로 해결하려면 양자 푸리에 변환에 대해 살펴보아야 한다.

• 양자 푸리에 변환: 푸리에 변환은 주기 1을 갖는 함수 $f_n : [0,1] \to \mathbb{C}$를 삼각함수들 또는 오일러 공식을 써서 지수함수들의 급수로 표현하는 것이다. 모든 정수 n에 대해 함수

$$\varphi_n(x) = e^{2\pi\sqrt{-1}nx} = \cos(2\pi nx) + \sqrt{-1}\sin(2\pi nx)$$

들은 내적

$$\langle f|g\rangle = \int_0^1 \overline{f(x)}g(x)\mathrm{d}x$$

에 대해 정규직교이다. 따라서 f가 연속 함수이면,

$$f(x) = \sum_{n\in\mathbb{Z}} \langle\varphi_n|f\rangle\varphi_n(x)$$

이 성립한다. (즉 우변이 수렴하고 좌변과 일치하는 함수가 된다.) 거꾸로 우변의 계수값들 $\{f_n = \langle\varphi_n|f\rangle\}$을 알면, f를

$$f(x) = \sum_{n\in\mathbb{Z}} f_n\varphi_n(x)$$

의 식으로 복원할 수 있다.

이러한 푸리에 변환을 컴퓨터로 구현한 것이 이산 푸리에 변환인데 컴퓨터로는 유한한 계산만 가능하므로, 큰 자연수 T를 고정하고 푸리에 변환을 T개의 항까지만 생각하여

$$\mathfrak{f}(x) = \sum_{n=0}^{T-1} f_n\varphi_n(x)$$

를 얻고 함수값 $\mathfrak{f}(0)$, $\mathfrak{f}(\frac{1}{T})$, $\mathfrak{f}(\frac{2}{T}),\ldots,$ $\mathfrak{f}(\frac{T-1}{T})$를 구하는 것이다. 즉

$$\mathfrak{f}(\frac{j}{T}) = \sum_{n=0}^{T-1}\varphi_n(\frac{j}{T})f_n = \sum_{n=0}^{T-1}\omega^{jn}f_n, \qquad \omega = e^{\frac{2\pi\sqrt{-1}}{T}} \tag{4.16}$$

으로 쓸 수 있다. 위 식에 나온 1의 T-제곱근 ω를 이용하여 식 (4.16)을 행렬로 표현해보면,

$$\begin{pmatrix} \mathfrak{f}(0) \\ \mathfrak{f}(\frac{1}{T}) \\ \mathfrak{f}(\frac{2}{T}) \\ \cdots \\ \mathfrak{f}(\frac{T-1}{T}) \end{pmatrix} = \begin{pmatrix} 1 & 1 & 1 & \cdots & 1 \\ 1 & \omega & \omega^2 & \cdots & \omega^{T-1} \\ 1 & \omega^2 & \omega^4 & \cdots & \omega^{2(T-1)} \\ \cdots & \cdots & \cdots & & \cdots \\ 1 & \omega^{T-1} & \omega^{2(T-1)} & \cdots & \omega^{(T-1)(T-1)} \end{pmatrix} \begin{pmatrix} f_0 \\ f_1 \\ f_2 \\ \cdots \\ f_{T-1} \end{pmatrix}$$

이 되는데, 가운데 나오는 $T\times T$ 행렬을 Q로 쓰고 **양자 푸리에 변환 행렬**이라고 부르자.

연습문제 4.7

(1) 양자 푸리에 변환 행렬 $\frac{1}{\sqrt{n}}Q$는 유니터리 행렬, 즉 $\frac{1}{n}Q^*Q = \frac{1}{n}QQ^* = I$임을 보이시오.

(2) $T=8$일 때, 양자 푸리에 변환 행렬 Q를 구하시오.

이제 만약 수열 $\{f_n\}_{0\le n<T}$이 주기성 $f_{n+\gamma} = f_n$ $(0\le n<T)$을 가진다고 하자. 그러면

식 (4.16)은

$$\sum_{n=0}^{\gamma-1} f_n \cdot \omega^{jn}(1 + \omega^{j\gamma} + \omega^{2j\gamma} + \cdots)$$

이 되는데, 우변에 나오는 기하 급수를 합하면

$$\frac{1 - \omega^{\lceil \frac{T-jn}{j\gamma} \rceil j\gamma}}{1 - \omega^{j\gamma}}$$

가 된다. 여기서 $\lceil \alpha \rceil$은 α보다 크거나 같은 최소의 정수를 말한다. 이 식으로부터 $\omega^{j\gamma}$가 1로부터 멀어질수록 식 (4.16)의 값이 작아짐을 추론할 수 있다. 다시 말해, $j\gamma/T$가 정수에 가까울수록 $\mathfrak{f}(\frac{j}{T})$의 절대값이 크게 나타나는 것이다. 이것이 쇼어 알고리즘의 핵심이다.

- 준비작업: 주어진 자연수 N과 m에 대해 $N^2 \leq T = 2^t < 2N^2$를 만족하는 자연수 t와 $T = 2^t$을 고르자. 우리의 계산은 $2t$개의 큐빗을 통해 이루어질 것이다. 이진법을 사용하여

$$b = (b_0, \ldots, b_{t-1}) \in \{0,1\}^t \text{ 에 대하여}$$

$$2^b := b_0 + 2b_1 + 2^2 b_2 + \cdots + 2^{t-1} b_{t-1} = \sum_{i=0}^{t} b_i 2^i$$

로 정의하자. 그리고 함수 $f : \{0,1\}^t \to \{0,1\}^t$는 $b = (b_0, \ldots, b_{t-1}) \in \{0,1\}^t$에 대해

$$[\, m^{2^b} \bmod N \,] \;=\; 2^{f(b)} \tag{4.17}$$

를 만족하는 유일한 함수로 정의하자. 이진법을 써서

$$\gamma = 2^r, \quad r \in \{0,1\}^t$$

로 쓰고, $b + r$은 $2^b + 2^r = 2^{b+r}$로서 정의하자.

우리가 원하는 해 γ는 $m^\gamma \equiv 1 \bmod N$을 만족하므로, 모든 $b \in \{0,1\}^t$에 대해

$$m^{2^{b+r}} = m^{2^b + 2^r} = m^{2^b} m^{2^r} = m^{2^b} m^\gamma \equiv m^{2^b} \mod N$$

을 만족한다. 따라서 $f(b + r) = f(b)$를 얻는다.

이제 식 (4.14)와 같이

$$|\psi\rangle = (H|0\rangle)^{\otimes t} \otimes |0\rangle^{\otimes t} = \frac{1}{\sqrt{T}} \sum_{b \in \{0,1\}^t} |b\rangle \otimes |0, \ldots, 0\rangle$$

로 두면 준비가 끝난다.

• <u>쇼어 알고리즘</u>: 먼저 (4.12)의 게이트 V를 $|\psi\rangle$에 작용하고, 양자 푸리에 변환 Q를 써서 얻은 게이트 $Q \otimes \mathrm{id}^{\otimes t}$를 작용하자. 그렇게 해서 얻은 벡터의 앞쪽 t 큐빗만 취해서 측정하여 $|c\rangle$, $(c \in \{0,1\}^t)$를 얻는다. 여기서 $T/2^c$와 가까운 정수 γ (더 일반적으로 $\frac{\gamma}{d}$ 꼴의 분수)를 찾고, γ가 주기가 되는지 확인한다. 안 되면 다른 분수꼴을 시도하고, 이를 반복하여 주기 γ를 찾는다.

• <u>분석</u>: $V|\psi\rangle$는 식 (4.15)로 주어지고 여기에 $Q \otimes \mathrm{id}^{\otimes t}$를 작용하면

$$\frac{1}{\sqrt{T}} \sum_{b \in \{0,1\}^t} Q|b\rangle \otimes |f(b)\rangle$$

인데, Q의 정의로부터

$$= \frac{1}{T} \sum_{b,c \in \{0,1\}^t} \omega^{2^b \cdot 2^c} |c\rangle \otimes |f(b)\rangle$$

이다. $f(b)$의 값이 같은 것끼리 묶으면

$$= \frac{1}{T} \sum_{e \in \{0,1\}^t} \sum_{c \in \{0,1\}^t} \left(\sum_{b: f(b)=e} \omega^{2^b \cdot 2^c} \right) |c\rangle \otimes |e\rangle$$

를 얻는데, 앞쪽의 t 큐빗만 떼어서 측정하면 $|c\rangle$의 계수는 $\sum_{b:f(b)=e} \omega^{2^b \cdot 2^c}$로써 공비가 $\omega^{\gamma \cdot 2^c}$인 등비 급수로 주어진다. 위에서 얘기했듯이, 이 등비 급수의 합은 $2^c\gamma/T$가 정수에 가까울수록 커지고 따라서 $|c\rangle$를 얻을 확률이 높아진다. 즉 $T/2^c$가 $\frac{\gamma}{d}$ 꼴의 분수와 가깝다는 것을 의미하고 반복시행하면 주기 γ를 높은 확률로 구할 수 있다.

연습문제 4.8 $T \times T$ 양자 푸리에 변환 행렬 Q에 대해

$$Q|b\rangle = \sum_{c \in \{0,1\}^t} \omega^{2^b \cdot 2^c} |c\rangle$$

가 성립함을 보이시오.

2001년 양자 컴퓨터에 쇼어 알고리즘을 구현하여 15를 소인수분해하는 데 성공했고 2012년 21까지 소인수분해했다.

4.5 그로버 알고리즘

무작위 데이터 베이스의 탐색에 우수한 그로버(Grover) 알고리즘은 다수의 대상 중에서 원하는 대상을 골라내는 검색 알고리즘으로, 하나하나 숫자를 대입해가면서 답을 확인할 때보다 더 빠르게 답을 찾는 알고리즘이다. 고전 컴퓨터로 n개의 원소 중 하나 찾으려면 입력 개수 n에 비례하여 계산 시간이 늘어나는데, 그로버 알고리즘은 $\sqrt{n}$에 비례하여 계산 시간이 증가하기 때문에 효율적인 알고리즘이라 할 수 있다.

예를 들어 누군가의 전화번호만을 알고 있을 때, 전화번호부에서 그의 이름을 찾는 데 쓰일 수 있다. 데이터 베이스의 검색 측면에서 설명했지만, 그로버 알고리즘은 더 일반적으로 적용 가능하다. 검색 대상이 어떤 문제의 답이기만 하면 되는데, 예를 들어 메시지를 복호화하기 위해 쓸 수 있는 키도 검색 대상이 될 수 있다. 따라서 그로버 알고리즘은 암호를 깨는 공격의 속도 향상에 쓰일 수 있다.

그로버 알고리즘은 확률적이다. 즉 틀린 답을 얻을 가능성이 있지만, 오라클 함수로부터 알고리즘이 틀린 답을 준다면 즉각적으로 알 수 있다. 그로버 알고리즘은 쇼어 알고리즘처럼 인상적인 속도향상을 가져오진 않았지만, 데이터 베이스에서 특정 데이터를 찾는 것 이상으로 광범위한 응용 가능성을 가지고 있다.

그로버 알고리즘이 해결하고자 하는 문제는 다음과 같다.

- 문제: 알지 못하는 고정된 $a \in \{0,1\}^n$가 있어서

$$f : \{0,1\}^n \longrightarrow \{0,1\}, \quad f(b) = \begin{cases} 1, & b = a \\ 0, & b \neq a \end{cases}$$

로 정의된 함수(오라클)가 주어졌다. 이 함수를 통해 a를 찾으시오.

고전적인 방법을 쓰자면 각각의 $b \in \{0,1\}^n$에 대해 $f(b)$의 값을 확인해서 1이 나올 때까지 계속할 수 있는데, 이 경우 평균적으로 $\dfrac{N+1}{2}$번 $(N = 2^n)$ 함수값을 구해봐야 a를 찾을 수 있다.[3] 1996년 발견된 그로버 알고리즘은 약 $\sqrt{N}$번 이하의 계산으로 a를 찾을 수 있는 양자 알고리즘이다.

[3] $\frac{1}{N} + \frac{2}{N} + \cdots + \frac{N}{N} = \frac{N+1}{2}$.

- <u>게이트</u>: 식 (4.2)에 의해 주어지는 게이트 U와 임의의 $b \in \{0,1\}^n$를 생각하면,

$$\begin{aligned} U(|b\rangle \otimes H|1\rangle) &= U\big(|b\rangle \otimes \frac{1}{\sqrt{2}}(|0\rangle - |1\rangle)\big) \\ &= |b\rangle \otimes \frac{1}{\sqrt{2}}\big(|f(b)\rangle - |f(b) \oplus 1\rangle\big) \end{aligned}$$

이다. 만일 $b = a$이면 $|f(b)\rangle - |f(b) \oplus 1\rangle = |1\rangle - |0\rangle$이고, $b \neq a$이면 $|f(b)\rangle - |f(b) \oplus 1\rangle = |0\rangle - |1\rangle$이다. 따라서

$$U(|b\rangle \otimes H|1\rangle) = \begin{cases} |b\rangle \otimes H|1\rangle, & b \neq a \\ -|b\rangle \otimes H|1\rangle, & b = a \end{cases}$$

이다. 벡터들 $|b\rangle$, $(b \in \{0,1\}^n)$는 $(\mathbb{C}^2)^{\otimes n}$의 정규직교 기저를 이루므로, 마지막 큐빗을 버리면 이 게이트는 결과적으로

$$R_a : (\mathbb{C}^2)^{\otimes n} \longrightarrow (\mathbb{C}^2)^{\otimes n}, \quad R_a(|b\rangle) := |b\rangle - 2\langle a|b\rangle|a\rangle$$

이 되어 결국 벡터 $|a\rangle$에 수직인 원점을 지나는 초평면에 대한 대칭을 준다.

또한,

$$|\psi\rangle = (H|0\rangle)^{\otimes n} = \frac{1}{\sqrt{N}} \sum_{b \in \{0,1\}^n} |b\rangle \tag{4.18}$$

에 수직이고 원점을 지나는 초평면에 대한 대칭 변환

$$R_\psi = I - 2|\psi\rangle\langle\psi|$$

도 생각할 수 있다. 이를 게이트로 표현하고 싶으면, 아다마르 게이트와 위 문단의 방법과 같이 $|0\rangle^{\otimes n}$에 수직이고 원점을 지나는 초평면에 대한 대칭 R_0를 건설하여

$$R_\psi = H^{\otimes n} R_0 H^{\otimes n}$$

으로 쓰면 된다.

연습문제 4.9 $H^{\otimes n} R_0 H^{\otimes n}$이 $|\psi\rangle$에 수직이고 원점을 지나는 초평면에 대한 대칭 변환임을 보이시오.

그로버의 게이트는 $-R_\psi \circ R_a$로 정의된다.

- 그로버 알고리즘: $-R_\psi \circ R_a$를 $|\psi\rangle$에 $\dfrac{\pi\sqrt{N}}{4}$회 가량 반복하여 작용하여 측정하면 높은 확률로 $|a\rangle$를 얻는다.

- 분석: 벡터 $|a\rangle$와 $|\psi\rangle$가 생성하는 평면을 생각하자. 이 평면에서 $|a\rangle$와 수직인 벡터

$$|\mu\rangle = \frac{\sqrt{N}}{\sqrt{N-1}}\left(|\psi\rangle - \frac{1}{\sqrt{N}}|a\rangle\right)$$

를 생각하면 $|a\rangle$와 $|\mu\rangle$가 평면의 정규직교 기저를 이룬다. 내적 $\langle a|\psi\rangle = \frac{1}{\sqrt{N}}$이므로, 두 단위 벡터 $|\mu\rangle$와 $|\psi\rangle$의 사이각 θ는 $\sin\theta = \frac{1}{\sqrt{N}}$을 만족한다.

연습문제 4.10 $\langle\mu|\psi\rangle = \dfrac{\sqrt{N-1}}{\sqrt{N}}$임을 보이시오.

우선 $|\mu\rangle$가 x축 양의 방향을, $|a\rangle$가 y축 양의 방향을 가리키도록 좌표 평면을 그리고, $|\psi\rangle$에 R_a를 작용해보자. 즉 x축 대칭이동을 한 것이다. 한편, $-R_\psi$는 $|\psi\rangle$에 수직인 직선에 대해 대칭이동한 후 원점에 대한 대칭이동을 한 것이므로, 결국 $|\psi\rangle$를 지나는 직선에 대한 대칭이동을 한 것과 같다. 결국 $-R_\psi \circ R_a$를 $|\psi\rangle$에 작용한 결과로 얻은 벡터는 $|\mu\rangle$와 3θ, $|a\rangle$와 $\frac{\pi}{2} - 3\theta$의 각을 이루는 단위 벡터이다. (그림을 그려 확인하라.)

이 과정을 다시 반복해 보자. 이번엔 $|\mu\rangle$와 5θ, $|a\rangle$와 $\frac{\pi}{2} - 5\theta$의 각을 이루는 단위 벡터를 얻었는가? 이를 k번 반복한다면, $|\mu\rangle$와 $(2k-1)\theta$, $|a\rangle$와 $\frac{\pi}{2} - (2k-1)\theta$의 각을 이루는 단위 벡터를 얻는다. 한편, N이 충분히 크다면 $\sin\theta$는 대략 θ와 일치하므로 근사적으로 $\theta = \frac{1}{\sqrt{N}}$로 둘 수 있다. 따라서 k를 $\pi\sqrt{N}/4$에 가깝게 잡으면 $|a\rangle$와 가까운 벡터를 얻게 되고, 측정하면 높은 확률로 $|a\rangle$를 찾을 수 있다. 이 방법은 찾는 대상이 1개가 아니고 여러 개인 경우에도 쓸 수 있다.

연습문제 4.11 찾는 대상이 여러 개일 경우 그로버 알고리즘이 어떻게 작동하는지 분석하시오.

그로버 알고리즘은 양자 컴퓨팅으로 구현할 수 있는 최선의 검색 알고리즘임이 알려져 있다. 즉 양자 컴퓨터를 쓰더라도 제곱근 정도로 시간을 단축할 수 있는 것이지 지수함수적으로 단축시키는 것은 불가능하다. 양자 컴퓨터는 무엇이든 뚝딱 순식간에 풀어내는 요술 상자가 절대 아니다.

4.6 계산 복잡도

복잡도 (complexity) 연구에서 주된 관심사는 계산에 필요한 시간과 공간으로 측정되는 계산의 효율성인데, 이것들을 알고리즘의 **시간 복잡도**(time complexity)와 **공간 복잡도**(space complexity)라고 한다. 효율성의 구분으로 시간 복잡도에서는 계산 시간, 즉 소요되는 기본 연산 수와 공간 복잡도에서는 소요되는 컴퓨터 메모리를 사용한다. 효율성 척도로는 주로 시간 복잡도만을 대상으로 했지만, 최근 빅데이터 처리에서는 공간 복잡도도 중요해지고 있다.

여기서는 시간 복잡도를 중심으로 계산 복잡도(computational complexity)에 대해 간단히 다루어보자. 어떤 문제의 복잡도는 대략 입력값의 길이가 n (n-비트, 즉 $\{0,1\}^n$의 원소)라고 할 때, 그 문제를 이 입력값에 대해 풀기 위해 몇 번의 계산을 해야 하는가에 관한 지표를 말한다. 이는 유동적이고 포괄적인 개념으로 상황에 따라 다른 세는 방법이 쓰이기도 한다. 예를 들어, 곱셈과 같은 연산이 이루어질 때마다 세기도 하고 패키지로 묶인 연산 꾸러미를 단위로 셀 수 있다. 양자 계산에서는 앞의 예에서 본 것처럼 주어진 함수의 함수값을 몇 번 구하는가를 복잡도의 기준으로 삼는다.

고전적인 계산 이론에서 어떤 문제가 **class P**(polynomial time)에 속한다고 함은 양수 e가 있어 입력값의 길이 n에 대해 필요한 계산시간이 n^e 이내, 즉 다항식 시간 내에 끝낼 수 있다는 것을 의미한다. 한편, 다항식 시간 내에 풀 수 있건 없건 상관없이 답이 주어지면 올바른 답인지 다항식 시간 내에 확인할 수 있는 문제는 **class NP**(nondeterministic polynomial time)에 속한다고 한다. 확실한 답을 낼 수 있으면, 확인이 필요없으므로

$$\text{class P} \subset \text{class NP}$$

이다. 예를 들어, 주어진 자연수를 소인수분해하는 문제는 곱셈만 해보면 맞는 답인지는 확인할 수 있으므로 class NP에 속하지만, class P에 속하는지 여부는 아직까지 아무도 모른다.

총 700만 달러의 상금이 걸린 밀레니엄 문제 중의 하나는 계산 복잡도와 관련된 문제인 P 대 NP 문제인데, class P가 class NP의 진부분집합이냐 아니냐를 묻는 문제이다. 만약 class P = class NP 이면, 오늘날까지 어려울 것으로 예상되었던 문제들을 빠르게 풀 수 있을 것이다. 만약 class P $\subsetneq$ class NP 라면, class NP에는 올바른 답인가를 확인하는 것보다 답을 찾는 것이 훨씬 더 어려운 문제들이 있다는 것을 의미한다. 즉 다항식 시간 내에 풀 수는

없지만 일단 답이 주어지면 다항식 시간 내에 올바른 답인가를 확인할 수 있는 문제들이 있다는 얘기다.

시간 복잡도의 산정은 알고리즘이 사용한 기본 연산의 수에 따르는데, 기본 연산으로는 덧셈, 곱셈, 나눗셈, 정수의 비교 등이 있다. 시간 복잡도의 표현은 기본 연산 수의 입력 개수와 어떤 함수 관계가 있는가를 분석하고, 이를 함수식으로 표현한다. 알고리즘 분석에서는 보통 점근적(asymptotic) 의미로 복잡도를 계산하는데, 전체 값의 계산에 큰 영향을 주는 항들을 주로 고려한다. 표기 방법으로는 점근적 상한은 빅-오(big-O), 점근적 하한은 빅-오메가(big-Omega) 그리고 빅-오와 빅-오메가의 절충한 표기로 빅-세타(big-Theta)를 쓰는데, 예를 들어 어떤 알고리즘의 시간복잡도가 $O(n)$ 이면서 $\Omega(n)$ 이라면 이는 $\Theta(n)$ 이라고 표기할 수 있다.

시간 복잡도는 일정 크기의 입력 자료에 대한 복잡도 함수를 구하여 표기하는데, 표기의 예로 다음과 같은 것들이 있다.

- $O(c)$: 상수 시간 알고리즘을 나타내는데, 입력의 크기에 관계없이 계산 횟수가 일정하다.
- $O(\log n)$: 로그 함수 형태의 알고리즘을 의미하는데, 보통 데이터가 기하 급수적으로 증가할 때 연산 수가 선형적으로 늘어난다. 많은 데이터일 수록 우수한 수행 성능을 나타내는 알고리즘을 나타낸다.
- $O(n)$: 선형 시간 알고리즘을 나타내는데, 보통 입력 데이터의 크기에 비례하여 계산 시간이 늘어난다.
- $O(n \log n)$: 선형 로그 시간 알고리즘을 나타내고, 문제를 해결하기 위한 단계의 수가 $n \log n$ 이하의 수행 시간을 가진다.
- $O(n^2)$: 2차 시간 알고리즘으로 문제를 해결하기 위한 단계의 수는 보통 입력값 n 의 제곱이다.
- $O(2^n)$: 지수 시간 알고리즘을 나타내는데, 문제를 해결하기 위한 단계의 수가 주어진 데이터 크기에 비해 기하 급수적으로 늘어나는 경우이다.

이 예들을 시간 복잡도 순서로 나열하면, 다음과 같다.

$$O(c) < O(\log n) < O(n) < O(n \log n) < O(n^2) < O(2^n).$$

양자 알고리즘으로 넘어가보자. 양자 알고리즘으로 확실한 답을 입력값 n 에 대해 다항식 시간 내에 찾을 수 있는 알고리즘이 있으면, **class QP**(quantum polynomial time)에 속한다고 한다. 예를 들어, 도이치 알고리즘과 도이지-조자 알고리즘은 class QP에 속한다. 하지만 사이먼 알고리즘은 다항식 시간 내에 풀더라도 오답을 낼 가능성이 있으므로 class QP에 속하게 하지 않는다. 이런 경우를 설명하는 복잡도가 **class BQP**(bounded error quantum polynomial time)인데, 작은 확률로 오류 가능성을 허용하면 다항식 시간 내에 풀 수 있는 양자 알고리즘이 있다는 뜻이다. 작은 확률로 잘못된 결과가 나올 가능성이 있어도 알고리즘을 여러 번 시행하면, 잘못된 결과가 나올 가능성은 기하급수적으로 감소하기 한다. 소인수분해 문제(쇼어 알고리즘)는 class BQP에 속한다.

양자 알고리즘이 아니고 고전 컴퓨팅에서 작은 확률로 오류 가능성을 허용하면, 다항식 시간 내에 풀수 있는 문제는 **class BPP**(bounded error probabilistic polynomial time)이라고 부른다. 자명하게 class BPP는 class P를 포함한다. 하지만 class BPP가 class NP의 부분집합인지, 반대로 class NP가 class BPP의 부분집합인지 아직 알려져 있지 않다. 그래도 다음 관계는 성립한다.

$$\text{class P} \subseteq \text{class BPP} \subseteq \text{class BQP}$$

여기 소개한 것들 이외에도 복잡도에 관한 다양한 class들이 있으며, 이들의 상호관계에 대한 연구도 활발히 이루어지고 있다.

제 II 편

선형 대수학과 양자 정보 이론

이 책의 후반부인 제 II 편에서는 선형 대수학을 고급 수준까지 활용하여 혼합 양자 상태, 양자 얽힘, 양자 채널, 측정, 엔트로피와 같은 양자 정보 이론의 핵심을 공부해보자.

CHAPTER 5

선형 작용소

5.1 작용소의 여러 가지 크기

$\mathcal{H}, \mathcal{K}$는 힐버트 공간이고, $T : \mathcal{H} \to \mathcal{K}$는 선형 변환이라고 할 때, T의 **작용소 크기**(operator norm)는 크기가 1 이하인 벡터 v들에 대해 $T(v)$의 크기를 취했을 때 최대값을 말한다. 즉 T의 작용소 크기는

$$\|T\| := \max\{\|Tv\| : \|v\| \le 1\}$$

으로 정의된다. 작용소 크기는 정의 2.2의 (1) ~ (4)의 성질을 만족하므로, $\mathcal{L}(\mathcal{H}, \mathcal{K})$는 작용소 크기에 대해 바나흐 공간이 된다.

연습문제 5.1

(1) 선형 변환들의 집합 $\mathcal{L}(\mathcal{H}, \mathcal{K})$에 정의된 작용소 크기가 정의 2.2의 (1) ~ (4)의 성질을 만족함을 보이시오.

(2) 선형 작용소 $T : \mathcal{H} \to \mathcal{K}$에 대해 다음 등식을 증명하시오.

$$\begin{aligned}\|T\| &= \max\{\|Tv\| : \|v\| = 1\} \\ &= \min\{M : \|Tv\| \le M\|v\|,\ \forall v \in \mathcal{H}\} \\ &= \max\{|w \cdot Tv| : \|v\| \le 1,\ \|w\| \le 1,\ \forall v \in \mathcal{H},\ \forall w \in \mathcal{K}\}\end{aligned}$$

연습문제 5.1의 세 번째 등식에 의해

$$\|T\| = \max\{|w \cdot Tv| : \|v\| \le 1,\ \|w\| \le 1,\ \forall v \in \mathcal{H},\ \forall w \in \mathcal{K}\}$$

$$= \max\{|T^* w \cdot v| : \|v\| \le 1,\ \|w\| \le 1,\ \forall v \in \mathcal{H},\ \forall w \in \mathcal{K}\} = \|T^*\|$$

이므로 $\|T\| = \|T^*\|$이다.

복소수 λ가 선형 작용소 $T \in \mathcal{L}(\mathcal{H})$의 고유값이 아니라면, $\lambda \cdot \mathrm{id}_{\mathcal{H}} - T$는 가역이다. 복소수 λ가 $|\lambda| > \|T\|$을 만족하면, 정의에 의해 λ는 고유값이 아니므로 $\lambda \cdot \mathrm{id}_{\mathcal{H}} - T$는 가역이다.

$\|T\| < 1$이면, $\|T\| < s < 1$인 실수 s를 고를 수 있다. 수학적 귀납법을 사용하여 임의의 단위 벡터 $v \in \mathcal{H}$와 자연수 m에 대해

$$\|T^m(v)\| \le \|T\|^m < s^m$$

이 성립함을 확인하자. 따라서

$$\|\sum_{m=k}^{l} T^m(v)\| \le \sum_{m=k}^{l} \|T^m(v)\| < \sum_{m=k}^{l} s^m < \frac{s^k}{1-s}$$

이어서 $\sum_{m=0}^{l} T^m(v)$는 코시 수열이므로,

$$\sum_{m=0}^{\infty} T^m(v) \in \mathcal{H}$$

는 수렴한다. 또한, 각각의 항 T^m이 선형이므로 $\sum_{m=0}^{\infty} T^m$도 선형 변환임을 금방 알 수 있다.

$\|v\| = 1$일 때, $w = (\mathrm{id}_{\mathcal{H}} - T)^{-1}(v)$라고 두면 $w - T(w) = v$이고

$$\begin{aligned}\|(\mathrm{id}_{\mathcal{H}} - T)^{-1}(v) - \sum_{m=0}^{l} T^m(v)\| &= \|w - \sum_{m=0}^{l} (T^m(w) - T^{m+1}(w))\| \\ &= \|T^{l+1}(w)\| < s^{l+1}\|w\|\end{aligned}$$

이므로

$$\|(\mathrm{id}_{\mathcal{H}} - T)^{-1} - \sum_{m=0}^{l} T^m\| \le s^{l+1}\|(\mathrm{id}_{\mathcal{H}} - T)^{-1}\| \longrightarrow 0, \quad l \to \infty$$

가 성립한다.

또한 $\|v\| = 1$이고 $S(v) = 0$이면,

$$\begin{aligned}1 = \|v\| = \|T^{-1}(T(v))\| &\le \|T^{-1}\|\,\|T(v)\| = \|T^{-1}\|\,\|(T - S)(v)\| \\ &\le \|T^{-1}\|\,\|T - S\|\end{aligned}$$

이 성립한다.

정리하면 작용소 크기에 대한 다음을 성질들을 얻는다.

보조정리 5.1

$\mathcal{H}$는 힐버트 공간이고, $T, S \in \mathcal{L}(\mathcal{H})$는 선형 작용소라고 하자.

(1) $\|T\| < 1$이면, $\mathrm{id}_{\mathcal{H}} - T$는 가역이고 $(\mathrm{id}_{\mathcal{H}} - T)^{-1} = \sum_{m=0}^{\infty} T^m$이다. 즉

$$\lim_{l\to\infty} \|(\mathrm{id}_{\mathcal{H}} - T)^{-1} - \sum_{m=0}^{l} T^m\| = 0.$$

(2) T는 가역이고 $\|T - S\| < \|T^{-1}\|^{-1}$이면, S도 가역이다.

(3) $|\lambda| > \|T\|$이면, $\lambda \cdot \mathrm{id}_{\mathcal{H}} - T$는 가역이다.

특이값 분해 정리(정리 2.16)에 의해 힐버트 공간 사이의 선형 작용소 $T : \mathcal{H} \to \mathcal{K}$가 주어지면, 양의 실수 $\{s_i\}_{1\le i\le r}$와 정규직교인 부분집합

$$\{x_i\}_{1\le i\le r} \subset \mathcal{H}, \quad \{y_i\}_{1\le i\le r} \subset \mathcal{K}$$

가 존재하여

$$T = \sum_{1\le i\le r} s_i y_i x_i^*, \quad s_1 \ge s_2 \ge \cdots \ge s_r \tag{5.1}$$

이라고 쓸 수 있다. 이들을 확장하여 각각 힐버트 공간 $\mathcal{H}$와 $\mathcal{K}$의 정규직교 기저 $\{x_i\}_{1\le i\le n}$와 $\{y_i\}_{1\le i\le m}$을 만들자. 임의의 단위 벡터 $x \in \mathcal{H}$는

$$x = \sum_{1\le i\le n} \alpha_i x_i, \quad \sum_{1\le i\le n} |\alpha_i|^2 = 1$$

라고 쓸 수 있고,

$$T(x) = \sum_{1\le i\le r} s_i y_i x_i^* \Big(\sum_{1\le j\le n} \alpha_j x_j \Big) = \sum_{1\le i\le r} s_i \alpha_i y_i$$

이므로

$$\|T(x)\|^2 = \sum_{1\le i\le r} s_i^2 |\alpha_i|^2$$

이다. 자명하게 $\sum_{1\le i\le n} |\alpha_i|^2 = 1$을 만족하는 복소수 α_i들에 대해 $\|T(x)\|$의 최대값은 s_1임을 알 수 있다. 따라서 다음 보조정리를 얻는다.

보조정리 5.2

힐버트 공간 사이의 선형 작용소 $T : \mathcal{H} \to \mathcal{K}$의 작용소 크기는

$$\|T\| = \max\{s \,:\, s\text{는 } T\text{의 특이값}\} \tag{5.2}$$

을 만족한다.

이 보조정리에 의해 작용소 크기는 사실 아래와 같이 정의되는 섀튼 크기의 극한으로 볼 수 있다.

정의 5.3

$\mathcal{H}, \mathcal{K}$는 힐버트 공간이고 $T : \mathcal{H} \to \mathcal{K}$는 선형 작용소라 하자. T의 **섀튼 p-크기**(Schatten p-norm)는 T의 특이값 $s_1, \ldots, s_r$(정의 2.17)에 대해

$$\|T\|_p := \left(\sum_{i=1}^{r} s_i^p\right)^{1/p} = \left(\operatorname{tr}((T^*T)^{p/2})\right)^{1/p}$$

으로 정의된다. (단, $1 \le p < \infty$이다.)

(1) 섀튼 1-크기는 **자취 크기**(trace norm)라고도 한다.

(2) 섀튼 2-크기는 **힐버트-슈미트 크기**(Hilbert-Schmidt norm) 또는 **프로베니우스 크기**(Frobenius norm)라고도 부르고, $\|\cdot\|_F := \|\cdot\|_2$로 쓰기도 한다.

작용소 크기를 **섀튼 ∞-크기**라고 부르고

$$\|T\|_\infty := \|T\|$$

로 쓰기도 하는데 그 이유는 다음 연습문제를 풀어서 확인해보자.

연습문제 5.2 섀튼 p-크기를 p에 대해 극한을 취하면 작용소 크기임을 보이시오. 즉 (5.1)과 (5.2)를 써서

$$\lim_{p\to\infty} \|T\|_p = \|T\| \tag{5.3}$$

를 보이시오.

섀튼 2-크기, 즉 힐버트-슈미트 크기는 특히 중요한데 그 이유는 이것이 힐버트 공간의 내적으로부터 주어지는 크기(연습문제 2.3)이기 때문이다. 2장 (2.10)에서 본 것처럼 $\mathcal{H}$가 (유한 차원) 힐버트 공간이면 일대일 대응

$$\mathcal{H} \longrightarrow \mathcal{H}^*, \quad v \longmapsto v^*$$

이 정규직교 기저를 정규직교 기저로 보내도록 $v^* \cdot w^* = w \cdot v$로 내적을 정의하면, $\mathcal{H}^*$는 힐버트 공간이 된다. 따라서 추가적인 힐버트 공간 $\mathcal{K}$에 대해 예제 2.2에 의해

$$\mathcal{H}^* \otimes \mathcal{K} \cong \mathcal{L}(\mathcal{H}, \mathcal{K})$$

도 힐버트 공간이 된다. 구체적으로 이 내적은 다음과 같이 자취를 사용하여 쓸 수 있다.

정리 5.4

유한 차원 힐버트 공간 $\mathcal{H}$, $\mathcal{K}$에 대해

$$T \cdot S = \mathrm{tr}(T^* S), \qquad \forall\, T, S \in \mathcal{L}(\mathcal{H}, \mathcal{K}) \tag{5.4}$$

이 성립한다.

[증명] $\mathcal{H}$와 $\mathcal{K}$의 정규직교 기저 $\mathcal{B} = \{v_0, \cdots, v_{n-1}\}$, $\mathcal{B}' = \{w_0, \cdots, w_{m-1}\}$을 각각 고르자. $\mathcal{L}(\mathcal{H}, \mathcal{K})$의 내적의 정의로부터, (1.11)의 E_{ij}들이 $\mathcal{L}(\mathcal{H}, \mathcal{K})$의 정규직교 기저가 된다. 따라서 선형 작용소 T, S를

$$T = \sum_{i,j} \alpha_{ij} E_{ij}, \quad S = \sum_{i,j} \beta_{ij} E_{ij}$$

라고 두면,

$$\begin{aligned} T \cdot S &= \sum_{i,j} \overline{\alpha_{ij}} \beta_{ij}, \\ T(v_k) &= \sum_{i,j} \alpha_{ij} E_{ij}(v_k) = \sum_{i,j} \alpha_{ij} \delta_{jk} w_i = \sum_i \alpha_{ik} w_i \end{aligned}$$

이다. 또한, $S(v_k) = \sum_i \beta_{ik} w_i$임을 안다. 따라서

$$\begin{aligned} \mathrm{tr}(T^* S) &= \sum_k v_k \cdot T^* S v_k = \sum_k T v_k \cdot S v_k \\ &= \sum_{i,k} \overline{\alpha_{ik}} \beta_{ik} = T \cdot S \end{aligned}$$

를 얻어 정리가 증명되었다. □

정리 5.4에 의해 힐버트 공간 $\mathcal{L}(\mathcal{H},\mathcal{K})$의 내적이 주는 크기는

$$\sqrt{T \cdot T} = \left(\operatorname{tr}(T^*T) \right)^{1/2} = \|T\|_2$$

로 힐버트-슈미트 크기와 일치한다.

연습문제 5.3 선형 작용소 $T, S \in \mathcal{L}(\mathcal{H})$에 대해 다음 물음에 답하시오.

(1) 임의의 유니터리 작용소 $U_1, U_2 \in \mathcal{L}(\mathcal{H})$에 대해 $\|U_1 T U_2\|_2 = \|T\|_2$임을 보이시오.

(2) $\|T\|_2 = \|T^*\|_2$임을 보이시오.

(3) 부등식 $\|TS\|_2 \le \|T\|_2 \|S\|_2$이 성립함을 보이시오.

(4) 부등식 $\|T + S\|_2 \le \|T\|_2 + \|S\|_2$이 성립함을 보이시오.

5.2 양의 작용소

2장에서 양의 작용소를 모든 고유값이 음이 아닌 자기수반 작용소로 정의한 바 있다. 다음 정리는 이와 동등한 더 많은 조건들을 모아둔 것이다.

정리 5.5

힐버트 공간 $\mathcal{H}$가 주어졌을 때, 선형 작용소 $T \in \mathcal{L}(\mathcal{H})$에 관한 다음 조건들은 서로 동등하다.

(1) 선형 변환 $S \in \mathcal{L}(\mathcal{H})$가 존재하여 $T = S^*S$이다.

(2) 어떤 힐버트 공간 $\mathcal{H}'$과 선형 변환 $S \in \mathcal{L}(\mathcal{H}, \mathcal{H}')$이 존재하여 $T = S^*S$이다.

(3) T는 자기수반 작용소이고 모든 고유값은 음이 아니다.

(4) 모든 $v = |a\rangle \in \mathcal{H}$에 대해 $\langle a|T|a\rangle = |a\rangle \cdot T|a\rangle = v \cdot Tv \ge 0$이다.

(5) 모든 $S \in \mathcal{L}(\mathcal{H})$에 대해 $S^*S \cdot T \ge 0$이다.

(6) $\mathcal{H}$의 임의의 정규직교 기저 $\mathcal{B}$에 대해, 어떤 힐버트 공간 $\mathcal{H}'$의 벡터들 $\{v_i\}_{0 \le i < n}$이 존재하여 T의 $\mathcal{B}$에 대한 행렬 표현이 $(v_i \cdot v_j)_{0 \le i,j < n}$으로 주어진다.

[증명] (1)$\Longrightarrow$(2): 자명하다 ($\mathcal{H}' = \mathcal{H}$로 두면 됨).

(2)$\Longrightarrow$(3): 가정에 의해 $T^* = (S^*S)^* = S^*S = T$이므로 T는 자기수반이다. 영벡터가 아닌 v가 T의 고유벡터이고 λ가 대응하는 고유값이면, $S^*Sv = \lambda v$이고 v와 내적하여

$$0 \leq \|Sv\|^2 = v \cdot S^*Sv = \lambda\|v\|^2$$

을 얻는다. 그런데 $v \neq 0$이므로 $\lambda \geq 0$이다.

(3)$\Longrightarrow$(1): 스펙트럼 분해 $T = \sum_i \lambda_i v_i v_i^*$를 생각하고, $S = \sum_i \sqrt{\lambda_i} v_i v_i^*$라고 두면 $T = S^*S$이다.

(2)$\Longrightarrow$(4): 모든 $v \in \mathcal{H}$에 대해 $v \cdot S^*Sv = Sv \cdot Sv = \|Sv\|^2 \geq 0$.

(4)$\Longrightarrow$(5): 만약 $S^*S \cdot T < 0$이면,

$$S^*S \cdot T = \mathrm{tr}(S^*ST) = \mathrm{tr}(STS^*)$$

이므로 STS^*가 음의 고유값을 가져야 한다. 이를 $\lambda < 0$라고 두면

$$STS^*v = \lambda v, \quad v \neq 0$$

이고, 양변의 왼쪽에 v를 내적하면

$$S^*v \cdot T(S^*v) = \lambda\|v\|^2 < 0$$

이 되어 (4)가 성립하지 않는다. 따라서 $S^*S \cdot T \geq 0$이다.

(5)$\Longrightarrow$(4): 임의의 벡터 $v \in \mathcal{H}$에 대해 $S = vv^*$라 두면, $S^*S = \|v\|^2 vv^*$이다. (5)에 의해

$$\begin{aligned} 0 \leq S^*S \cdot T &= \mathrm{tr}(S^*ST) = \|v\|^2\,\mathrm{tr}(vv^*T) \\ &= \|v\|^2 v^*Tv = \|v\|^2 v \cdot Tv \end{aligned}$$

이므로, (4)를 얻는다.

(2)$\Longrightarrow$(6): 정규직교 기저 $\mathcal{B} = \{e_i\}$에 대한 T의 행렬 표현의 (i,j)-성분 T_{ij}은 $e_i^*Te_j$이다. 그런데 $T = S^*S$이므로, $T_{ij} = (Se_i)^*(Se_j)$이다. 따라서 $v_j = Se_j$로 두면 (6)을 얻게 된다.

(6)$\Longrightarrow$(2): 선형 변환 $S : \mathcal{H} \to \mathcal{H}'$을 $Se_j = v_j$로 정의하면, $T = S^*S$를 얻는다.

(4)⟹(3): 모든 $v \in \mathcal{H}$에 대해 $v \cdot Tv \geq 0$는 실수이므로,

$$Tv \cdot v = v \cdot Tv = T^*v \cdot v$$

이 성립한다. 0이 아닌 v에 대해 $(T-T^*)v = \lambda v$라고 가정하자. 양변에 v를 내적하면,

$$0 = Tv \cdot v - T^*v \cdot v = \lambda \|v\|^2$$

이므로 $\lambda = 0$임을 안다. $T - T^*$는 정규 작용소이므로, 스펙트럼 분해 정리에 따라 모든 고유값이 0이면 $T - T^*$가 0일 수밖에 없다. 따라서 T는 자기수반 작용소이다. $Tv = \lambda v$이고 $v \neq 0$라면, 왼쪽에 v를 내적하자. 그러면,

$$0 \leq v \cdot Tv = v \cdot \lambda v = \lambda \|v\|^2$$

이어서 $\lambda \geq 0$임을 안다. □

정리 5.5에 의해 2.2.2 절에서 정의한 양의 작용소는 다음과 같이 정의할 수도 있다.

정의 5.6

힐버트 공간 $\mathcal{H}$에 대해 선형 작용소 $T \in \mathcal{L}(\mathcal{H})$가 **양**(positive)라 함은 정리 5.5의 조건 중 하나가 성립함을 말한다. 선형 작용소 T가 양일 때, 기호로 $T \geq 0$이라고 쓰자. 모든 양의 작용소들의 집합을 $\mathbf{P}(\mathcal{H})$라고 하고, 모든 자기수반 작용소들의 집합을 $\mathbf{H}(\mathcal{H})$라고 쓰자.

참고로 수학에서는 다양한 글꼴이 사용되는데, 양의 작용소를 말하는 $\mathbf{P}$와 사영 공간을 표시하는 $\mathbb{P}$는 완전히 다른 의미이므로 구분할 줄 알아야한다. 마찬가지로 $\mathcal{H}$는 힐버트 공간, $\mathbf{H}$는 자기수반 작용소의 공간, H는 작용소를 각각 표시하므로 주의해야 한다.

따름정리 5.7

선형 작용소 $T \in \mathcal{L}(\mathcal{H})$가 양의 작용소일 필요 충분 조건은 모든 양의 작용소 $Q \in \mathcal{L}(\mathcal{H})$에 대해 $Q \cdot T \geq 0$가 성립하는 것이다.

[증명] 스펙트럼 분해 정리에 의해 모든 양의 작용소는 유한 집합 Γ가 존재하여

$$Q = \sum_{i \in \Gamma} v_i v_i^* \in \mathcal{L}(\mathcal{H}), \quad \exists v_i \in \mathcal{H}$$

라고 쓸 수 있다. T가 양이라면 정리 5.5 (4)에 의해

$$Q \cdot T = \sum_{i \in \Gamma} \mathrm{tr}(v_i v_i^* T) = \sum_{i \in \Gamma} v_i^* T v_i \geq 0$$

이다.

만약 T가 양이 아니라면, 정리 5.5에 의해, $v^* T v < 0$인 $v \in \mathcal{H}$가 존재하고

$$(vv^*) \cdot T = \mathrm{tr}(vv^* T) = \mathrm{tr}(v^* T v) = v^* T v < 0$$

을 만족한다. 그런데 vv^*는 정리 5.5 (2)에 의해 양이다. 따라서 역이 증명되었다. □

예제 5.1 (1) 정리 5.5 (2)에 의해 힐버트 공간 $\mathcal{H}$와 $v \in \mathcal{H}$에 대해 $\rho = vv^* \in \mathbf{P}(\mathcal{H})$이다. 또한

$$x \cdot \rho(x) = x^* vv^* x = |v^* x|^2 \geq 0, \quad \forall x \in \mathcal{H}$$

을 통해서도 확인할 수 있다.

(2) 힐버트 공간 $\mathcal{H}$의 양의 작용소 $\{\rho_i \in \mathbf{P}(\mathcal{H})\}_{0 \leq i < m}$들과 실수 $p_i \geq 0$에 대해

$$\rho = \sum_{0 \leq i < m} p_i \rho_i \in \mathbf{P}(\mathcal{H})$$

이다. 특히, $\rho_i = v_i v_i^*$, $v_i \in \mathcal{H}$인 경우를 생각하면, 실수 $p_i \geq 0$에 대해

$$\rho = \sum_{0 \leq i < m} p_i v_i v_i^* \in \mathbf{P}(\mathcal{H}) \tag{5.5}$$

이다. 스펙트럼 정리에 따라 역으로 모든 양의 작용소를 (5.5)의 형태로 쓸 수 있다.

(3) 양의 작용소의 텐서 곱은 양의 작용소이다. 다시 말해

$$P \in \mathbf{P}(\mathcal{H}_A),\ Q \in \mathbf{P}(\mathcal{H}_B) \implies P \otimes Q \in \mathbf{P}(\mathcal{H}_A \otimes \mathcal{H}_B)$$

이 임의의 힐버트 공간 $\mathcal{H}_A$, $\mathcal{H}_B$에 대해 성립한다. 왜냐하면 스펙트럼 분해 정리에 의해

$$P = \sum_i p_i v_i v_i^*, \quad Q = \sum_j q_j w_j w_j^*, \quad (p_i \geq 0,\ q_j \geq 0)$$

라고 쓰면,

$$P \otimes Q = \sum_{i,j} p_i q_j (v_i \otimes w_j)(v_i \otimes w_j)^*$$

이므로, (2)에서 살펴본 바에 따라 양의 작용소이다. □

5.3 작용소 공간 사이의 선형 변환의 네 가지 표현

힐버트 공간 $\mathcal{H}$, $\mathcal{K}$에 대해 선형 작용소들의 벡터 공간 $\mathcal{L}(\mathcal{H})$, $\mathcal{L}(\mathcal{K})$를 생각하자. 앞으로 힐버트 공간 $\mathcal{H}$의 (혼합된) 양자 상태들은 작용소들 $\rho \in \mathcal{L}(\mathcal{H})$로 나타나고, 측정을 하거나 전송하게 되면 새로운 힐버트 공간 $\mathcal{K}$의 양자 상태 $\sigma \in \mathcal{L}(\mathcal{K})$로 바뀐다. 이러한 변화는 다시 선형이어야 하므로

$$\mathcal{L}(\mathcal{L}(\mathcal{H}), \mathcal{L}(\mathcal{K}))$$

에 속하는 선형 변환 Φ를 통해 기술된다. 식 (1.29), (1.30)과 (1.32)를 사용하여 $\Phi \in \mathcal{L}(\mathcal{L}(\mathcal{H}), \mathcal{L}(\mathcal{K}))$는 네 가지 방법으로 표현할 수 있다.

① 동형변환 (1.34)와 힐버트 공간 $\mathcal{H}$와 $\mathcal{K}$의 내적들이 주는 각각의 켤레-선형 변환 $\mathcal{H}^* \to \mathcal{H}$와 $\mathcal{K}^* \to \mathcal{K}$를 통해 동형변환

$$K : \mathcal{L}(\mathcal{L}(\mathcal{H}), \mathcal{L}(\mathcal{K})) \cong \mathcal{L}(\mathcal{H}^* \otimes \mathcal{H}, \mathcal{K}^* \otimes \mathcal{K}) \cong \mathcal{L}(\mathcal{H} \otimes \mathcal{H}, \mathcal{K} \otimes \mathcal{K}) \tag{5.6}$$

을 얻는다.

연습문제 5.4 (5.6)의 K는 선형 변환임을 증명하시오.

② 두 번째 표현은 초이(M.D. Choi)의 방법으로써, 동형사상 (1.33)인데 (2.4)를 써서 얻는 일대일 대응

$$\mathrm{vec} : \mathcal{L}(\mathcal{H}) \cong \mathcal{H}^* \otimes \mathcal{H} \longrightarrow \mathcal{H} \otimes \mathcal{H}$$

와 식 (1.35)를 사용해서 $\mathrm{vec}(\mathrm{id}_{\mathcal{H}}) \in \mathcal{H} \otimes \mathcal{H}$와

$$\mathrm{vec}(\mathrm{id}_{\mathcal{H}})\mathrm{vec}(\mathrm{id}_{\mathcal{H}})^* \in \mathcal{L}(\mathcal{H} \otimes \mathcal{H}) \cong \mathcal{L}(\mathcal{H}) \otimes \mathcal{L}(\mathcal{H})$$

를 얻고, 다음과 같이 표현할 수 있다.

$$J : \mathcal{L}(\mathcal{L}(\mathcal{H}), \mathcal{L}(\mathcal{K})) \xrightarrow{\cong} \mathcal{L}(\mathcal{K} \otimes \mathcal{H}), \tag{5.7}$$

$$\begin{aligned} J(\Phi) &:= (\Phi \otimes \mathrm{id}_{\mathcal{L}(\mathcal{H})})(\mathrm{vec}(\mathrm{id}_{\mathcal{H}})\mathrm{vec}(\mathrm{id}_{\mathcal{H}})^*) \\ &\in \mathcal{L}(\mathcal{K}) \otimes \mathcal{L}(\mathcal{H}) \cong \mathcal{L}(\mathcal{K} \otimes \mathcal{H}). \end{aligned}$$

$\mathcal{H}$의 정규직교 기저 $\{e_i\}_{i\in\Gamma}$와 $\mathcal{K}$의 정규직교 기저 $\{e_a\}_{a\in\Sigma}$를 골라 $J(\Phi)$의 성분을 계산해보자. $\{e_ie_j^*\}_{i,j\in\Gamma} \subset \mathcal{L}(\mathcal{H})$와 $\{e_ae_b^*\}_{a,b\in\Sigma} \subset \mathcal{L}(\mathcal{K})$가 정규직교 기저이므로,

$$\Phi = \sum_{a,b\in\Sigma}\sum_{i,j\in\Gamma} ((e_ae_b^*) \cdot \Phi(e_ie_j^*))\,(e_ae_b^*)(e_ie_j^*)^*$$

를 얻는다. 한편, $\mathrm{id}_{\mathcal{H}} = \sum_i e_ie_i^*$이므로

$$\begin{aligned} \mathrm{vec}(\mathrm{id}_{\mathcal{H}})\mathrm{vec}(\mathrm{id}_{\mathcal{H}})^* &= \sum_{i,j\in\Gamma} (e_i \otimes e_i)(e_j^* \otimes e_j^*) \\ &= \sum_{i,j} (e_ie_j^*) \otimes (e_ie_j^*) \end{aligned}$$

이고, $J(\Phi)$는

$$J(\Phi) = \sum_{i,j} \Phi(e_ie_j^*) \otimes (e_ie_j^*) \in \mathcal{L}(\mathcal{K}) \otimes \mathcal{L}(\mathcal{H}) \cong \mathcal{L}(\mathcal{K} \otimes \mathcal{H}) \tag{5.8}$$

이다. 따라서

$$J(\Phi) = \sum_{i,j}\sum_{a,b} (e_ae_b^* \cdot \Phi(e_ie_j^*))\,(e_ae_b^*) \otimes (e_ie_j^*) \in \mathcal{K} \otimes \mathcal{K}^* \otimes \mathcal{H} \otimes \mathcal{H}^*$$

을 얻고, (1.33)에 의해 Φ는 $J(\Phi)$로 보내지고 (5.7)과 (1.33)이 동일함을 알 수 있다.

③ 세 번째 표현은 클라우스(K. Kraus) 변환을 쓰는 방법인데, 유한 개의 선형 변환들의 집합 $\{A_i, B_i \in \mathcal{L}(\mathcal{H}, \mathcal{K})\}_{0\le i<m}$을 사용하여

$$\Phi(\rho) := \sum_i A_i\rho B_i^* \in \mathcal{L}(\mathcal{K}), \quad \forall\rho \in \mathcal{L}(\mathcal{H}) \tag{5.9}$$

로 쓰는 것이다. 아래 정리 5.8에서 보이겠지만, 모든 $\Phi \in \mathcal{L}(\mathcal{L}(\mathcal{H}), \mathcal{L}(\mathcal{K}))$에 대해 클라우스 변환들이 존재하여 (5.9)가 성립한다.

연습문제 5.5 식 (5.9)로 주어진 Φ의 수반 변환은 $\Phi^*(\sigma) = \sum_i A_i^*\sigma B_i$ 임을 보이시오.

④ 네 번째 표현 방법은 추가적인 힐버트 공간 $\mathcal{Z}$를 도입하고, 선형 변환 $A, B \in \mathcal{L}(\mathcal{H}, \mathcal{K} \otimes \mathcal{Z})$에 대해

$$\Phi(\rho) := \mathrm{tr}_{\mathcal{Z}}(A\rho B^*) \in \mathcal{L}(\mathcal{K}), \quad \forall \rho \in \mathcal{L}(\mathcal{H}) \tag{5.10}$$

라고 쓰는 것이다. 여기서 $\mathrm{tr}_{\mathcal{Z}}$는 힐버트 공간 $\mathcal{Z}$에서의 자취

$$\mathrm{tr}_{\mathcal{Z}} : \mathcal{L}(\mathcal{K} \otimes \mathcal{Z}) \cong \mathcal{L}(\mathcal{K}) \otimes \mathcal{L}(\mathcal{Z}) \xrightarrow{\mathrm{id} \otimes \mathrm{tr}} \mathcal{L}(\mathcal{K}) \tag{5.11}$$

를 말한다. 즉 $\mathcal{Z}$의 정규직교 기저 $\{v_i\}_{i \in \Gamma}$를 고르고 $\xi \in \mathcal{L}(\mathcal{K} \otimes \mathcal{Z})$를

$$\xi = \sum_{i,j} \xi_{ij} \otimes v_i v_j^*, \quad \xi_{ij} \in \mathcal{L}(\mathcal{K})$$

라고 쓰면

$$\mathrm{tr}_{\mathcal{Z}}(\xi) = \sum_{i \in \Gamma} \xi_{ii} \in \mathcal{L}(\mathcal{K})$$

로 주어진다.

아래의 정리 5.8에 의해 모든 $\Phi \in \mathcal{L}(\mathcal{L}(\mathcal{H}), \mathcal{L}(\mathcal{K}))$는 식 (5.10)의 꼴로 쓸 수 있다.

연습문제 5.6 식 (5.10)으로 주어진 Φ의 수반 변환은 $\Phi^*(\sigma) = A^*(\sigma \otimes \mathrm{id}_{\mathcal{Z}})B$임을 보이시오.

정리 5.8

힐버트 공간 $\mathcal{H}, \mathcal{K}$와 선형 변환들 $\{A_i, B_i \in \mathcal{L}(\mathcal{H}, \mathcal{K})\}_{0 \le i < m}$, 그리고 $\Phi \in \mathcal{L}(\mathcal{L}(\mathcal{H}), \mathcal{L}(\mathcal{K}))$에 대해 다음은 모두 동치이다.

(1) $K(\Phi) = \sum_{0 \le i < m} A_i \otimes \bar{B}_i$,

(2) $J(\Phi) = \sum_{0 \le i < m} \mathrm{vec}(A_i)\mathrm{vec}(B_i)^*$,

(3) $\Phi(\rho) = \sum_{0 \le i < m} A_i \rho B_i^*$, $\forall \rho \in \mathcal{L}(\mathcal{H})$,

(4) $\Phi(\rho) = \mathrm{tr}_{\mathbb{C}^m}\Big(\big(\sum_{0 \le i < m} A_i \otimes e_i\big)\rho\big(\sum_{0 \le j < m} B_j \otimes e_j\big)^*\Big)$, $\forall \rho \in \mathcal{L}(\mathcal{H})$.

(2)에서 $\mathrm{vec} : \mathcal{L}(\mathcal{H}, \mathcal{K}) \cong \mathcal{H}^* \otimes \mathcal{K} \to \mathcal{H} \otimes \mathcal{K}$는 내적을 이용한 일대일 대응 (2.4)를 통해 얻는 함수이고, (4)에서 e_i는 $\mathbb{C}^m$의 표준 기저 벡터들이다.

[증명] (3)과 (4)가 동등함은

$$\begin{aligned}
&\mathrm{tr}_{\mathbb{C}^m}\left(\Big(\sum_{0\le i<m} A_i\otimes e_i\Big)\rho\Big(\sum_{0\le j<m} B_j\otimes e_j\Big)^*\right)\\
&=\mathrm{tr}_{\mathbb{C}^m}\left(\Big(\sum_{0\le i<m} A_i\otimes e_i\Big)(\rho\otimes \mathrm{id}_{\mathbb{C}})\Big(\sum_{0\le j<m} B_j^*\otimes e_j^*\Big)\right)\\
&=\mathrm{tr}_{\mathbb{C}^m}\left(\sum_{0\le i,j<m}(A_i\rho B_j^*)\otimes(e_ie_j^*)\right)=\sum_{0\le i<m}A_i\rho B_i^*
\end{aligned}$$

로부터 얻는다. (1) ~ (3)의 동등함을 확인하기 위해서는 $m=1$일 때만 증명하면 충분한데, 왜냐하면 각각의 $0\le i<m$에 경우를 더해서 일반적인 경우를 얻기 때문이다. 이제 $m=1$이라 하고 기호를 간단히 하기 위해 $A_1=A$, $B_1=B$라고 두자.

$\mathcal{H}$의 정규직교 기저 $\{e_i\}_{i\in\Gamma}$와 $\mathcal{K}$의 정규직교 기저 $\{e_a\}_{a\in\Sigma}$를 골라 직접 계산을 해서 위 (1) ~ (3) 조건들이 모두 동등함을 확인할 수 있다. 우선 이 기저를 써서

$$A=\sum_{a,i}A_{ai}e_ae_i^*,\quad B=\sum_{b,j}B_{bj}e_be_j^*$$

라 두면,

$$\mathrm{vec}(A)=\sum_{a,i}A_{ai}e_a\otimes e_i,\quad \mathrm{vec}(B)=\sum_{b,j}B_{bj}e_b\otimes e_j$$

가 된다. Φ가 (3)과 같이 쓰이면

$$\Phi(e_ie_j^*)=Ae_ie_j^*B^*=\sum_{a,b\in\Sigma}A_{ai}\bar{B}_{bj}e_ae_b^*$$

이다. 정의와 식 (5.8)에 의해 모든 $i,j\in\Gamma$에 대해

$$\begin{aligned}
K(\Phi)(e_i\otimes e_j)&=\mathrm{vec}(\Phi(e_ie_j^*))\\
&=\sum_{a,b\in\Sigma}A_{ai}\bar{B}_{bj}e_a\otimes e_b=Ae_i\otimes\bar{B}e_j,
\end{aligned}$$

$$\begin{aligned}
J(\Phi)&=\sum_{i,j}\Phi(e_ie_j^*)\otimes(e_ie_j^*)\\
&=\sum_{i,j,a,b}A_{ai}\bar{B}_{bj}e_ae_b^*\otimes e_ie_j^*=\mathrm{vec}(A)\mathrm{vec}(B)^*
\end{aligned}$$

이므로, 정리 5.8이 증명되었다. □

따름정리 5.9

임의의 $\Phi \in \mathcal{L}(\mathcal{L}(\mathcal{H}), \mathcal{L}(\mathcal{K}))$는 클라우스 방법을 포함한 위의 네 가지 방법 모두로 표현할 수 있다.

[증명] 위에서 봤듯이 K와 J는 일대일 대응이고, 임의의 $\mathcal{L}(\mathcal{H} \otimes \mathcal{K})$는 동형변환 (1.32)에 의해 정리 5.8의 (2)와 같이 쓸 수 있다. 그러므로 모든 선형 변환 $\Phi \in \mathcal{L}(\mathcal{L}(\mathcal{H}), \mathcal{L}(\mathcal{K}))$는 클라우스 방법을 포함한 위의 네 가지 방법 모두로 표현할 수 있다. □

5.4 완전 양의 작용소

앞 절에서와 마찬가지로 힐버트 공간 $\mathcal{H}$와 $\mathcal{K}$가 주어졌을 때, $\mathcal{H}$의 선형 작용소들의 집합 $\mathcal{L}(\mathcal{H})$에서 $\mathcal{K}$의 선형 작용소들의 집합 $\mathcal{L}(\mathcal{K})$로 가는 선형 변환들에 대해 더 알아 보자.

정의 5.10

힐버트 공간 $\mathcal{H}, \mathcal{K}$와 선형 변환 $\Phi \in \mathcal{L}(\mathcal{L}(\mathcal{H}), \mathcal{L}(\mathcal{K}))$가 주어졌다.

(1) Φ가 **양**(positive)이라 함은 양의 작용소를 양의 작용소로 보냄, 즉

$$\Phi(\mathbf{P}(\mathcal{H})) \subset \mathbf{P}(\mathcal{K})$$

가 만족함을 말한다.

(2) 자연수 k에 대해 Φ가 k-**양**(k-positive)이라 함은 표준 내적 공간 $\mathbb{C}^k$에 대해

$$\Phi \otimes \mathrm{id}_{\mathcal{L}(\mathbb{C}^k)} \in \mathcal{L}(\mathcal{L}(\mathcal{H} \otimes \mathbb{C}^k), \mathcal{L}(\mathcal{K} \otimes \mathbb{C}^k))$$

가 양이라는 말이다.

(3) Φ가 **완전 양**(completely positive)이라 함은 모든 자연수 k에 대해 Φ가 k-양임을 말한다.

연습문제 5.7 세 힐버트 공간 $\mathcal{H}$, $\mathcal{K}$, $\mathcal{Z}$에 대해 $\Phi \in \mathcal{L}(\mathcal{L}(\mathcal{H}), \mathcal{L}(\mathcal{K}))$와 $\Psi \in \mathcal{L}(\mathcal{L}(\mathcal{K}), \mathcal{L}(\mathcal{Z}))$가 완전 양일 때, $\Psi \circ \Phi$도 완전 양임을 보이시오.

임의의 힐버트 공간 $\mathcal{K}$에 대해 정규직교 기저를 골라 내적을 보존하는 동형변환 $\mathcal{K} \cong \mathbb{C}^k$을 만들 수 있으므로, Φ가 완전 양임은 모든 힐버트 공간 $\mathcal{K}$에 대해

$$\Phi \otimes \mathrm{id}_{\mathcal{L}(\mathcal{K})}$$

가 양이라는 말과 같다. 식 (1.35)에 의해 다음 동형들을 얻는다.

$$\mathcal{L}(\mathcal{H} \otimes \mathbb{C}^k) \simeq \mathcal{L}(\mathcal{H}) \otimes \mathcal{L}(\mathbb{C}^k) = \mathcal{L}(\mathcal{H}) \otimes M_k \simeq M_k(\mathcal{L}(\mathcal{H})).$$

여기서 $M_k(\mathcal{L}(\mathcal{H}))$는 각 성분들이 $\mathcal{L}(\mathcal{H})$의 원소들로 구성된 $k \times k$ 행렬들의 집합이다. 만약 $\mathcal{K} = \mathbb{C}^k$이면, $\Phi_k := \Phi \otimes \mathrm{id}_{\mathcal{L}(\mathcal{K})}$는 다음과 같이 정의된 선형 변환이다.

$$\Phi_k : M_k(\mathcal{L}(\mathcal{H})) \longrightarrow M_k(\mathcal{L}(\mathcal{H})), \quad (T_{ij})_{i,j=1}^k \longmapsto (\Phi(T_{ij}))_{i,j=1}^k. \tag{5.12}$$

연습문제 5.8 $\mathcal{H}$는 힐버트 공간이고 $T_{ij} \in \mathcal{L}(\mathcal{H})$ $(1 \le i, j \le k)$일 때,

$$\left(T_{ij}\right)_{i,j=1}^k \in M_k(\mathcal{L}(\mathcal{H}))$$

가 양일 필요 충분 조건은 임의의 $v_1, \ldots, v_k \in \mathcal{H}$에 대해

$$\left(v_i \cdot T_{ij}(v_j)\right)_{i,j=1}^k \in M_k$$

가 양부호 행렬임을 보이시오.

정의 5.11

힐버트 공간 $\mathcal{H}, \mathcal{K}$와 선형 변환 $\Phi \in \mathcal{L}(\mathcal{L}(\mathcal{H}), \mathcal{L}(\mathcal{K}))$가 주어졌다.

(1) Φ가 **자취 보존**(trace-preserving)이라 함은

$$\mathrm{tr}(\Phi(\rho)) = \mathrm{tr}(\rho), \quad \forall \rho \in \mathcal{L}(\mathcal{H})$$

가 성립한다는 말이다.

(2) Φ가 **자기수반 보존**(Hermitian-preserving)이라 함은 자기수반 작용소를 자기수반 작용소로 보냄, 즉

$$\Phi(\mathbf{H}(\mathcal{H})) \subset \mathbf{H}(\mathcal{K})$$

가 만족함을 말한다.

(3) Φ가 **항등 보존**(unital)이라 함은 항등 변환 $\mathrm{id}_{\mathcal{H}}$를 $\mathrm{id}_{\mathcal{K}}$로 보냄, 즉

$$\Phi(\mathrm{id}_{\mathcal{H}}) = \mathrm{id}_{\mathcal{K}}$$

가 만족함을 말한다.

예제 5.2 힐버트 공간 $\mathcal{K}$의 양의 작용소 $\sigma \in \mathbf{P}(\mathcal{K})$를 고르고

$$\Phi(\rho) = \mathrm{tr}(\rho)\sigma, \quad \forall \rho \in \mathcal{L}(\mathcal{H})$$

라고 정의하면, (5.8)에 의해 초이 표현은

$$\begin{aligned} J(\Phi) &= \sum_{i,j} \Phi(e_i e_j^*) \otimes (e_i e_j^*) = \sum_{i,j} \delta_{ij}\sigma \otimes (e_i e_j^*) \\ &= \sigma \otimes \mathrm{id}_{\mathcal{H}} \end{aligned}$$

이다. 따라서 양의 작용소의 텐서 곱이므로, 예제 5.1의 (3)에 의해 $J(\Phi)$는 양의 작용소이다. 아래 정리 5.13에 의해 Φ는 완전 양이다. 또한, σ가 자기수반이므로 Φ는 자기수반 보존이다. 만약 $\mathrm{tr}(\sigma) = 1$이라면, Φ는 자취 보존이다. □

예제 5.3 양의 작용소 $\rho \in \mathbf{P}(\mathcal{H})$가 주어졌다고 하자. 1차원 벡터 공간의 선형 작용소는 상수배만 가능하므로 $\mathcal{L}(\mathbb{C}) = \mathbb{C}$이다. ρ를 사용하여

$$\Phi : \mathcal{L}(\mathbb{C}) \longrightarrow \mathcal{L}(\mathcal{H}), \quad \alpha \longmapsto \alpha\rho$$

라고 정의하면, Φ는 완전 양이다. 왜냐하면 임의의 자연수 k와 양의 작용소 $P \in \mathbf{P}(\mathbb{C} \otimes \mathbb{C}^k) = \mathbf{P}(\mathbb{C}^k)$에 대해

$$(\Phi \otimes \mathrm{id}_{\mathcal{L}(\mathbb{C}^k)})(P) = \rho \otimes P \in \mathcal{L}(\mathcal{H} \otimes \mathbb{C}^k)$$

인데, ρ와 P는 모두 양이므로 $\rho \otimes P$도 양이다. 그러므로 $\Phi \otimes \mathrm{id}_{\mathcal{L}(\mathbb{C}^k)}$는 양이다. 그리고

$$\mathrm{tr}(\Phi(\alpha)) = \alpha\,\mathrm{tr}(\rho)$$

이므로 Φ가 자취 보존일 필요 충분 조건은 $\mathrm{tr}(\rho) = 1$인 것이다. 만약 $\rho = \mathrm{id}_{\mathcal{H}}$이면, Φ는 항등 보존이다. □

세 번째 예제는 다음 보조정리로부터 얻는다.

보조정리 5.12

힐버트 공간 $\mathcal{H}, \mathcal{K}$가 주어졌을 때, $\Phi \in \mathcal{L}(\mathcal{L}(\mathcal{H}), \mathcal{L}(\mathcal{K}))$가 양이면 그 수반 선형 변환 $\Phi^* \in \mathcal{L}(\mathcal{L}(\mathcal{K}), \mathcal{L}(\mathcal{H}))$도 양이다. 자연수 k에 대해 Φ가 k-양이면, Φ^*도 k-양이다. 또한, Φ가 완전 양이면 Φ^*도 완전 양이다.

[증명] $\Phi \in \mathcal{L}(\mathcal{L}(\mathcal{H}), \mathcal{L}(\mathcal{K}))$가 양이라고 가정하면, $\Phi(P) \geq 0$, $\forall P \in \mathbf{P}(\mathcal{H})$이고, 따름정리 5.7에 의해

$$P \cdot \Phi^*(Q) = \Phi(P) \cdot Q \geq 0, \quad \forall P \in \mathbf{P}(\mathcal{H}),\ \forall Q \in \mathbf{P}(\mathcal{K})$$

이 성립한다. 다시 따름정리 5.7에 의해 $\Phi^*(Q) \geq 0$, $\forall Q \in \mathbf{P}(\mathcal{K})$를 얻고, Φ^*가 양임을 안다. 자연수 k에 대해

$$(\Phi \otimes \mathrm{id}_{\mathcal{L}(\mathbb{C}^k)})^* = \Phi^* \otimes \mathrm{id}_{\mathcal{L}(\mathbb{C}^k)}$$

이므로, 나머지 두 명제도 참임이 증명되었다. □

예제 5.4 자취 $\mathrm{tr} : \mathcal{L}(\mathcal{H}) \to \mathbb{C} = \mathcal{L}(\mathbb{C})$는 완전 양이고 자취 보존이다. 왜냐하면 자취 보존임은 자명하고,

$$\alpha \cdot \mathrm{tr}(A) = \bar{\alpha}\,\mathrm{tr}(A) = \mathrm{tr}(\bar{\alpha}\,\mathrm{id}_{\mathcal{H}}\,A) = \alpha\,\mathrm{id}_{\mathcal{H}} \cdot A$$

로부터

$$\mathrm{tr}^* : \mathcal{L}(\mathbb{C}) \longrightarrow \mathcal{L}(\mathcal{H}), \quad \alpha \longmapsto \alpha\,\mathrm{id}_{\mathcal{H}}$$

이다. 예제 5.3에 의해 tr^*는 완전 양이고, 보조정리 5.12에 의해 tr는 완전 양임을 알 수 있기 때문이다. □

이제 완전 양임을 판별하는 방법을 알아보자.

정리 5.13

힐버트 공간 $\mathcal{H}, \mathcal{K}$가 주어졌을 때, $\Phi \in \mathcal{L}(\mathcal{L}(\mathcal{H}), \mathcal{L}(\mathcal{K}))$에 대해 다음의 명제들은 모두 동치이다.

(1) Φ는 완전 양이다.

(2) $\Phi \otimes \mathrm{id}_{\mathcal{L}(\mathcal{H})} : \mathcal{L}(\mathcal{H} \otimes \mathcal{H}) \to \mathcal{L}(\mathcal{K} \otimes \mathcal{H})$는 양이다.

(3) Φ의 초이 표현 $J(\Phi) \in \mathcal{L}(\mathcal{K} \otimes \mathcal{H})$는 양이다.

(4) 유한 개의 선형 변환들 $\{A_i \in \mathcal{L}(\mathcal{H}, \mathcal{K})\}_{0 \le i < m}$이 존재하여

$$\Phi(\rho) = \sum_{0 \le i < m} A_i \rho A_i^*, \quad \forall \rho \in \mathcal{L}(\mathcal{H}) \tag{5.13}$$

이 성립한다.

(5) 힐버트 공간 $\mathcal{Z}$와 선형 변환 $A \in \mathcal{L}(\mathcal{H}, \mathcal{K} \otimes \mathcal{Z})$가 존재하여

$$\Phi(\rho) = \mathrm{tr}_{\mathcal{Z}}(A \rho A^*), \quad \rho \in \mathcal{L}(\mathcal{H})$$

이 성립한다.

[증명] (1)$\Longrightarrow$(2): $k = \dim \mathcal{H}$라고 하면, Φ는 완전 양이므로 정의에 의해 당연히 k-양이다. $\mathcal{H}$의 정규직교 기저를 골라 내적을 보존하는 동형변환 $\mathcal{H} \cong \mathbb{C}^k$을 만들면 $\Phi \otimes \mathrm{id}_{\mathcal{L}(\mathcal{H})}$도 양임을 안다.

(2)$\Longrightarrow$(3): 정리 5.5 (2)에서 $S = \mathrm{vec}(\mathrm{id}_{\mathcal{H}})^*$라 두면,

$$\mathrm{vec}(\mathrm{id}_{\mathcal{H}})\mathrm{vec}(\mathrm{id}_{\mathcal{H}})^* \in \mathbf{P}(\mathcal{H} \otimes \mathcal{H})$$

임을 얻는다. (5.7)과 $\Phi \otimes \mathrm{id}_{\mathcal{L}(\mathcal{H})}$이 양이라는 조건에 의해

$$J(\Phi) = (\Phi \otimes \mathrm{id}_{\mathcal{L}(\mathcal{H})})(\mathrm{vec}(\mathrm{id}_{\mathcal{H}})\mathrm{vec}(\mathrm{id}_{\mathcal{H}})^*) \in \mathbf{P}(\mathcal{K} \otimes \mathcal{H})$$

임을 얻고, 따라서 (2)로부터 (3)이 증명되었다.

(3)$\Longrightarrow$(4): $J(\Phi)$가 양이면, 스펙트럼 분해 정리를 써서 유한 개의 벡터 $u_i \in \mathcal{K} \otimes \mathcal{H}$가 존재하여 $J(\Phi) = \sum_i u_i u_i^*$라고 쓸 수 있다. 또한, 정리 5.8에 나오는 일대일 대응 vec을 사용하여 $\mathrm{vec}(A_i) = u_i$인 선형 변환 $A_i \in \mathcal{L}(\mathcal{H}, \mathcal{K})$를 찾을 수 있다. 이제 정리 5.8에 의해 식 (5.13)이 성립함을 알 수 있다.

(4)$\Longrightarrow$(5): 정리 5.8의 (3)$\Longrightarrow$(4)를 쓰면 된다.

(5)$\Longrightarrow$(1): 임의의 자연수 k에 대한 표준 힐버트 공간 $\mathbb{C}^k$를 생각하자. 양의 작용소 $P \in \mathbf{P}(\mathcal{H} \otimes \mathbb{C}^k)$와 벡터 $v \in \mathcal{K} \otimes \mathcal{Z} \otimes \mathbb{C}^k$에 대해

$$\begin{aligned} &v^*(A \otimes \mathrm{id}_{\mathbb{C}^k})P(A \otimes \mathrm{id}_{\mathbb{C}^k})^* v \\ &\quad = ((A \otimes \mathrm{id}_{\mathbb{C}^k})^* v)^* P((A \otimes \mathrm{id}_{\mathbb{C}^k})^* v) \geq 0 \end{aligned}$$

이므로, $(A \otimes \mathrm{id}_{\mathbb{C}^k})P(A \otimes \mathrm{id}_{\mathbb{C}^k})^* \in \mathbf{P}(\mathcal{K} \otimes \mathcal{Z} \otimes \mathbb{C}^k)$이다. 그런데 예제 5.4에 의해 tr는 완전 양이므로 $\mathrm{tr}_{\mathcal{Z}}$도 양이다. 그리고

$$(\Phi \otimes \mathrm{id}_{\mathcal{L}(\mathbb{C}^k)})(P) = \mathrm{tr}_{\mathcal{Z}}((A \otimes \mathrm{id}_{\mathbb{C}^k})P(A \otimes \mathrm{id}_{\mathbb{C}^k})^*) \tag{5.14}$$

이고 $\mathrm{tr}_{\mathcal{Z}}((A \otimes \mathrm{id}_{\mathbb{C}^k})P(A \otimes \mathrm{id}_{\mathbb{C}^k})^*) \in \mathbf{P}(\mathcal{K} \otimes \mathbb{C}^k)$ 이어서, Φ는 완전 양이다. 등식 (5.14)는 $\mathcal{L}(\mathcal{H} \otimes \mathbb{C}^k) \cong \mathcal{L}(\mathcal{H}) \otimes \mathcal{L}(\mathbb{C}^k)$의 원소 중에서 곱벡터

$$\rho \otimes \sigma \quad (\rho \in \mathcal{L}(\mathcal{H}),\ \sigma \in \mathcal{L}(\mathbb{C}^k))$$

에 대해서는 자명하고, 양변이 P에 대해 선형이며 곱벡터들이 전체를 생성하므로 항상 성립한다. □

양이지만 완전 양이 아닌 예는 다음과 같다.

예제 5.5 $\mathcal{H} = \mathbb{C}^2$, $\mathcal{K} = \mathcal{H}^* \cong \mathbb{C}^2$라고 두고, 전치(transpose)가 주는 함수

$$\begin{aligned} \Phi : \mathcal{L}(\mathcal{H}) \longrightarrow \mathcal{L}(\mathcal{K}), \quad & A \longmapsto A^t \\ A^t(f) = f \circ A, \quad & \forall f \in \mathcal{K} = \mathcal{H}^* \end{aligned}$$

를 생각하자. $\mathcal{H} = \mathbb{C}^2$의 표준 기저 벡터들을 e_0, e_1이라 하면, 쌍대 벡터 $f_0 = e_0^*$, $f_1 = e_1^*$가 $\mathcal{K} = \mathcal{H}^*$의 기저를 이룬다. 간단한 계산에 의해,

$$A = \sum_{0 \leq i,j < 2} a_{ij} e_i e_j^* \in \mathbf{P}(\mathbb{C}^2)$$

일 필요 충분 조건은 $A = A^*$이고 $\mathrm{tr}(A) \geq 0$, $\det(A) \geq 0$임을 알 수 있다. 정의에 의해

$$\Phi(A) = \Phi\left(\sum_{0 \leq i,j < 2} a_{ij} e_i e_j^* \right) = \sum_{0 \leq i,j < 2} a_{ij} e_j^* e_i = \sum_{0 \leq i,j < 2} a_{ij} f_j f_i^*$$

이므로, $\mathrm{tr}(\Phi(A)) = \mathrm{tr}(A)$이고 $\det(\Phi(A)) = \det(A)$이어서 A가 양이면 $\Phi(A)$도 양이다.

따라서 Φ는 양이다.

하지만 Φ는 완전 양은 아니다. 왜냐하면 초이 표현을 계산해 보면 식 (5.8)에 의해

$$J(\Phi) = \sum_{0\leq i,j<2} \Phi(e_i e_j^*) \otimes e_i e_j^* = \sum_{0\leq i,j<2} f_j f_i^* \otimes e_i e_j^*$$

이다. $J(\Phi)$를

$$v = f_1 \otimes e_0 - f_0 \otimes e_1 \in \mathcal{K} \otimes \mathcal{H}$$

에 작용시키면, $f_0 \otimes e_1 - f_1 \otimes e_0$를 얻는다. 따라서

$$v \cdot J(\Phi)v = (f_1 \otimes e_0 - f_0 \otimes e_1) \cdot (f_0 \otimes e_1 - f_1 \otimes e_0) = -2 < 0$$

이므로 $J(\Phi)$는 양이 아니다. 정리 5.13에 의해 전치 Φ는 완전 양일 수 없다. □

모든 자연수 k에 대해 k-양임을 확인하는 것은 번거로운 일이다. 다음의 정리를 쓰면, 단 한 개의 k값에 대해서만 k-양임을 확인하면 됨을 알 수 있다.

따름정리 5.14

$\mathcal{H}, \mathcal{K}$는 힐버트 공간이고 $k = \min\{\dim \mathcal{H}, \dim \mathcal{K}\}$일 때, 다음 명제가 동치이다.

(1) $\Phi \in \mathcal{L}(\mathcal{L}(\mathcal{H}), \mathcal{L}(\mathcal{K}))$가 완전 양이다.

(2) Φ는 k-양이다.

[증명] (1)$\Longrightarrow$(2)는 자명하므로 (2)$\Longrightarrow$(1)만 보이면 된다. 먼저 $\dim \mathcal{H} \leq \dim \mathcal{K}$라고 하자. $\mathcal{H}$의 정규직교 기저를 골라 내적을 보존하는 동형사상 $\mathcal{H} \cong \mathbb{C}^k$을 생각하면, $\mathcal{H}$를 $\mathbb{C}^k$로 대체할 수 있고 Φ가 k-양이면 정리 5.13의 (2)가 성립한다. 이는 정리 5.13의 (1)과 동치이므로, 정리가 증명되었다.

만약 $\dim \mathcal{H} \geq \dim \mathcal{K}$이면, 보조정리 5.12에 의해 Φ^*가 k-양이므로 Φ^*는 같은 방법에 의해 완전 양임을 안다. 다시 보조정리 5.12를 쓰면, $\Phi = (\Phi^*)^*$가 완전 양이다. □

이제는 자취 보존을 판별하는 방법을 알아보자.

정리 5.15

힐버트 공간 $\mathcal{H}, \mathcal{K}$가 주어졌을 때 $\Phi \in \mathcal{L}(\mathcal{L}(\mathcal{H}), \mathcal{L}(\mathcal{K}))$에 대해 다음의 명제들은 모두 동치이다.

(1) Φ는 자취 보존이다.

(2) Φ^*는 항등 보존이다.

(3) Φ의 초이 표현 $J(\Phi)$이 $\mathrm{tr}_{\mathcal{K}}(J(\Phi)) = \mathrm{id}_{\mathcal{H}}$를 만족한다.

(4) 유한 집합 Γ와 선형 변환들 $\{A_i, B_i \in \mathcal{L}(\mathcal{H}, \mathcal{K})\}_{i\in\Gamma}$이 존재하여

$$\Phi(\rho) = \sum_{i\in\Gamma} A_i \rho B_i^*, \quad \forall \rho \in \mathcal{L}(\mathcal{H}); \ \sum_{i\in\Gamma} A_i^* B_i = \mathrm{id}_{\mathcal{H}}$$

가 성립한다.

(5) 힐버트 공간 $\mathcal{Z}$와 선형 변환 $A, B \in \mathcal{L}(\mathcal{H}, \mathcal{K} \otimes \mathcal{Z})$가 존재하여

$$\Phi(\rho) = \mathrm{tr}_{\mathcal{Z}}(A\rho B^*), \quad \forall \rho \in \mathcal{L}(\mathcal{H}); \ A^* B = \mathrm{id}_{\mathcal{H}}$$

가 성립한다.

[증명] (1)$\Longleftrightarrow$(2): 정리 5.4에 의해, $\mathrm{id}_{\mathcal{H}} \cdot \rho = \mathrm{tr}(\rho)$이고

$$\mathrm{tr}(\Phi(\rho)) = \mathrm{id}_{\mathcal{K}} \cdot \Phi(\rho) = \Phi^*(\mathrm{id}_{\mathcal{K}}) \cdot \rho$$

가 모든 $\rho \in \mathcal{L}(\mathcal{H})$에 대해 성립한다. 내적 공간에서 모든 벡터와 수직인 벡터는 영벡터 0 뿐이므로

$$\begin{aligned} \mathrm{tr}(\Phi(\rho)) = \mathrm{tr}(\rho), \ \forall \rho &\Longleftrightarrow \Phi^*(\mathrm{id}_{\mathcal{K}}) \cdot \rho = \mathrm{id}_{\mathcal{H}} \cdot \rho, \ \forall \rho \\ &\Longleftrightarrow \Phi^*(\mathrm{id}_{\mathcal{K}}) = \mathrm{id}_{\mathcal{H}} \end{aligned}$$

이 성립한다.

(2)$\Longleftrightarrow$(4): 따름정리 5.9에 의해 유한 집합 Γ와 선형 변환들 $\{A_i, B_i \in \mathcal{L}(\mathcal{H}, \mathcal{K})\}_{i\in\Gamma}$이 존재하여

$$\Phi(\rho) = \sum_{i\in\Gamma} A_i \rho B_i^*, \quad \forall \rho \in \mathcal{L}(\mathcal{H})$$

라고 쓸 수 있다. 연습문제 5.5에 의해

$$\Phi^*(\sigma) = \sum_{i\in\Gamma} A_i^* \sigma B_i, \quad \forall \sigma \in \mathcal{L}(\mathcal{K})$$

이어서, $\Phi^*(\mathrm{id}_\mathcal{K}) = \sum_{i\in\Gamma} A_i^* B_i$가 된다. 그러므로

$$\Phi^*(\mathrm{id}_\mathcal{K}) = \mathrm{id}_\mathcal{H} \iff \sum_{i\in\Gamma} A_i^* B_i = \mathrm{id}_\mathcal{H}$$

임을 얻는다.

(2)⟺(5): 따름정리 5.9에 의해 힐버트 공간 $\mathcal{Z}$와 선형 변환 $A, B \in \mathcal{L}(\mathcal{H}, \mathcal{K}\otimes\mathcal{Z})$가 존재하여

$$\Phi(\rho) = \mathrm{tr}_\mathcal{Z}(A\rho B^*), \quad \forall \rho \in \mathcal{L}(\mathcal{H})$$

로 쓸 수 있다. 다시 연습문제 5.5에 의해

$$\Phi^*(\sigma) = A^*(\sigma \otimes \mathrm{id}_\mathcal{Z})B, \quad \forall \sigma \in \mathcal{L}(\mathcal{K})$$

이어서, $\Phi^*(\mathrm{id}_\mathcal{K}) = A^*B$가 된다. 그러므로

$$\Phi^*(\mathrm{id}_\mathcal{K}) = \mathrm{id}_\mathcal{H} \iff A^*B = \mathrm{id}_\mathcal{H}$$

임을 얻는다.

(1)⟺(3): $\{e_i\}$를 $\mathcal{H}$의 정규직교 기저라 하면, 식 (5.8)에 의해

$$\mathrm{tr}_\mathcal{K}(J(\Phi)) = \sum_{i,j} \mathrm{tr}(\Phi(e_ie_j^*))e_ie_j^*$$

이다. 따라서 $\mathrm{tr}_\mathcal{K}(J(\Phi)) = \mathrm{id}_\mathcal{H}$일 필요 충분 조건은

$$\mathrm{tr}(\Phi(e_ie_j^*)) = \delta_{ij} = \mathrm{tr}(e_ie_j^*), \quad \forall i, j$$

이 성립하는 것이다. 그런데 $\mathrm{tr}\circ\Phi$와 tr가 선형이고 $\{e_ie_j^*\}$가 $\mathcal{L}(\mathcal{H})$의 기저이므로, 이것이 성립할 필요 충분 조건은 $\mathrm{tr}\circ\Phi = \mathrm{tr}$, 즉 Φ가 자취 보존인 것이다. □

정리 5.13과 정리 5.15로부터 다음을 얻는다.

정리 5.16

힐버트 공간 $\mathcal{H}, \mathcal{K}$가 주어졌을 때, $\Phi \in \mathcal{L}(\mathcal{L}(\mathcal{H}), \mathcal{L}(\mathcal{K}))$에 대해 다음의 명제들은 모두 동치이다.

(1) Φ는 완전 양이고 자취 보존이다.

(2) Φ의 초이 표현 $J(\Phi)$가 양이고, $\mathrm{tr}_\mathcal{K}(J(\Phi)) = \mathrm{id}_\mathcal{H}$를 만족한다.

(3) 유한 집합 Γ와 선형 변환들 $\{A_i \in \mathcal{L}(\mathcal{H},\mathcal{K})\}_{i\in\Gamma}$이 존재하여

$$\Phi(\rho) = \sum_{i\in\Gamma} A_i\rho A_i^*, \quad \forall\rho \in \mathcal{L}(\mathcal{H}); \ \sum_{i\in\Gamma} A_i^* A_i = \mathrm{id}_{\mathcal{H}}$$

가 성립한다.

(4) 힐버트 공간 $\mathcal{Z}$와 선형 변환 $A \in \mathcal{L}(\mathcal{H},\mathcal{K}\otimes\mathcal{Z})$가 존재하여

$$\Phi(\rho) = \mathrm{tr}_{\mathcal{Z}}(A\rho A^*), \quad \forall\rho \in \mathcal{L}(\mathcal{H}); \ A^*A = \mathrm{id}_{\mathcal{H}}$$

가 성립한다.

CHAPTER 6

양자 상태와 양자 얽힘

양자 역학에서 격리된 양자 시스템의 상태를 순수 양자 상태라고 하는데, 대부분의 경우 완벽하게 격리된 상태를 만들기 어렵고 전체의 부분만 통제 가능하다. 따라서 순수 양자 상태를 알기는 어렵고 현실적으로는 전체 물리계의 부분만을 기술하는 것이 필요한데, 그 수학적 표현이 자취가 1인 양의 작용소이며 이를 혼합된 양자 상태라고 부른다.

이 장에서는 양자 상태를 정의하고 순수 상태와 혼합된 상태, 분리 가능한 상태와 얽힌 상태에 대해서 알아본다.

6.1 양자 상태

이 절에서는 양자 상태를 표현하는 밀도 작용소의 성질과 양자 상태들의 합성에 대해 알아본다.

6.1.1 밀도 작용소와 양자 상태

양자 상태는 2.4절에서 언급되었던 것보다 일반적으로 다음과 같이 정의할 수 있다.

정의 6.1

힐버트 공간 $\mathcal{H}$의 **밀도 작용소**(density operator)란 자취가 1인 양의 작용소를 말한다. 즉 자기수반이고, 고유값이 모두 음이 아니며 그 합이 1인 $\mathcal{L}(\mathcal{H})$의 원소이다. 또한, 밀도 작용소를 **양자 상태**(quantum state)라고도 한다. $\mathcal{H}$의 모든 밀도 작용소의 집합을 $\mathbf{D}(\mathcal{H})$

로 표시하자. 계수가 1인 밀도 작용소를 **순수 상태**(pure state)라고 부르며, 계수가 2 이상이면 **혼합 상태**(mixed state)라고 한다.

스펙트럼 정리(정리 2.10)와 디랙 표기법에 의해 모든 밀도 작용소는 정규직교인 벡터들 $\{|i\rangle \in \mathcal{H}\}_{1\leq i\leq r}$가 있어서

$$\rho = \sum_{i=1}^{r} p_i|i\rangle\langle i|, \qquad \sum_{i=1}^{r} p_i = 1,\ p_i > 0 \quad \forall i$$

라고 쓸 수 있다. 여기서 r은 ρ의 계수이므로, 순수 상태들은 단위 벡터 $|x\rangle \in S_{\mathcal{H}}$가 존재하여

$$|x\rangle\langle x|, \tag{6.1}$$

의 꼴로 쓸 수 있다. 역으로 크기가 1인 두 벡터 $|x\rangle$와 $|y\rangle$가

$$|x\rangle\langle x| = |y\rangle\langle y|$$

을 만족한다면, 양변의 오른쪽에 $|x\rangle$를 두어서 $|x\rangle = |y\rangle\langle y|x\rangle$를 얻고 $\alpha = \langle y|x\rangle$는 크기가 1인 복소수이며 $|x\rangle = \alpha|y\rangle$가 성립한다. 따라서 함수

$$\mathbb{P}\mathcal{H} = S_{\mathcal{H}}/\sim \longrightarrow \mathbf{D}(\mathcal{H}), \quad [|x\rangle] \longmapsto |x\rangle\langle x|$$

에 의해 $\mathbb{P}\mathcal{H}$와 순수 상태들의 집합 $\mathbf{D}(\mathcal{H})_{pure}$ 사이의 일대일 대응을 얻는다. 그러므로 2.4절에서 양자 상태 $[|a\rangle]$라고 표현한 것은 이제 순수 양자 상태 $|a\rangle\langle a|$로 볼 수 있고, 일반적인 양자 상태

$$\rho = \sum_i p_i|i\rangle\langle i|, \qquad \Big(\sum_i p_i = 1,\ p_i > 0\Big)$$

는 순수 양자 상태 $|i\rangle\langle i|$들이 비율 $\{p_i\}$로 혼합된 모임으로 볼 수 있다.

정의 6.2

$\mathcal{H}$를 힐버트 공간이라고 하자.

(1) 양의 작용소들의 유한 집합 $\{\eta_i\} \subset \mathbf{P}(\mathcal{H})$가

$$\operatorname{tr}\left(\sum_i \eta_i\right) = 1$$

을 만족하면, 양자 상태의 **앙상블**(ensemble)이라고 한다.

(2) 양자 상태 ρ, $\rho_1, \ldots, \rho_r \in \mathbf{D}(\mathcal{H})$와 $\sum_{i=1}^{r} p_i = 1$인 음이 아닌 실수들 $p_i \geq 0$가

있어서

$$\rho = \sum_{i=1}^{r} p_i \rho_i$$

를 만족하면, 양자 상태 ρ가 양자 상태들 $\rho_1, \ldots, \rho_r$의 **혼합**(mixture)이라고 한다.

$\{\eta_i\} \subset \mathbf{P}(\mathcal{H})$가 앙상블일 때, $p_i = \mathrm{tr}(\eta_i)$라고 두면

$$\rho_i = p_i^{-1}\eta_i \in \mathbf{D}(\mathcal{H}), \quad \sum_i \eta_i = \sum_i p_i \rho_i$$

이다. 따라서 양자 상태 $\rho = \sum_i \eta_i \in \mathbf{D}(\mathcal{H})$는 양자 상태 $\{\rho_i\}$들의 혼합이다. 예를 들어, 밀도 작용소 ρ를 스펙트럼 분해하여 $\rho = \sum_{i=1}^{r} p_i |i\rangle\langle i|$를 얻으면, $\{p_i|i\rangle\langle i|\}$가 앙상블이고 ρ는 양자 상태들 $\{\rho_i = |i\rangle\langle i|\}$의 혼합이다.

정의 6.3

양자 상태 $\rho \in \mathbf{D}(\mathcal{H})$가 **평평한 상태**(flat state)라 함은 힐버트 공간 $\mathcal{H}$의 부분공간 $\mathcal{K}$와 직교 사영 $\Pi : \mathcal{H} \to \mathcal{K} \subset \mathcal{H}$가 있어서

$$\rho = \frac{1}{\mathrm{tr}(\Pi)}\Pi$$

로 쓸 수 있다는 뜻이다. 특히 $\Pi = \mathrm{id}_{\mathcal{H}}$일 때,

$$\omega = \frac{1}{\dim \mathcal{H}}\,\mathrm{id}_{\mathcal{H}}$$

를 **완전 혼합 상태**(completely mixed state)라고 부른다.

순수 상태인지 혼합 상태인지 다음을 통해 판별할 수 있다.

정리 6.4

양자 상태 $\rho \in \mathbf{D}(\mathcal{H})$에 대해 다음이 동치이다.

(1) $\rho \in \mathbf{D}(\mathcal{H})_{pure}$.

(2) $\rho^2 = \rho$.

(3) $\mathrm{tr}(\rho^2) = 1$.

[증명] 스펙트럼 분해 정리(정리 2.10)와 [$0 < p < 1 \Rightarrow p^2 < p$]로부터 자명하다. □

6.1.2 양자 상태의 측정값

힐버트 공간 $\mathcal{H}$의 관측량 $M \in \mathbf{H}(\mathcal{H})$이 주어지면, 단위 벡터 $|\psi\rangle \in S_{\mathcal{H}}$에 의해 주어지는 순수 상태 $\rho = |\psi\rangle\langle\psi|$의 기대값은 (2.39)에 의해

$$\langle M \rangle = \langle\psi|M|\psi\rangle = \mathrm{tr}(\langle\psi|M|\psi\rangle) = \mathrm{tr}(M|\psi\rangle\langle\psi|) = \mathrm{tr}(M\rho)$$

가 된다. 혼합 상태 $\rho = \sum_a p_a|a\rangle\langle a|$를 생각하면, 각각의 순수 상태 $\rho_a = |a\rangle\langle a|$의 기대값이 $\mathrm{tr}(M\rho_a)$이다. 이들이 p_a의 비율로 섞여 있으므로 상태 ρ를 M으로 측정했을 때, 기대값은

$$\langle M \rangle = \mathrm{tr}(M\rho) = \sum_a p_a \,\mathrm{tr}(M\rho_a) = \sum_a p_a \langle a|M|a\rangle$$

이 된다.

6.1.3 합성 계의 양자 상태

왜 혼합된 양자 상태를 고려해야 하는가? 순수 상태에만 관심이 있다 하더라도 합성 계를 생각해보면, 혼합 상태를 피해 갈 수는 없다. 우리가 실험실에서 관찰하려는 대상(예를 들어, 상자 속의 고양이)은 외부세계(상자 밖 우주)와 상호작용을 한다. 실험실을 A라 하고 그 주변 환경을 B라고 하자. 우리가 실험기기를 작동해서 관측하거나 조작할 수 있는 것은 A의 양자 상태이고, B에 대해서는 알기 어렵다.

2.4절에서 설명한 바와 같이 두 힐버트 공간 $\mathcal{H}_A$, $\mathcal{H}_B$에 의해 주어진 양자 계를 결합(상호작용을 허용)하면, 이렇게 합성된 계의 양자 상태는 텐서 곱인 힐버트 공간

$$\mathcal{H}_{AB} = \mathcal{H}_A \otimes \mathcal{H}_B$$

의 벡터로 기술됨을 알고 있다. $\mathcal{H}_A$의 정규직교 기저 $\{|i\rangle_A\}$와 $\mathcal{H}_B$의 정규직교 기저 $\{|\mu\rangle_B\}$를 고르면, 이 합성 계의 순수 양자 상태는

$$|\psi\rangle_{AB} = \sum_{i,\mu} a_{i,\mu}|i\rangle_A \otimes |\mu\rangle_B, \qquad \sum_{i,\mu} |a_{i,\mu}|^2 = 1$$

에 의해 표현된다. 이제 A에만 작용하는 $\mathcal{H}_A$의 관측량 $M \in \mathbf{H}(\mathcal{H}_A)$은 $\mathcal{H}_{AB}$의 관측량 $M \otimes \mathrm{id}_{\mathcal{H}_B} \in \mathbf{H}(\mathcal{H}_{AB})$로 생각할 수 있고, M의 기대값을 구해보면

$$\begin{aligned}\langle M\rangle_A &= \langle M \otimes \mathrm{id}_{\mathcal{H}_B}\rangle_{AB} = \langle\psi|M \otimes \mathrm{id}_{\mathcal{H}_B}|\psi\rangle \\ &= \sum_{i,j,\mu} \overline{a_{j,\mu}} a_{i,\mu} \langle j|M|i\rangle = \mathrm{tr}\left(M \sum_{i,j,\mu} \overline{a_{j,\mu}} a_{i,\mu} |i\rangle\langle j|\right) \\ &= \mathrm{tr}(M\rho_A)\end{aligned}$$

이다. 여기서

$$\rho_A = \sum_{i,j,\mu} \overline{a_{j,\mu}} a_{i,\mu} |i\rangle\langle j|$$

이다. $|\psi\rangle_{AB}$로부터 ρ_A를 얻는 과정은 다음과 같이 이해할 수 있다.

먼저 $|\psi\rangle_{AB}$를 밀도 작용소

$$\rho_{AB} = |\psi\rangle_{AB}\langle\psi|_{AB} = \sum_{i,j}\sum_{\mu,\nu} \overline{a_{j,\nu}} a_{i,\mu} |i\rangle_A\langle j|_A \otimes |\mu\rangle_B\langle\nu|_B$$

로 이해하고, $\mu = \nu$인 경우에만 $\mathcal{H}_A$의 작용소들을 더하면 ρ_A를 얻는다. 그런데 $\mu = \nu$인 경우에만 더하는 것은 대각선 원소의 합을 취하는 것으로 $\mathcal{H}_B$의 정규직교 기저에 대해 자취 tr_B를 취하는 것이다. 우리는 이를 이미 (5.11)에서 접한 바가 있는데, 앞으로 자주 쓸 것이므로 이름을 붙여주자.

정의 6.5

힐버트 공간 $\mathcal{H}, \mathcal{K}$에 대해 $\mathcal{K}$에서의 **부분 자취**(partial trace)란 함수

$$\mathrm{tr}_{\mathcal{K}} : \mathcal{L}(\mathcal{H} \otimes \mathcal{K}) \cong \mathcal{L}(\mathcal{H}) \otimes \mathcal{L}(\mathcal{K}) \xrightarrow{\mathrm{id}\otimes\mathrm{tr}} \mathcal{L}(\mathcal{H}) \otimes \mathbb{C} = \mathcal{L}(\mathcal{H})$$

를 말한다. 좀더 구체적으로 $\mathcal{K}$의 정규직교 기저 $\{v_i\}$를 고른 후

$$\rho \in \mathcal{L}(\mathcal{H} \otimes \mathcal{K}) \cong \mathcal{L}(\mathcal{H}) \otimes \mathcal{L}(\mathcal{K}), \quad \rho = \sum_{i,j} \rho_{ij} \otimes v_i v_j^* \ \ (\rho_{ij} \in \mathcal{L}(\mathcal{H}))$$

라고 쓰면,

$$\mathrm{tr}_{\mathcal{K}}(\rho) = \sum_i \rho_{ii} \in \mathcal{L}(\mathcal{H})$$

로 주어진다.

예를 들어, $\mathcal{K} = \mathbb{C}$인 경우 $\mathrm{tr}_{\mathcal{K}} = \mathrm{id}_{\mathcal{L}_{\mathcal{H}}}$이고, $\mathcal{H} = \mathbb{C}$인 경우

$$\mathrm{tr}_{\mathcal{K}} = \mathrm{tr} : \mathcal{L}(\mathcal{K}) \longrightarrow \mathbb{C}$$

가 성립한다.

더 일반적으로 k개의 힐버트 공간의 텐서 곱 $\mathcal{H} = \mathcal{H}_1 \otimes \cdots \otimes \mathcal{H}_k$의 선형 작용소 $\rho \in \mathcal{L}(\mathcal{H})$가 주어졌다고 하자. 식 (1.32)와 (1.30), (1.29)에 의해

$$\begin{aligned} \mathcal{L}(\mathcal{H}) &\cong \mathcal{H}^* \otimes \mathcal{H} \cong (\mathcal{H}_1^* \otimes \mathcal{H}_1) \otimes \cdots \otimes (\mathcal{H}_k^* \otimes \mathcal{H}_k) \\ &\cong \mathcal{L}(\mathcal{H}_1) \otimes \cdots \otimes \mathcal{L}(\mathcal{H}_k) \end{aligned}$$

이다. 이 중에서 한 개의 힐버트 공간, 예를 들어 $\mathcal{H}_1$에 대해 우리가 접근할 수 없다면 텐서 곱으로 주어진 밀도 작용소 $\rho_1 \otimes \cdots \otimes \rho_k$ $(\rho_i \in \mathcal{L}(\mathcal{H}_i))$는 우리에게 $\rho_2 \otimes \cdots \otimes \rho_k$의 상수배로만 보일 텐데, 다시 밀도 작용소가 되려면 상수는 $\mathrm{tr}(\rho_1)$일 수밖에 없다. 따라서 부분 자취를

$$\begin{aligned} \mathrm{tr}_{\mathcal{H}_1} : \mathcal{L}(\mathcal{H}) \cong \mathcal{L}(\mathcal{H}_1) \otimes \cdots \otimes \mathcal{L}(\mathcal{H}_k) &\longrightarrow \mathcal{L}(\mathcal{H}_2) \otimes \cdots \otimes \mathcal{L}(\mathcal{H}_k), \\ \rho_1 \otimes \rho_2 \otimes \cdots \otimes \rho_k &\longmapsto \mathrm{tr}(\rho_1)\rho_2 \otimes \cdots \otimes \rho_k \end{aligned}$$

로 정의하면, $\mathcal{H}_1$에 대한 접근을 할 수 없을 때 양자 상태를 표현하는 함수가 된다.

주변 환경으로부터 완벽히 차단된 상태가 아닌 이상 순수 상태로만 측정값을 설명할 수 없고 혼합 상태나 밀도 작용소로 양자 상태를 보아야 하는데, 부분 자취는 합성 계(composite system)에서 부분계(subsystem)의 상태와 측정값을 설명할 수 있게 해준다.

예제 6.1 벨 상태 $|\psi\rangle = \frac{1}{\sqrt{2}}(|00\rangle + |11\rangle)$을 생각하자. 만약 두 번째 입자가 멀리 떨어져 있다면, 첫 번째 입자를 가진 사람에게 어떤 상태로 보일까? 먼저 밀도 작용소

$$\begin{aligned} \sigma = |\psi\rangle\langle\psi| &= \frac{1}{2}(|00\rangle\langle 00| + |00\rangle\langle 11| + |11\rangle\langle 00| + |11\rangle\langle 11|) \\ &= \frac{1}{2}\big(|0\rangle\langle 0| \otimes |0\rangle\langle 0| + |0\rangle\langle 1| \otimes |0\rangle\langle 1| + |1\rangle\langle 0| \otimes |1\rangle\langle 0| + |1\rangle\langle 1| \otimes |1\rangle\langle 1|\big) \end{aligned}$$

를 생각하고, 두 번째 성분의 자취를 취하면 $\mathrm{tr}(|i\rangle\langle j|) = \delta_{ij}$이므로

$$\mathrm{tr}_B\, \sigma = \frac{1}{2}(|0\rangle\langle 0| + |1\rangle\langle 1|) = \frac{1}{2}\mathrm{id}_{\mathbb{C}^2}$$

를 부분 자취로 얻는다. 이것은 두 양자 상태 $|0\rangle$과 $|1\rangle$이 각각 1/2의 비중으로 혼합된 상태라고

말할 수 있다. □

6.1.4 블로흐 구

양자 역학에서 **블로흐 구**(Bloch sphere)는 순수 상태의 큐빗을 기하학적으로 나타낸 것이다. 1-큐빗 순수 상태의 공간은 대응하는 힐버트 공간 $\mathbb{C}^2$의 1차원 부분공간에 의해 주어지는데, 2.4.1절에서 설명한 바와 같이 이것은 1차원 복소 사영 공간 $\mathbb{P}^1$이고 위상수학적으로 2차원 구와 같다. 이를 블로흐 구라고 부른다. 이 구의 내부의 점들은 혼합 상태에 대응된다. 이제 왜 그런지 구체적으로 알아보자.

한 개의 큐빗의 밀도 행렬은 자취가 1인 2×2 양부호 행렬을 말한다. 먼저 자취가 1인 자기수반 행렬은

$$\rho(p) = \frac{1}{2}\begin{pmatrix} 1+p_3 & p_1 - p_2\sqrt{-1} \\ p_1 + p_2\sqrt{-1} & 1-p_3 \end{pmatrix}, \quad p = (p_1, p_2, p_3) \in \mathbb{R}^3$$

로 유일한 방법으로 쓸 수 있다. $\rho(p)$의 자취는 1로 양수이므로 행렬식의 값

$$\frac{1}{4}(1 - p \cdot p) = \frac{1}{4}(1 - p_1^2 - p_2^2 - p_3^2)$$

이 음이 아니기만 하면, 고유값들이 모두 음이 아니어서 양부호 행렬이 된다. 따라서 밀도 행렬들의 집합 $\mathbf{D}(\mathbb{C}^2)$는 3차원 유클리드 공간의 단위 공(unit ball)과 다음과 같은 일대일 대응관계에 있다.

$$\mathbf{B} = \{p \in \mathbb{R}^3 \mid p \cdot p \le 1\} \longrightarrow \mathbf{D}(\mathbb{C}^2), \quad p \longmapsto \rho(p).$$

$\rho(p)$가 순수 상태일 필요 충분 조건은 계수가 1인 것인데, 자취가 1이므로 이는 행렬식의 값이

$$\frac{1}{4}(1 - p \cdot p) = 0$$

이라는 것과 동치이다. 따라서 단위 공 $\mathbf{B}$의 경계면

$$\mathbf{S} = \{p \in \mathbb{R}^3 \mid p \cdot p = 1\}$$

가 정확하게 순수 상태들의 집합과 대응되고 단위 공의 내부 $\mathbf{B}-\mathbf{S}$는 순수하지 않은 혼합 상태들의 집합이다.

구체적으로, 구면 $\mathbf{S}$의 한 점을 극좌표를 사용하여

$$p=(p_1,p_2,p_3)=(\cos\varphi\sin\theta,\sin\varphi\sin\theta,\cos\theta)$$

로 쓰면,

$$\begin{aligned}\rho(p)&=\frac{1}{2}\begin{pmatrix}1+\cos\theta & e^{-\sqrt{-1}\varphi}\sin\theta\\ e^{\sqrt{-1}\varphi}\sin\theta & 1-\cos\theta\end{pmatrix}\\ &=\begin{pmatrix}\cos^2(\theta/2) & e^{-\sqrt{-1}\varphi}\cos(\theta/2)\sin(\theta/2)\\ e^{\sqrt{-1}\varphi}\cos(\theta/2)\sin(\theta/2) & \sin^2(\theta/2)\end{pmatrix}\\ &=\begin{pmatrix}e^{-\sqrt{-1}\varphi/2}\cos(\theta/2)\\ e^{\sqrt{-1}\varphi/2}\sin(\theta/2)\end{pmatrix}\begin{pmatrix}e^{\sqrt{-1}\varphi/2}\cos(\theta/2) & e^{-\sqrt{-1}\varphi/2}\sin(\theta/2)\end{pmatrix}\end{aligned}$$

가 성립하므로, 순수 상태

$$|\psi(\varphi,\theta)\rangle=\begin{pmatrix}e^{-\sqrt{-1}\varphi/2}\cos(\theta/2)\\ e^{\sqrt{-1}\varphi/2}\sin(\theta/2)\end{pmatrix}$$

에 대응된다.

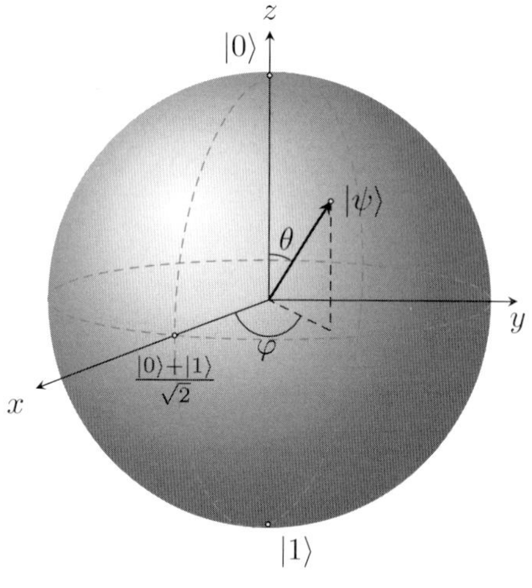

특히, 북극과 남극은

$$|\psi(0,0)\rangle=\begin{pmatrix}1\\0\end{pmatrix}=|0\rangle,\quad |\psi(0,\pi)\rangle=\begin{pmatrix}0\\1\end{pmatrix}=|1\rangle$$

로 각각 고전적 비트 $0,1$에 대응된다.

6.1.5 볼록성

정의 6.6

실 벡터 공간 $\mathcal{H}$의 부분집합 S가 **볼록**(convex)이라 함은

$$\lambda x + (1-\lambda)y \in S, \quad \forall x, y \in S, \ \forall 0 \le \lambda \le 1$$

이 성립함을 말한다. 볼록 집합 S의 한 점 p가 **극단 점**(extreme point)이라 함은

$$p = \lambda x + (1-\lambda)y, \ x, y \in S, \ 0 < \lambda < 1 \implies x = y$$

이 성립함을 말한다.

실수 r과 자기수반 작용소 $A, B \in \mathbf{H}(\mathcal{H})$에 대해 $(rA)^* = rA^* = rA$이고 $(A+B)^* = A^* + B^* = A + B$이므로, 자기수반 작용소들의 집합 $\mathbf{H}(\mathcal{H})$은 실 벡터 공간이다.

연습문제 6.1 실 벡터 공간 $\mathbf{H}(\mathcal{H})$의 실수 위에서의 차원은

$$\dim_{\mathbb{R}} \mathbf{H}(\mathcal{H}) = (\dim_{\mathbb{C}} \mathcal{H})^2$$

임을 구체적인 기저를 찾아 보이시오.

정리 6.7

밀도 작용소들의 집합 $\mathbf{D}(\mathcal{H})$은 자기수반 작용소들의 실 벡터 공간 $\mathbf{H}(\mathcal{H})$에 속하는 볼록 집합이다. 또한, $\mathbf{D}(\mathcal{H})$의 극단 점들의 집합은 순수 상태들의 집합과 일치한다.

[증명] $\mathbf{D}(\mathcal{H})$가 볼록 집합임을 보이기 위해, 임의의 원소 $\rho_0, \rho_1 \in \mathbf{D}(\mathcal{H})$를 잡자. $0 \le \lambda \le 1$에 대해

$$\rho_\lambda := (1-\lambda)\rho_0 + \lambda\rho_1$$

라고 두자. ρ_λ가 자기수반 행렬임은 자명하고, 자취는 선형 함수이므로 ρ_λ의 자취의 값은 1이다. 밀도 작용소 ρ_0과 ρ_1이 양부호 행렬이므로, 임의의 벡터 $|x\rangle \in \mathcal{H}$에 대해

$$\langle x|\rho_\lambda|x\rangle = (1-\lambda)\langle x|\rho_0|x\rangle + \lambda\langle x|\rho_1|x\rangle \ge 0$$

이 되므로, $\rho_\lambda \in \mathbf{D}(\mathcal{H})$ 이다.

만약 $\rho \in \mathbf{D}(\mathcal{H})$ 가 순수하지 않다면, 스펙트럼 분해

$$\rho = \sum_{i=1}^{r} \lambda_i |\psi_i\rangle\langle\psi_i|, \quad \sum_i \lambda_i = 1$$

을 만족하는 정규직교인 부분집합 $\{|\psi_1\rangle, \ldots, |\psi_r\rangle\} \subset \mathcal{H}$와 양의 실수 $\lambda_1, \ldots, \lambda_r > 0$ $(r \geq 2)$이 존재한다. 여기서

$$\lambda = \lambda_1, \quad \rho_1 = |\psi_1\rangle\langle\psi_1|, \quad \rho_0 = \frac{1}{1-\lambda_1} \sum_{i=2}^{r} \lambda_i |\psi_i\rangle\langle\psi_i| \in \mathbf{D}(\mathcal{H})$$

로 두면, $\rho = (1-\lambda)\rho_0 + \lambda\rho_1$ 이다. 그런데 $0 < \lambda < 1$ 이므로 ρ는 극단 점이 아니다.

역으로 순수 상태가 극단 점임을 보이자. 만약

$$|\psi\rangle\langle\psi| = (1-\lambda)\rho_0 + \lambda\rho_1, \quad 0 < \lambda < 1, \;\; \rho_0, \rho_1 \in \mathbf{D}(\mathcal{H})$$

이면, $|\psi\rangle$ 와 수직인 임의의 벡터 $|\phi\rangle$ 에 대해

$$0 = \langle\phi|\psi\rangle\langle\psi|\phi\rangle = (1-\lambda)\langle\phi|\rho_0|\phi\rangle + \lambda\langle\phi|\rho_1|\phi\rangle$$

이다. 그런데 ρ_0, ρ_1 이 양의 작용소이므로

$$\langle\phi|\rho_0|\phi\rangle = 0, \quad \langle\phi|\rho_1|\phi\rangle = 0$$

이어서 $|\phi\rangle \in \ker(\rho_0) \cap \ker(\rho_1)$ 임을 얻는다. 따라서 ρ_0과 ρ_1 모두 $|\psi\rangle\langle\psi|$의 스칼라 곱으로 써야 한다. 그런데 $\mathrm{tr}(\rho_0) = 1 = \mathrm{tr}(\rho_1)$ 이므로

$$\rho_0 = \rho_1 = |\psi\rangle\langle\psi|$$

일 수밖에 없다. □

6.2 양자 얽힘

양자 컴퓨터가 고전 컴퓨터에 비해 우월한 점이 있다면 그것은 양자 얽힘(quantum entanglement)라는 현상 때문이다. 양자 얽힘은 두 부분계 사이에 존재할 수 있는 비고전적인 상관관계인데, 두 부분계가 공간적으로 서로 멀리 떨어져 있어도 기능할 수 있다.

이 절에서는 양자 얽힘을 정의하고 예들을 살펴본다.

6.2.1 순수 상태의 양자 얽힘

두 힐버트 공간 $\mathcal{H}_A$와 $\mathcal{H}_B$로부터 얻는 합성 계의 힐버트 공간 $\mathcal{H}_{AB} = \mathcal{H}_A \otimes \mathcal{H}_B$를 생각하자. 벡터 $|\psi\rangle_{AB} \in \mathcal{H}_{AB} - \{0\}$는 슈미트 분해 정리(정리 2.19)에 의해 정규직교 단위 벡터들

$$\{|i\rangle_A\}_{1\le i\le r} \subset \mathcal{H}_A, \quad \{|i\rangle_B\}_{1\le i\le r} \subset \mathcal{H}_B$$

과 $\sum_{i=1}^{r} p_i = 1$인 확률 벡터 $(p_i)_{1\le i\le r} \subset \mathbb{R}^r_{>0}$가 있어서

$$|\psi\rangle_{AB} = \sum_{i=1}^{r} \sqrt{p_i}|i\rangle_A \otimes |i\rangle_B \tag{6.2}$$

라고 쓸 수 있다. 여기서 슈미트 수 r은 $|\psi\rangle_{AB}$에 의해 유일하게 결정된다.

벡터 $|\psi\rangle_{AB}$를 (6.2)와 같이 쓰고 (6.1)을 통해 양의 작용소

$$\rho = |\psi\rangle_{AB}\langle\psi|_{AB} = \sum_{i,j=1}^{r} \sqrt{p_i p_j}|i\rangle_A\langle j|_A \otimes |i\rangle_B\langle j|_B \tag{6.3}$$

를 얻는다. 여기서 부분 자취(정의 6.5)를 취하면

$$\mathrm{tr}_A(\rho) = \sum_{i=1}^{r} p_i|i\rangle_B\langle i|_B, \quad \mathrm{tr}_B(\rho) = \sum_{i=1}^{r} p_i|i\rangle_A\langle i|_A \tag{6.4}$$

를 얻는다. 슈미트 분해가 유용한 이유는 이처럼 부분 자취의 계산이 (6.2)에서 (6.4)를 얻는 것처럼 매우 쉽기 때문이다.

정의 6.8

합성 계의 힐버트 공간 $\mathcal{H}_{AB} = \mathcal{H}_A \otimes \mathcal{H}_B$에 속하는 0이 아닌 벡터 $|\psi\rangle_{AB}$의 슈미트 수가 1이면 **분리 가능**(separable) 상태라고 부르고, 분리 가능하지 않으면 **얽힌**(entangled) 상태라고 한다.

힐버트 공간 $\mathcal{H}_1, \ldots, \mathcal{H}_r$에 대해 $|x_i\rangle \in \mathcal{H}_i$ $(1 \le i \le r)$들이 존재하여

$$|\psi\rangle = |x_1\rangle \otimes \cdots \otimes |x_r\rangle \in \mathcal{H}_1 \otimes \cdots \otimes \mathcal{H}_r \tag{6.5}$$

로 쓸 수 있는 벡터 $|\psi\rangle \in \mathcal{H}_1 \otimes \cdots \otimes \mathcal{H}_r$를 $\{|x_i\rangle\}$들의 **곱 벡터**(product vector)라고 부른다.

또한, 양자 상태 $\rho_i \in \mathbf{D}(\mathcal{H}_i)$ $(1 \leq i \leq r)$들이 있어서

$$\rho = \rho_1 \otimes \cdots \otimes \rho_r \in \mathbf{D}(\mathcal{H}_1 \otimes \cdots \otimes \mathcal{H}_r) \tag{6.6}$$

로 쓸 수 있는 양자 상태를 **곱 상태**(product state)라고 부른다.

연습문제 6.2 $1 \leq i \leq r$에 대해 밀도 작용소 $\rho_i \in \mathbf{D}(\mathcal{H}_i)$들의 텐서 곱

$$\rho_1 \otimes \rho_2 \otimes \cdots \otimes \rho_r$$

은 밀도 작용소임을 보이시오.

식 (6.2)에 의해 $|\psi\rangle_{AB} \in \mathcal{H}_{AB} - \{0\}$가 분리 가능일 필요 충분 조건은 $|\psi\rangle_{AB}$가 곱 벡터인 것이다. 단위 벡터 $|x\rangle_A \in S_{\mathcal{H}_A}$와 $|y\rangle_B \in S_{\mathcal{H}_B}$에 대해

$$|\psi\rangle_{AB} = |x\rangle_A \otimes |y\rangle_B$$

로 쓰인 단위 벡터의 밀도 작용소 $\rho = |\psi\rangle_{AB}\langle\psi|_{AB}$에 부분 자취를 취하면,

$$\begin{aligned}\rho_A &= \mathrm{tr}_B(\rho) = |x\rangle_A\langle x|_A,\\ \rho_B &= \mathrm{tr}_A(\rho) = |y\rangle_B\langle y|_B\end{aligned}$$

가 되어 각각 $|x\rangle_A$와 $|y\rangle_B$로부터 얻는 순수 상태들이다. 따라서 원래의 상태 $|x\rangle_A \otimes |y\rangle_B = |\psi\rangle_{AB}$를 복원할 수 있다. 이것이 분리 가능의 의미이다. 각각의 부분의 상태로부터 합성 계 전체의 상태를 알 수 있다.

이 책에서는 대부분 두 힐버트 공간의 텐서 곱으로 주어진 합성 계의 양자 얽힘을 다룬다. 하지만 여러 개의 힐버트 공간의 텐서 곱의 경우도 양자 얽힘을 다음과 같이 생각할 수 있다.

정의 6.9

힐버트 공간 $\mathcal{H}_1, \ldots, \mathcal{H}_\ell$과 그 텐서 곱

$$\mathcal{H} = \mathcal{H}_1 \otimes \cdots \otimes \mathcal{H}_\ell$$

의 순수한 양자 상태 $|\psi\rangle \in S_{\mathcal{H}}$가 **분리 가능**(separable)이라 함은 공집합도 아니고 전체

집합도 아닌 $\{1, \ldots, \ell\}$의 부분집합 Σ와 그 여집합 Γ에 대해 양자 상태들

$$|\psi_\Sigma\rangle \in \mathcal{H}_\Sigma = \bigotimes_{i \in \Sigma} \mathcal{H}_i, \quad |\psi_\Gamma\rangle \in \mathcal{H}_\Gamma = \bigotimes_{i \in \Gamma} \mathcal{H}_i$$

이 존재하여 $|\psi\rangle = |\psi_\Sigma\rangle \otimes |\psi_\Gamma\rangle$가 성립함을 말한다.

양자 상태 $|\psi\rangle \in S_{\mathcal{H}}$가 **완전 분리 가능**(completely separable)이라함은 각각의 $1 \leq i \leq \ell$에 대해 양자 상태 $|\psi_i\rangle \in S_{\mathcal{H}_i}$가 존재하여

$$|\psi\rangle = |\psi_1\rangle \otimes \cdots \otimes |\psi_\ell\rangle$$

가 성립함을 말한다.

6.2.2 순수화

예제 6.1에서 순수 상태의 부분 자취로 혼합 상태를 얻을 수 있는 것을 보았다. 역으로 모든 혼합 상태는 더 큰 힐버트 공간에 작용하는 순수 상태의 부분 자취로 얻어지는데, 이를 순수화라고 한다.

정의 6.10

힐버트 공간 $\mathcal{H}_A$, $\mathcal{H}_B$에 대해 벡터 $|\psi\rangle_{AB} \in \mathcal{H}_{AB} = \mathcal{H}_A \otimes \mathcal{H}_B$와 밀도 작용소 $\rho_A \in \mathbf{P}(\mathcal{H}_A)$가

$$\mathrm{tr}_B \left(|\psi\rangle_{AB} \langle\psi|_{AB} \right) = \rho_A$$

를 만족하면, $|\psi\rangle_{AB}$가 ρ_A의 **순수화**(purification)라고 한다.

만약 $\rho_A \in \mathbf{P}(\mathcal{H}_A)$의 순수화 $|\psi\rangle_{AB}$가 존재한다면 식 (6.2), (6.3)과 (6.4)에 의해 r개의 원소를 갖는 정규직교 부분집합 $\{|i\rangle_B\}_{1 \leq i \leq r} \subset S_{\mathcal{H}_B}$이 존재해야 한다. 따라서 $\dim \mathcal{H}_B \geq r$이다. 역으로 다음이 성립한다.

정리 6.11

힐버트 공간 $\mathcal{H}_A$에 작용하는 밀도 작용소 $\rho_A \in \mathbf{P}(\mathcal{H}_A)$의 계수가 r이면, $\dim \mathcal{H}_B \geq r$인 임의의 힐버트 공간 $\mathcal{H}_B$에 대해 ρ_A를 순수화하는 단위 벡터 $|\psi\rangle_{AB} \in \mathcal{H}_A \otimes \mathcal{H}_B$가 존재한다.

[증명] 스펙트럼 분해 정리(정리 2.10)에 의해 양의 실수들의 부분집합

$$\{p_i\}_{1\le i\le r} \qquad \left(p_i > 0,\ \sum_{i=1}^{r} p_i = 1\right)$$

와 정규직교 부분집합 $\{|i\rangle_A\}_{1\le i\le r} \subset \mathcal{H}_A$ 이 존재하여

$$\rho_A = \sum p_i |i\rangle_A \langle i|_A$$

로 쓸 수 있다.

가정에 의해 $\dim \mathcal{H}_B \ge r$ 이므로, 정규직교인 부분집합 $\{|i\rangle_B\}_{1\le i\le r} \subset S_{\mathcal{H}_B}$ 를 잡을 수 있다.

$$|\psi\rangle_{AB} = \sum_{i=1}^{r} \sqrt{p_i}|i\rangle_A \otimes |i\rangle_B$$

라고 두면, 식 (6.4)에 의해

$$\mathrm{tr}_B\left(|\psi\rangle_{AB}\langle\psi|_{AB}\right) = \sum_{i=1}^{r} p_i|i\rangle_A\langle i|_A = \rho_A$$

이 성립하므로 $|\psi\rangle_{AB}$ 가 ρ_A 의 순수화이다. □

ρ_A 의 순수화는 유일하지 않지만, 서로 다른 두 순수화는 힐버트 공간 $\mathcal{H}_B$ 에서 다른 정규직교인 집합으로 대체하는 정도만 차이가 난다.

정리 6.12

벡터 $|\psi\rangle_{AB}$, $|\phi\rangle_{AB} \in \mathcal{H}_{AB}$ 에 대해

$$\mathrm{tr}_B\left(|\psi\rangle_{AB}\langle\psi|_{AB}\right) = \mathrm{tr}_B\left(|\phi\rangle_{AB}\langle\phi|_{AB}\right)$$

이면, $\mathcal{H}_B$ 의 유니터리 작용소 $U \in \mathbf{U}(\mathcal{H}_B)$ 가 있어서

$$|\phi\rangle_{AB} = (\mathrm{id}_{\mathcal{H}_A} \otimes U)|\psi\rangle_{AB}$$

가 성립한다.

[증명] 슈미트 분해 정리에 의해, $\mathcal{H}_A$ 의 정규직교 기저 $\{|i\rangle_A\}_{1\le i\le m}$ 과 $\mathcal{H}_B$ 의 정규직교 기저

$\{|j\rangle_B\}_{1\le j\le n}$가 있다. 그러면

$$|\psi\rangle_{AB} = \sum_{i=1}^{r} \sqrt{p_i}|i\rangle_A \otimes |i\rangle_B, \quad p_i > 0$$

로 쓸 수 있고, 부분 자취 tr_B를 취하여

$$\mathrm{tr}_B\left(|\psi\rangle_{AB}\langle\psi|_{AB}\right) = \sum_{i=1}^{r} p_i|i\rangle_A\langle i|_A$$

를 얻는다.

이제 $\mathcal{H}_{AB} = \mathcal{H}_A \otimes \mathcal{H}_B$의 기저 $\{|i\rangle_A \otimes |j\rangle_B\}$를 써서

$$|\phi\rangle_{AB} = \sum_{i=1}^{m}\sum_{j=1}^{n} a_{ij}|i\rangle_A \otimes |j\rangle_B \tag{6.7}$$

라고 쓰면,

$$|\phi\rangle_{AB}\langle\phi|_{AB} = \sum_{i,i'=1}^{m}\sum_{j,j'=1}^{n} a_{ij}\overline{a_{i'j'}}|i\rangle_A\langle i'|_A \otimes |j\rangle_B\langle j'|_B$$

를 얻는다. 여기에 부분 자취 tr_B를 취하면,

$$\sum_{i,i'=1}^{m}\left(\sum_{j=1}^{n} a_{ij}\overline{a_{i'j}}\right)|i\rangle_A\langle i'|_A$$

이다. 가정에 의해 $\mathrm{tr}_B\left(|\psi\rangle_{AB}\langle\psi|_{AB}\right) = \mathrm{tr}_B\left(|\phi\rangle_{AB}\langle\phi|_{AB}\right)$이므로,

$$\sum_{j=1}^{n} a_{ij}\overline{a_{i'j}} = \begin{cases} p_i\delta_{ii'}, & (i,i') \in [1,r]^2 \\ 0, & (i,i') \notin [1,r]^2 \end{cases}$$

을 얻는다. 즉 부분집합

$$\left\{v_i = \frac{1}{\sqrt{p_i}}\sum_{j=1}^{n} a_{ij}|j\rangle_B\right\}_{1\le i\le r} \subset \mathcal{H}_B$$

은 정규직교이고, $i > r$이면 $\sum_{j=1}^{n} a_{ij}|j\rangle_B = 0$이다. 집합 $\{v_i\}_{1\le i\le r}$를 확장하여 정규직교 기저 $\{v_i\}_{1\le i\le n}$를 찾고, $U|i\rangle_B = v_i$를 만족하는 유니터리 작용소 $U \in \mathbf{U}(\mathcal{H}_B)$를 얻는다.

이제 (6.7)은

$$|\phi\rangle_{AB} = \sum_{i=1}^{m} \sqrt{p_i}|i\rangle_A \otimes \left(\frac{1}{\sqrt{p_i}}\sum_{j=1}^{n} a_{ij}|j\rangle_B\right)$$

$$
\begin{aligned}
&= \sum_{i=1}^{r} \sqrt{p_i}|i\rangle_A \otimes U|i\rangle_B \\
&= (\mathrm{id} \otimes U)\Big(\sum_{i=1}^{r} \sqrt{p_i}|i\rangle_A \otimes |i\rangle_B\Big) \\
&= (\mathrm{id} \otimes U)|\psi\rangle_{AB}
\end{aligned}
$$

이므로, 정리가 증명되었다. □

6.2.3 혼합 상태의 양자 얽힘

힐버트 공간 $\mathcal{H}_A$와 $\mathcal{H}_B$, 그리고 그들의 텐서 곱 $\mathcal{H}_{AB} = \mathcal{H}_A \otimes \mathcal{H}_B$를 생각하자. 정의 6.8에 따라 순수 상태 $|\psi\rangle \in S_{\mathcal{H}_{AB}}$가 분리 가능이라 함은 $|x\rangle \in S_{\mathcal{H}_A}$와 $|y\rangle \in S_{\mathcal{H}_B}$가 존재하여 $|\psi\rangle = |x\rangle \otimes |y\rangle$가 성립함을 뜻하고, 이렇게 쓸 수 없으면 얽힌 상태이다.

정의 6.1에서 혼합 상태는 계수가 2 이상인 밀도 작용소로 정의됨을 상기하고, 이제는 혼합 상태에 대해 분리 가능성을 정의해보자.

정의 6.13

양의 작용소 $\rho \in \mathbf{P}(\mathcal{H}_{AB})$가 **분리 가능**이라는 것은 유한 집합 Σ, 분리 가능 순수 상태 $\{|\psi_a\rangle \in S_{\mathcal{H}_{AB}}\}_{a\in\Sigma}$와 양의 실수 $\{p_a\}_{a\in\Sigma}$들이 있어서

$$\rho = \sum_{a\in\Sigma} p_a |\psi_a\rangle\langle\psi_a| \tag{6.8}$$

가 성립하는 것을 말한다. 분리 가능하지 않으면, **얽혀있다**(entangled)고 한다. 따라서 혼합 상태 $\rho \in \mathbf{D}(\mathcal{H}_{AB})$가 분리 가능이라는 것은 분리 가능한 순수 상태들의 앙상블이라는 뜻이다. 모든 분리 가능한 양의 작용소들의 집합을 $Sep(\mathcal{H}_{AB})$라고 쓰고, 분리 가능한 밀도 작용소 $\rho \in \mathbf{D}(\mathcal{H}_{AB})$들의 집합을

$$Sep\mathbf{D}(\mathcal{H}_{AB}) := Sep(\mathcal{H}_{AB}) \cap \mathbf{D}(\mathcal{H}_{AB})$$

라고 쓰자.

일반적으로 힐버트 공간 $\mathcal{H}_1, \ldots, \mathcal{H}_\ell$의 텐서 곱 $\mathcal{H} = \mathcal{H}_1 \otimes \cdots \otimes \mathcal{H}_\ell$에 대해 양의 작용소 $\rho \in \mathbf{P}(\mathcal{H})$가 **분리 가능**이라 함은 분리 가능한 순수 상태 $\{|\psi_a\rangle \in S_{\mathcal{H}}\}_{a\in\Sigma}$들이 존재하여 식 (6.8)의 꼴로 쓸 수 있다는 말이다.

식 (6.8)에 $|\psi_a\rangle = |x_a\rangle \otimes |y_a\rangle \in \mathcal{H}_A \otimes \mathcal{H}_B = \mathcal{H}_{AB}$를 대입하면

$$\begin{aligned}\rho &= \sum_{a\in\Sigma} p_a(|x_a\rangle \otimes |y_a\rangle)(\langle x_a| \otimes \langle y_a|) \\ &= \sum_{a\in\Sigma} p_a|x_a\rangle\langle x_a| \otimes |y_a\rangle\langle y_a|\end{aligned} \tag{6.9}$$

을 얻는데, 이렇게 쓸 수 있는 것을 분리 가능 상태로 정의할 수도 있다.

보조정리 6.14

양의 작용소 $\rho \in \mathbf{P}(\mathcal{H}_{AB})$가 분리 가능일 필요 충분 조건은 유한 집합 Σ가 존재하여

$$\rho = \sum_{a\in\Sigma} X_a \otimes Y_a, \quad \exists X_a \in \mathbf{P}(\mathcal{H}_A),\ Y_a \in \mathbf{P}(\mathcal{H}_B) \tag{6.10}$$

로 쓸 수 있는 것이다.

[증명] 분리 가능한 양의 작용소는 식 (6.9)에서

$$X_a = p_a|x_a\rangle\langle x_a|, \quad Y_a = |y_a\rangle\langle y_a|$$

로 두면 (6.10)을 얻는다. 역으로 식 (6.10)꼴로 쓰인다면, X_a와 Y_a의 스펙트럼 분해를 식 (6.10)에 대입하면 (6.8)의 꼴로 쓰인다. □

양자 상태 $\rho \in \mathbf{D}(\mathcal{H}_{AB})$에는 유니터리 군 $\mathbf{U}(\mathcal{H}_{AB})$가 작용한다. 이보다 훨씬 작은 군 $\mathbf{U}(\mathcal{H}_A)$와 $\mathbf{U}(\mathcal{H}_B)$는 전체 시스템이 아니고 $\mathcal{H}_A$와 $\mathcal{H}_B$에 각각 작용하므로 국소 군이라고 부르며, 이 국소 군의 작용을 **국소 작용**(local operation)이라고 부른다. 양자 정보의 다양한 상황에서 국소 작용만 쓸 수 있고 연락은 (전화기와 같은) 고전적인 느린 통신 수단만 허용되는 경우가 종종 있는데, 이를 **국소 작용과 고전 연락**(local operations and classical communication, LOCC) 상황이라고 부르자.

정의로부터 자명한 사실은 국소 작용은 분리 가능성을 보존하고 얽힘도 보존하므로, LOCC를 사용하여 분리 가능 상태에서 얽힌 상태를 생성할 수 없다. 따라서 분리 가능 상태가 얽힌 상태가 되거나 그 역이 가능하려면 국소적이지 않은 유니터리 작용소를 사용해야 한다.

예제 6.2 $\mathcal{H}_A = \mathcal{H}_B = \mathbb{C}^2$이라고 하자. $\mathbb{C}^2$의 표준 기저 벡터들을 $|0\rangle$, $|1\rangle$로 쓰고, $|i\rangle \otimes |j\rangle = |ij\rangle$ $(i, j \in \{0, 1\})$로 쓰자.

(1) $\frac{1}{4}\,\mathrm{id}_{\mathcal{H}_{AB}} = \frac{1}{4}(\mathrm{id}_{\mathcal{H}_A} \otimes \mathrm{id}_{\mathcal{H}_B})$은 분리 가능이다. 그 이유는

$$\begin{aligned}\mathrm{id}_{\mathcal{H}_A} \otimes \mathrm{id}_{\mathcal{H}_B} &= (|0\rangle\langle 0| + |1\rangle\langle 1|) \otimes (|0\rangle\langle 0| + |1\rangle\langle 1|)\\ &= |00\rangle\langle 00| + |01\rangle\langle 01| + |10\rangle\langle 10| + |11\rangle\langle 11|\end{aligned}$$

이고, $|ij\rangle$는 분리 가능인 순수 상태이기 때문이다.

(2) 양자 상태 $\rho = \dfrac{1}{2}(|01\rangle\langle 01| + |10\rangle\langle 10| - |10\rangle\langle 01| - |01\rangle\langle 10|)$은 표준 기저 $\{|00\rangle, |01\rangle, |10\rangle, |11\rangle\}$을 써서 행렬로 쓰면,

$$\frac{1}{2}\begin{pmatrix} 0 & 0 & 0 & 0 \\ 0 & 1 & -1 & 0 \\ 0 & -1 & 1 & 0 \\ 0 & 0 & 0 & 0 \end{pmatrix}$$

이고 밀도 작용소임을 알 수 있다. 하지만 $\mathcal{H}_B$ 쪽만 전치(transpose)를 취해보면, 즉 $|i\rangle_B\langle j|_B \mapsto |j\rangle_B\langle i|_B$를 작용하면,

$$\rho^t = \frac{1}{2}(|01\rangle\langle 01| + |10\rangle\langle 10| - |11\rangle\langle 00| - |00\rangle\langle 11|)$$

가 된다. 이를 행렬로 적으면,

$$\frac{1}{2}\begin{pmatrix} 0 & 0 & 0 & -1 \\ 0 & 1 & 0 & 0 \\ 0 & 0 & 1 & 0 \\ -1 & 0 & 0 & 0 \end{pmatrix}$$

이어서 양의 작용소가 아니다. 아래의 PPT 판별법에 따라 ρ는 얽힌 상태이다. □

정의 6.15 (부분 전치, partial transpose)

동형변환

$$\begin{aligned}\mathcal{L}(\mathcal{H}_A) \otimes \mathcal{L}(\mathcal{H}_B) &\longrightarrow \mathcal{L}(\mathcal{H}_A \otimes \mathcal{H}_B),\\ \sum_i f_i \otimes g_i &\longmapsto \Big(\sum_j x_j \otimes y_j \longmapsto \sum_{i,j} f_i(x_j) \otimes g_i(y_j)\Big)\end{aligned}$$

과 전치 변환 $T : \mathcal{L}(\mathcal{H}_B) \to \mathcal{L}(\mathcal{H}_B)$, $T(\sigma) = \sigma^t$를 사용하여, **부분 전치**(partial transpose)는 합성 변환

$$\begin{aligned}PT : \mathcal{L}(\mathcal{H}_A \otimes \mathcal{H}_B) &\cong \mathcal{L}(\mathcal{H}_A) \otimes \mathcal{L}(\mathcal{H}_B)\\ &\xrightarrow{\mathrm{id}\otimes T} \mathcal{L}(\mathcal{H}_A) \otimes \mathcal{L}(\mathcal{H}_B) \cong \mathcal{L}(\mathcal{H}_A \otimes \mathcal{H}_B),\end{aligned}$$

$$\rho \longmapsto \rho^{PT}$$

으로 정의된다.

만약 양의 작용소 $\rho \in \mathbf{P}(\mathcal{H}_{AB})$의 부분 전치 ρ^{PT}도 양의 작용소이면, **PPT**(positive partial transpose, 양의 부분 전치) 상태라고 부른다. PPT 상태들의 집합을 $PPT(\mathcal{H}_{AB})$라고 쓰자.

정리 6.16 (PPT 판별법)

만약 $\rho \in \mathbf{P}(\mathcal{H}_{AB})$가 분리 가능이면, 부분 전치 ρ^{PT}도 양의 작용소이다. 즉 $Sep(\mathcal{H}_{AB}) \subset PPT(\mathcal{H}_{AB})$이다.

[증명] 분리 가능 작용소 $\rho \in \mathbf{P}(\mathcal{H}_{AB})$는

$$\rho = \sum_i p_i \rho_{A,i} \otimes \rho_{B,i}, \quad p_i \geq 0$$

인데, $\rho_{A,i} = x_i x_i^*$, $\rho_{B,i} = y_i y_i^*$ 꼴로 쓸 수 있다. $y_i y_i^*$의 전치는

$$(y_i y_i^*)^t = \bar{y}_i y_i^t = \bar{y}_i \bar{y}_i^*$$

이므로 여전히 양의 작용소이다. 따라서 양의 작용소들의 양의 일차결합인 ρ^{PT}도 양의 작용소이다. □

정리 6.16의 역은 성립하는가? $\dim \mathcal{H}_A = \dim \mathcal{H}_B = 2$인 경우는 역도 성립하지만, 3차원 이상의 경우에는 부분 전치가 양(PPT)이라고 해서 분리 가능한 것은 아니다.

연습문제 6.3 힐버트 공간 $\mathcal{H}_1, \ldots, \mathcal{H}_\ell$ $(\ell \geq 2)$의 텐서 곱

$$\mathcal{H} = \mathcal{H}_1 \otimes \cdots \otimes \mathcal{H}_\ell$$

으로 얻는 힐버트 공간의 혼합 상태에 대해 PPT 판별법을 확립하시오.

정의 6.17

PPT 상태 $\rho \in \mathbf{D}(\mathcal{H}_{AB}) \cap PPT(\mathcal{H}_{AB})$가 **모서리 상태**(edge state)라 함은

$$x \otimes y \in \operatorname{im} \rho, \ \ x \otimes \bar{y} \in \operatorname{im} \rho^{PT} \implies x \otimes y = 0$$

을 만족한다는 말이다.

정리 6.16의 증명으로부터 분리 가능 상태 $\rho \in \mathbf{D}(\mathcal{H}_{AB})$는 0이 아닌 $x_i \otimes y_i$가 있어 $x_i \otimes y_i \in \operatorname{im}\rho$, $x_i \otimes \bar{y_i} \in \operatorname{im}\rho^{PT}$가 성립한다. 따라서 분리 가능한 상태는 모서리 상태일 수 없다.

따름정리 6.18

모서리 상태는 분리 가능하지 않다, 즉 얽힌 상태이다.

$\dim\mathcal{H}_A = \dim\mathcal{H}_B \geq 3$인 모든 경우에는 모서리 상태가 존재할 것으로 예상되며, 차원이 1000이하인 경우까지 구체적인 예가 최근에 발견되었다. 또한, 모든 PPT 상태는 모서리 상태와 분리 가능 상태의 볼록 합[1]으로 쓸 수 있음이 알려져 있다. 따라서 모서리 상태를 분류하는 것은 흥미로운 문제이지만 아직까지 알려진 것이 많지 않다.

6.2.4 호로데키의 판별법

혼합 상태가 분리 가능인지 아니면 얽혔는지 판별할 수 있는 호로데키(Horodecki)의 판별법을 알아보자.

정리 6.19

힐버트 공간 $\mathcal{H}_A$와 $\mathcal{H}_B$의 텐서 곱 $\mathcal{H}_{AB} = \mathcal{H}_A \otimes \mathcal{H}_B$에 작용하는 양자 상태 $\rho \in \mathbf{D}(\mathcal{H}_{AB})$에 대한 다음 조건은 모두 동치이다.

(1) ρ가 분리 가능이다.

(2) 임의의 힐버트 공간 $\mathcal{H}_C$와 양의 선형 변환 $\Phi : \mathcal{L}(\mathcal{H}_A) \to \mathcal{L}(\mathcal{H}_C)$에 대해

$$(\Phi \otimes \mathrm{id}_{\mathcal{L}(\mathcal{H}_B)})(\rho) \in \mathcal{L}(\mathcal{H}_C \otimes \mathcal{H}_B)$$

는 양의 작용소이다.

(3) 임의의 항등 보존인 양의 선형 변환 $\Phi : \mathcal{L}(\mathcal{H}_A) \to \mathcal{L}(\mathcal{H}_B)$에 대해

$$(\Phi \otimes \mathrm{id}_{\mathcal{L}(\mathcal{H}_B)})(\rho) \in \mathcal{L}(\mathcal{H}_B \otimes \mathcal{H}_B)$$

[1]실 벡터 공간 V의 부분집합 S에 대해 S의 원소들의 **볼록 합**(convex sum)이란 유한 개의 S의 원소 $x_1, \cdots, x_m$과 합이 1인 음이 아닌 실수들 $p_1, \cdots, p_m \geq 0$ $(\sum_i p_i = 1)$에 대해 $p_1x_1 + \cdots + p_mx_m$로 기술되는 벡터를 말한다.

는 양의 작용소이다.

[증명] (1)⟹(2): $\rho \in Sep\mathbf{D}(\mathcal{H})$이면, 보조정리 6.14에 의해

$$\rho = \sum_{0 \le i < m} \sigma_i \otimes \mu_i, \quad \sigma_i \in \mathbf{P}(\mathcal{H}_A),\ \mu_i \in \mathbf{P}(\mathcal{H}_B)$$

로 쓸 수 있다. $(\Phi \otimes \mathrm{id}_{\mathcal{H}_B})$를 작용하면, 가정에 의해 $\Phi(\sigma_i) \in \mathbf{P}(\mathcal{H}_C)$이므로, 예제 5.1에 의해

$$(\Phi \otimes \mathrm{id}_{\mathcal{L}(\mathcal{H}_B)})(\rho) = \sum_{0 \le i < m} \Phi(\sigma_i) \otimes \mu_i \in \mathbf{P}(\mathcal{H}_C \otimes \mathcal{H}_B)$$

이다. 따라서 (1)이 참이면 (2)가 참이다.

(2)⟹(3): $\mathcal{H}_C = \mathcal{H}_B$로 두면 자명하다.

(3)⟹(1): ρ가 분리 가능이 아니라고 가정하자. $Sep(\mathcal{H}_{AB})$가 볼록인 닫힌 집합인데 원점을 포함하고 $\mathbb{R}_{\ge 0} Sep(\mathcal{H}_{AB}) = Sep(\mathcal{H}_{AB})$이므로, 아래 보조정리 6.21을 쓰면 $h \in \mathbf{H}(\mathcal{H}_{AB})$가 존재하여

$$h \cdot \rho < 0, \quad h \cdot X \ge 0,\ \forall X \in Sep(\mathcal{H}_{AB})$$

을 만족한다. $h \cdot \rho + \varepsilon\, \mathrm{tr}(\rho) < 0$를 만족하는 양수 $\varepsilon > 0$을 고정하자.

초이 표현 $J : \mathcal{L}(\mathcal{L}(\mathcal{H}_B), \mathcal{L}(\mathcal{H}_A)) \to \mathcal{L}(\mathcal{H}_{AB})$를 사용하여

$$\begin{aligned} &\Theta := J^{-1}(h) \in \mathcal{L}(\mathcal{L}(\mathcal{H}_B), \mathcal{L}(\mathcal{H}_A)), \\ &\Theta^* \in \mathcal{L}(\mathcal{L}(\mathcal{H}_A), \mathcal{L}(\mathcal{H}_B)) \end{aligned}$$

를 생각하자. 임의의 $P \in \mathbf{P}(\mathcal{H}_A)$와 $Q \in \mathbf{P}(\mathcal{H}_B)$에 대하여 $\overline{Q}$도 양이므로[2] $P \otimes \overline{Q}$도 양의 작용소이고 $(P \otimes \overline{Q}) \cdot h \ge 0$임을 안다. 그런데

$$(P \otimes \overline{Q}) \cdot h = (P \otimes \overline{Q}) \cdot J(\Theta) = P \cdot \Theta(Q)$$

이므로,[3]

$$0 \le P \cdot \Theta(Q) = \Theta^*(P) \cdot Q, \quad \forall P \in \mathbf{P}(\mathcal{H}_A),\ Q \in \mathbf{P}(\mathcal{H}_B)$$

를 얻는다. 따라서 임의의 $P \in \mathbf{P}(\mathcal{H}_A)$에 대해 $\Theta^*(P) \in \mathbf{P}(\mathcal{H}_B)$이므로, Θ^*가 양의

[2] $Q = \sum_a \lambda_a e_a e_a^*$이면 $\overline{Q} = \sum_{a,b} \lambda_a \bar{e}_a \bar{e}_a^*$이어서 양이다.

[3] 이 식을 보이려면 P와 Q 각각에 대해 선형이므로 $P = e_i e_j^*$, $Q = e_a e_b^*$인 경우만 확인하면 되고 초이 표현의 정의로부터 금방 확인할 수 있다.

변환임을 안다.

양수 $\varepsilon > 0$을 잡고, 선형 변환 $\Psi : \mathcal{L}(\mathcal{H}_A) \to \mathcal{L}(\mathcal{H}_B)$을

$$\Psi(\sigma) := \Theta^*(\sigma) + \varepsilon\,\mathrm{tr}(\sigma)\,\mathrm{id}_{\mathcal{H}_B}, \quad \forall\sigma \in \mathcal{L}(\mathcal{H}_A)$$

라고 정의하자. 그러면 $\varepsilon > 0$이고 Θ^*와 $\mathrm{tr}(-)\,\mathrm{id}_{\mathcal{H}_B}$가 양의 선형 변환이므로 Ψ도 양이다.

$$\mu := \sqrt{\Psi(\mathrm{id}_{\mathcal{H}_A})}$$

라고 두면 $\Theta^*(\mathrm{id}_{\mathcal{H}_A})$가 이미 양인데, 항등 변환의 양의 상수배를 더했으므로 μ의 모든 고유값이 0보다 커서 역변환 μ^{-1}가 존재한다. 이를 써서 선형 변환 $\Phi : \mathcal{L}(\mathcal{H}_A) \to \mathcal{L}(\mathcal{H}_B)$를

$$\Phi(\sigma) = \mu^{-1}\Psi(\sigma)\mu^{-1}, \ \forall\sigma \in \mathcal{L}(\mathcal{H}_A)$$

로 정의하자. 그러면 $\mu = \mu^*$이고 Ψ가 양이므로, Φ도 양이다. 또한,

$$\Phi(\mathrm{id}_{\mathcal{H}_A}) = \mu^{-1}\Psi(\mathrm{id}_{\mathcal{H}_A})\mu^{-1} = \mu^{-1}\mu^2\mu^{-1} = \mathrm{id}_{\mathcal{H}_B}$$

이므로 Φ는 항등 보존이다. 하지만

$$\mathrm{vec}(\mu)\mathrm{vec}(\mu)^* \cdot (\Phi \otimes \mathrm{id}_{\mathcal{L}(\mathcal{H}_B)})(\rho) \tag{6.11}$$
$$= \mathrm{vec}(\mathrm{id}_{\mathcal{H}_B})\mathrm{vec}(\mathrm{id}_{\mathcal{H}_B})^* \cdot (\Psi \otimes \mathrm{id}_{\mathcal{L}(\mathcal{H}_B)})(\rho) \tag{6.12}$$
$$= J(\Psi^*) \cdot \rho = J(\Theta) \cdot \rho + \varepsilon\,\mathrm{tr}(\rho) \tag{6.13}$$
$$= h \cdot \rho + \varepsilon\,\mathrm{tr}(\rho) < 0 \tag{6.14}$$

이므로, $(\Phi \otimes \mathrm{id}_{\mathcal{H}_B})(\rho)$는 양이 아니고 (3)도 만족될 수 없다. □

연습문제 6.4 등식 (6.12), (6.13), (6.14)를 증명하시오.[4]

보조정리 6.20

$Sep\mathbf{D}(\mathcal{H}_{AB})$는 볼록인 옹골 집합이다.[5] 그리고, $Sep(\mathcal{H}_{AB}) \subset \mathbf{H}(\mathcal{H}_{AB})$는 볼록인 닫힌 집합이다.[6]

[4]계산은 모두 $\mathcal{H}_A$와 $\mathcal{H}_B$의 정규직교 기저를 고른 후, 꼼꼼히 정의를 적용하여 따라가 보면 시간이 꽤 걸리긴 하지만 확인할 수 있다.

[증명] 단위 벡터들의 집합 $S_{\mathcal{H}_A}$와 $S_{\mathcal{H}_B}$는 표준 내적 공간의 유계인 닫힌 부분 집합이므로, 옹골 집합이다. 그리고 연속 함수

$$\begin{aligned}\mathcal{H}_A \times \mathcal{H}_B &\longrightarrow \mathcal{L}(\mathcal{H}_{AB}),\\ (x,y) &\longmapsto (x\otimes y)(x\otimes y)^* \in \mathcal{L}(\mathcal{H}_{AB})\end{aligned}$$

에 의한 $S_{\mathcal{H}_A} \times S_{\mathcal{H}_B}$의 이미지도 옹골 집합이다. 유계인 닫힌 집합의 원소들의 볼록합들의 집합도 삼각부등식에 의해 유계이고, 또한 볼록임은 자명하다. 따라서 분리 가능인 양자 상태들의 집합 $Sep\mathbf{D}(\mathcal{H}_{AB})$는 볼록인 옹골 집합이다.

한편, 임의의 양의 작용소 $\rho \neq 0 \in \mathbf{P}(\mathcal{H}_{AB})$에 대해

$$\frac{\rho}{\mathrm{tr}(\rho)} \in \mathbf{D}(\mathcal{H}_{AB})$$

는 밀도 작용소이고, 역으로 임의의 밀도 작용소(양자 상태)에 양의 실수를 곱하면 양의 작용소이다. 따라서

$$\begin{aligned}Sep(\mathcal{H}_{AB}) &= \mathbb{R}_{\geq 0} Sep\mathbf{D}(\mathcal{H}_{AB}),\\ \mathbf{P}(\mathcal{H}_{AB}) &= \mathbb{R}_{\geq 0}\mathbf{D}(\mathcal{H}_{AB})\end{aligned}$$

이다. $Sep\mathbf{D}(\mathcal{H}_{AB})$는 볼록인 옹골 집합이므로, $Sep(\mathcal{H}_{AB})$는 볼록인 닫힌 집합이다. □

보조정리 6.21

실 내적 공간[a] $\mathcal{H}$의 볼록인 닫힌 부분집합 S와 $\mathcal{H}$의 원소 $p \notin S$에 대해

$$h \cdot p < c \leq h \cdot v, \quad \forall v \in S \tag{6.15}$$

를 만족하는 단위 벡터 $h \in \mathcal{H}$와 실수 c가 존재한다.

[a]실 벡터 공간에 실수값을 갖는 내적이 주어졌으면 실 내적 공간이라고 부른다.

---

[5]옹골 집합의 정의는 7.1절의 각주를 참고하시오.

[6]닫힌 집합은 그 여집합이 열린 집합이라는 뜻인데, 집합 X가 열린 집합이라 함은 X에 속하는 임의의 한 점 p에 대해 양의 실수 $\varepsilon > 0$이 존재하여 p를 중심으로 반지름 ε인 공이 X에 포함됨을 말한다. 즉 X가 열린 집합이면 임의의 $p \in X$에서 어느 방향으로든 조금만 움직인다면 X를 벗어나지 않는다는 말이다.

[증명] p에서 S에 가장 가까운 점 w를 잡자.[7] 이제 $h = \frac{w-p}{\|w-p\|}$라 두고, 충분히 작은 $\varepsilon > 0$에 대해 $c = h \cdot p + \varepsilon$으로 두면 (6.15)가 성립한다. □

6.3 충실도

고전 확률론에서 두 개의 확률 변수 X, Y가 $(1, \cdots, n)$의 값을 가질 확률이 각각 $p = (p_1, \ldots, p_n)$, $q = (q_1, \ldots, q_n)$일 때, 확률 변수 X와 Y의 **충실도**(fidelity)는

$$F(X,Y) = \left(\sum_{i=1}^{n} \sqrt{p_i q_i} \right)^2$$

로 정의된다. 이것은 두 단위 벡터 $(\sqrt{p_1}, \ldots, \sqrt{p_n})$과 $(\sqrt{q_1}, \ldots, \sqrt{q_n})$의 내적의 제곱으로 볼 수 있다. 정의에 의해

$$0 \leq F(X,Y) \leq 1$$

이고, $F(X,Y) = 1$일 필요 충분 조건은 $p = q$임을 쉽게 알 수 있는데, 높은 충실도는 두 확률 변수의 분포가 가깝다는 것을 의미한다.

이 절에서는 양자 상태의 충실도를 정의하고, 그 성질들에 대해 알아본다.

6.3.1 작용소의 크기

우선 5.1절에서 정의된 작용소 크기를 상기하자. 선형 작용소 $\rho \in \mathcal{L}(\mathcal{H})$와 실수 $p \geq 1$에 대해 **섀튼 p-크기**는

$$\|\rho\|_p = \left(\operatorname{tr}(\rho^* \rho)^{\frac{p}{2}} \right)^{\frac{1}{p}}$$

이고, **섀튼 ∞-크기**(∞-norm)는

$$\|\rho\|_\infty = \max\{\|\rho x\| \mid x \in S_{\mathcal{H}}\}$$

로 정의하였다.

[7] p를 중심으로 충분히 큰 반지름의 닫힌 구와 S의 교집합을 생각하면 옹골 집합이고 거리는 연속 함수이므로 최대최소 정리에 의해 거리가 최소가 되는 S의 점이 존재한다.

힐버트 공간 $\mathcal{H}$의 차원이 n이고 $\rho \in \mathcal{L}(\mathcal{H})$가 정규 작용소라면, 스펙트럼 분해 정리에 의해 정규직교 기저 $\{|i\rangle\}_{1\le i\le n}$가 존재하여 $\rho = \sum_i \lambda_i |i\rangle\langle i|$로 쓸 수 있다. 또한, 모든 $1 \le i \le n$에 대해 $\rho|i\rangle = \lambda_i|i\rangle$이므로,

$$\rho^*\rho = \sum_i |\lambda_i|^2|i\rangle\langle i|, \quad (\rho^*\rho)^{\frac{p}{2}} = \sum_i |\lambda_i|^p|i\rangle\langle i|$$

이다. ρ의 고유값들로 이루어진 벡터 $\lambda = (\lambda_1, \ldots, \lambda_n) \in \mathbb{C}^n$를 생각하면,

$$\|\rho\|_p = \left(\sum_i |\lambda_i|^p\right)^{\frac{1}{p}} = \|\lambda\|_p$$

가 성립한다.

보조정리 6.22

힐버트 공간 $\mathcal{H}$와 선형 작용소 $\rho, \sigma \in \mathcal{L}(\mathcal{H})$, 유니터리 작용소 $U, V \in \mathbf{U}(\mathcal{H})$, 실수 $p \ge 1$에 대해 다음이 성립한다.

(1) $\|U\rho V^*\|_p = \|\rho\|_p$.

(2) $\|\rho\|_1 \le \sqrt{\dim \mathcal{H}}\ \|\rho\|_2$.

(3) $\|\rho\|_p = \|\rho^*\|_p$.

(4) $|\operatorname{tr}(\rho^*\sigma)| \le \|\rho\|_2\|\sigma\|_2$.

[증명] (1) 자취의 성질을 이용하여 다음과 같이 증명된다.

$$\begin{aligned}\operatorname{tr}\left((U\rho V^*)^*(U\rho V^*)\right)^{\frac{p}{2}} &= \operatorname{tr}(V\rho^*U^*U\rho V^*)^{\frac{p}{2}} \\ &= \operatorname{tr}(V\rho^*\rho V^*)^{\frac{p}{2}} \\ &= \operatorname{tr}(\rho^*\rho)^{\frac{p}{2}}.\end{aligned}$$

(2) 코시-슈바르츠 부등식의 자명한 결과이다.

(3) ρ의 특이값 분해(정리 2.16)를 생각하자. 즉 $\mathcal{H}$의 정규직교 기저 $\{x_i\}$와 $\{y_i\}$가 있어서

$$\rho = \sum_{i=1}^r s_i y_i x_i^*, \quad s_i \ge 0$$

라 두면,

$$\rho^*\rho = \sum_{i=1}^r s_i^2 x_i x_i^*, \quad \rho\rho^* = \sum_{i=1}^r s_i^2 y_i y_i^*$$

가 된다. 여기서 (3)을 바로 얻는다.

(4) 정리 5.4를 쓰면 좌변이 $|\rho \cdot \sigma|$이고, (4) 역시 코시-슈바르츠 부등식의 결과이다. □

정리 6.23

힐버트 공간 $\mathcal{H}$의 양의 작용소 $\rho, \sigma \in \mathbf{P}(\mathcal{H})$에 대해 부등식

$$\|\sqrt{\rho} - \sqrt{\sigma}\|_2^2 \leq \|\rho - \sigma\|_1$$

이 성립한다.

[증명] $\sqrt{\rho}$와 $\sqrt{\sigma}$가 정의에 의해 자기수반 작용소이므로, $\sqrt{\rho} - \sqrt{\sigma}$도 자기수반 작용소이다. 스펙트럼 분해 정리에 의해 정규직교 기저 $\{|i\rangle\}$를 찾아

$$\sqrt{\rho} - \sqrt{\sigma} = \sum_i \lambda_i |i\rangle\langle i|, \quad \lambda_i \in \mathbb{R}$$

라고 쓸 수 있다. 따라서

$$\|\sqrt{\rho} - \sqrt{\sigma}\|_2^2 = \sum_i \lambda_i^2$$

이다. 한편

$$\|\rho - \sigma\|_1 = \mathrm{tr}\,|\rho - \sigma| \geq \sum_i |\langle i|\rho - \sigma|i\rangle|$$

이 성립하고,

$$\rho - \sigma = \frac{1}{2}(\sqrt{\rho} + \sqrt{\sigma})(\sqrt{\rho} - \sqrt{\sigma}) + \frac{1}{2}(\sqrt{\rho} - \sqrt{\sigma})(\sqrt{\rho} + \sqrt{\sigma})$$

이다. $(\sqrt{\rho} - \sqrt{\sigma})|i\rangle = \lambda_i|i\rangle$이고 $\sqrt{\rho}$와 $\sqrt{\sigma}$가 양의 작용소이므로,

$$\begin{aligned}\|\rho - \sigma\|_1 &\geq \sum_i |\lambda_i| \langle i|\sqrt{\rho} + \sqrt{\sigma}|i\rangle \\ &\geq \sum_i \lambda_i \langle i|\sqrt{\rho} - \sqrt{\sigma}|i\rangle = \sum_i \lambda_i^2 = \|\sqrt{\rho} - \sqrt{\sigma}\|_2^2\end{aligned}$$

을 얻는다. □

6.3.2 밀도 작용소의 충실도

순수 상태 $|\varphi\rangle$와 $|\psi\rangle$는 각각 크기가 1인 벡터들로 표현되므로, 이 두 벡터의 내적의 크기

$$|\langle\varphi|\psi\rangle|^2$$

은 이들이 얼마나 유사한 가를 알려주는 척도가 되는데 이를 두 상태의 **상관관계**(correlation)라고 부른다. 이 두 벡터 사이의 각도가 θ라고 하면, 상관관계는 $\cos^2\theta$이 된다. 즉 두 순수 상태가 일치하면 상관관계는 1이고, 수직이면 0이며 서로 가까울 수록 상관관계는 커진다. 그렇다면 혼합 상태에 대해서는 두 상태가 얼마나 유사한지를 어떤 측도로 알아낼 수 있을까?

정의 6.24

힐버트 공간 $\mathcal{H}$의 두 양자 상태, 즉 밀도 작용소 $\rho, \sigma \in \mathbf{D}(\mathcal{H})$에 대해 이들의 **충실도**(fidelity)는

$$F(\rho,\sigma) = \left(\operatorname{tr}\sqrt{\rho^{\frac{1}{2}}\sigma\rho^{\frac{1}{2}}}\right)^2 \tag{6.16}$$

로 정의한다.

충실도는 순수 상태들의 상관관계의 일반화이고, 한 양자 상태가 다른 양자 상태를 식별하기 위한 테스트를 통과할 확률을 의미한다.

정리 6.25

n차원 힐버트 공간 $\mathcal{H}$의 양자 상태 $\rho, \sigma \in \mathbf{D}(\mathcal{H})$에 대해 다음이 성립한다.

(1) $\rho = |\psi\rangle\langle\psi|$가 순수 상태이면,

$$F(\rho,\sigma) = \langle\psi|\sigma|\psi\rangle$$

이다. 또한, $\sigma = |\varphi\rangle\langle\varphi|$도 순수 상태이면,

$$F(\rho,\sigma) = |\langle\varphi|\psi\rangle|^2,$$

즉 두 순수 상태 $|\varphi\rangle$와 $|\psi\rangle$의 상관관계이다.

(2) $F(\rho,\sigma) = \|\sigma^{\frac{1}{2}}\rho^{\frac{1}{2}}\|_1^2 = \|\rho^{\frac{1}{2}}\sigma^{\frac{1}{2}}\|_1^2 = F(\sigma,\rho)$.

(3) $F(\rho,\sigma) \geq 0$; $F(\rho,\sigma) = 0 \iff \sigma\circ\rho = 0 \iff \rho\circ\sigma = 0$.

(4) 임의의 $U \in \mathbf{U}(\mathcal{H})$에 대해

$$F(\rho, \sigma) = F(U\rho U^*, U\sigma U^*).$$

이다. 즉 충실도는 유니터리 변환에 의해 변하지 않는다.

[증명] (1) 정리 6.4에 의해 $\rho = |\psi\rangle\langle\psi| = \rho^{\frac{1}{2}}$ 이므로,

$$\operatorname{tr}\sqrt{\rho^{\frac{1}{2}}\sigma\rho^{\frac{1}{2}}} = \operatorname{tr}\left(\sqrt{\langle\psi|\sigma|\psi\rangle}|\psi\rangle\langle\psi|\right) = \sqrt{\langle\psi|\sigma|\psi\rangle}$$

를 얻는다. 따라서 양변을 제곱하여 결과를 얻는다. 만약 $\sigma = |\varphi\rangle\langle\varphi|$도 순수 상태이면, 앞에서 얻은 식에 대입하면 증명된다.

(2) 밀도 작용소 ρ, σ가 양의 작용소이므로,

$$\begin{aligned} F(\rho, \sigma) &= \left(\operatorname{tr}\sqrt{\rho^{\frac{1}{2}}\sigma^{\frac{1}{2}}\sigma^{\frac{1}{2}}\rho^{\frac{1}{2}}}\right)^2 \\ &= \left(\operatorname{tr}\sqrt{(\sigma^{\frac{1}{2}}\rho^{\frac{1}{2}})^*(\sigma^{\frac{1}{2}}\rho^{\frac{1}{2}})}\right)^2 \\ &= \|\sigma^{\frac{1}{2}}\rho^{\frac{1}{2}}\|_1^2 \end{aligned}$$

이다. 한편 $(\sigma^{\frac{1}{2}}\rho^{\frac{1}{2}})^* = \rho^{\frac{1}{2}}\sigma^{\frac{1}{2}}$ 이므로, 보조정리 6.22의 (3)에 의해 (2)의 증명이 완성된다.

(3) (2)의 결과에 의해 $F(\rho, \sigma) \geq 0$임은 자명하다. $F(\rho, \sigma) = 0$일 필요 충분조건은

$$\sigma^{\frac{1}{2}}\rho^{\frac{1}{2}} = 0 \quad \text{또는} \quad \rho^{\frac{1}{2}}\sigma^{\frac{1}{2}} = 0$$

인 것인데, $(\cdot)^{\frac{1}{2}}$ 의 정의로부터 이는 $\sigma\rho = 0$ 또는 $\rho\sigma = 0$과 동치이다. 따라서 (3)이 증명되었다.

(4) 스펙트럼 분해 정리에 의해 적당한 정규직교 기저 $\{|i\rangle\}$가 존재하여 $\rho = \sum_i \lambda_i |i\rangle\langle i|$ 로 나타내어진다. 그런데 λ_i들이 모두 양수이므로,

$$\rho^{\frac{1}{2}} = \sum_i \sqrt{\lambda_i}|i\rangle\langle i|$$

이다. 임의의 $U \in \mathbf{U}(\mathcal{H})$에 대해

$$(U\rho U^*)^{\frac{1}{2}} = \sum_i \sqrt{\lambda_i}U|i\rangle\langle i|U^* = U\rho^{\frac{1}{2}}U^*$$

이므로,

$$\begin{aligned} F(U\rho U^*, U\sigma U^*)^{1/2} &= \mathrm{tr}\sqrt{U\rho^{\frac{1}{2}}U^*U\sigma U^*U\rho^{\frac{1}{2}}U^*} \\ &= \mathrm{tr}(U\sqrt{\rho^{\frac{1}{2}}\sigma\rho^{\frac{1}{2}}}U^*) \\ &= \mathrm{tr}\sqrt{\rho^{\frac{1}{2}}\sigma\rho^{\frac{1}{2}}} = F(\rho,\sigma)^{1/2}. \end{aligned}$$

이다. 양변을 제곱하여 $F(\rho,\sigma) = F(U\rho U^*, U\sigma U^*)$을 얻는다. □

울만의 정리는 충실도 $F(\rho,\sigma)$가 ρ의 순수화와 σ의 순수화의 상관관계의 최대값임을 말해준다.

정리 6.26 (울만의 정리, Uhlmann' s theorem)

힐버트 공간 $\mathcal{H}$의 밀도 작용소 $\rho, \sigma \in \mathbf{D}(\mathcal{H})$에 대하여 각각의 가능한 모든 순수화(정의 6.10) $|\psi\rangle, |\phi\rangle$들을 생각하면

$$F(\rho,\sigma) = \max_{|\psi\rangle,|\phi\rangle} |\langle\psi|\phi\rangle|^2 \tag{6.17}$$

이 성립한다.

[증명] 스펙트럼 분해 정리에 의해 정규직교 기저 $\{x_i\}$, $\{y_j\}$와 실수들 $\{p_i\}$, $\{q_j\}$가 존재하여

$$\rho = \sum_{i=1}^{n} p_i x_i x_i^*, \quad \sigma = \sum_{j=1}^{n} q_j y_j y_j^*$$

라고 쓸 수 있고,

$$\rho^{\frac{1}{2}} = \sum_{i=1}^{n} \sqrt{p_i} x_i x_i^*, \quad \sigma^{\frac{1}{2}} = \sum_{j=1}^{n} \sqrt{q_j} y_j y_j^*$$

이 된다. 따라서

$$F(\rho,\sigma) = \|\rho^{\frac{1}{2}}\sigma^{\frac{1}{2}}\|_1^2 = \left(\mathrm{tr}\left|\sum_{i,j=1}^{n} \sqrt{p_i q_j}(x_i^* y_j) x_i y_j^*\right|\right)^2$$

을 얻는다.

한편, 정리 6.11과 정리 6.12의 증명으로부터 순수화를 위해서는 ρ와 σ의 계수들보다 차원이 큰 어떤 힐버트 공간을 사용해도 되는데, 증명의 편의를 위해 $\mathcal{H}^*$를 사용하자.

임의의 순수화 $|\psi\rangle$ 와 $|\phi\rangle$ 는 유니터리 작용소 $U, V \in \mathbf{U}(\mathcal{H}^*)$ 에 대해

$$|\psi\rangle = \sum_{i=1}^{n} \sqrt{p_i} x_i \otimes x_i^* U, \quad |\phi\rangle = \sum_{i=1}^{n} \sqrt{q_j} y_j \otimes y_j^* V$$

라고 쓸 수 있다. 따라서

$$\begin{aligned} |\langle\psi|\phi\rangle|^2 &= \left| \mathrm{tr}\Big(\sum_{i,j=1}^{n} \sqrt{p_i q_j} (x_i^* y_j)(U^* x_i y_j^* V) \Big) \right|^2 \\ &= \left| \sum_{i,j=1}^{n} \sqrt{p_i q_j} (x_i^* y_j) \,\mathrm{tr}(x_i y_j^* V U^*) \right|^2 \\ &= \left| \mathrm{tr}\Big((VU^*) \Big(\sum_{i,j=1}^{n} \sqrt{p_i q_j} (x_i^* y_j) x_i y_j^* \Big) \Big) \right|^2 \end{aligned}$$

인데, 정리 2.18의 (3)에 의해

$$|\langle\psi|\phi\rangle|^2 \le \left(\mathrm{tr} \left| \sum_{i,j=1}^{d} \sqrt{p_i q_j} (x_i^* y_j) x_i y_j^* \right| \right)^2 = F(\rho, \sigma)$$

이다. 등호는

$$\left| \sum_{i,j=1}^{d} \sqrt{p_i q_j} (x_i^* y_j) x_i y_j^* \right| = (VU^*) \Big(\sum_{i,j=1}^{d} \sqrt{p_i q_j} (x_i^* y_j) x_i y_j^* \Big)$$

일 때 성립하고, 이러한 U, V 는 정리 2.18의 (1)에 의해 존재한다. □

따름정리 6.27

힐버트 공간 $\mathcal{H}$ 의 밀도 작용소 $\rho, \sigma \in \mathbf{D}(\mathcal{H})$ 에 대해

$$F(\rho, \sigma) \le 1$$

이 성립하고, 등호는 $\rho = \sigma$ 일 때만 성립한다.

[증명] 코시-슈바르츠 정리에 의해 단위 벡터 $|\psi\rangle$ 와 $|\phi\rangle$ 에 대해

$$|\langle\psi|\phi\rangle|^2 \le 1$$

이고, 등호는 $|\psi\rangle\langle\psi| = |\phi\rangle\langle\phi|$ 인 경우만 성립한다. 따라서 등식 (6.17)의 우변이 1보다

작거나 같으므로 $F(\rho,\sigma) \le 1$이 성립한다. 한편, 등호가 성립하려면 최대값을 주는 $|\psi\rangle$와 $|\phi\rangle$에 대해 $|\psi\rangle\langle\psi| = |\phi\rangle\langle\phi|$이어야 하므로, 부분 자취를 취하여 $\rho = \sigma$임을 얻는다. □

양자 상태 $\rho,\sigma \in \mathbf{D}(\mathcal{H})$ 사이의 섀튼 1-크기에 의한 거리 $\|\rho-\sigma\|_1$는 충실도와 다음과 같은 부등식을 만족한다.

정리 6.28

힐버트 공간 $\mathcal{H}$의 밀도 작용소 $\rho,\sigma \in \mathbf{D}(\mathcal{H})$에 대해 다음이 성립한다.

$$1-\sqrt{F(\rho,\sigma)} \le \frac{1}{2}\|\rho-\sigma\|_1 \le \sqrt{1-F(\rho,\sigma)}.$$

[증명] 먼저 왼쪽 부등식을 증명하자. $\rho^{\frac{1}{2}}-\sigma^{\frac{1}{2}}$이 자기수반이므로 섀튼 2-크기의 정의로부터

$$\begin{aligned}\|\rho^{\frac{1}{2}}-\sigma^{\frac{1}{2}}\|_2^2 &= \mathrm{tr}(\rho^{\frac{1}{2}}-\sigma^{\frac{1}{2}})^2\\ &= \mathrm{tr}(\rho+\sigma-\rho^{\frac{1}{2}}\sigma^{\frac{1}{2}}-\sigma^{\frac{1}{2}}\rho^{\frac{1}{2}})\\ &= 2-2\,\mathrm{tr}(\rho^{\frac{1}{2}}\sigma^{\frac{1}{2}})\end{aligned}$$

이 성립한다. 이것과 정리 6.23에 의해

$$\left|\mathrm{tr}(\rho^{\frac{1}{2}}\sigma^{\frac{1}{2}})\right| \ge 1-\frac{1}{2}\|\rho^{\frac{1}{2}}-\sigma^{\frac{1}{2}}\|_2^2 \ge 1-\frac{1}{2}\|\rho-\sigma\|_1 \tag{6.18}$$

임을 안다. 한편, 정리 6.25의 (2)와 정리 2.18의 (2)에 의해

$$\sqrt{F(\rho,\sigma)} = \mathrm{tr}\left|\rho^{\frac{1}{2}}\sigma^{\frac{1}{2}}\right| \ge \left|\mathrm{tr}(\rho^{\frac{1}{2}}\sigma^{\frac{1}{2}})\right|$$

이고, 부등식 (6.18)에 의해 왼쪽 부등식이 증명된다.

$\rho = |\psi\rangle\langle\psi|$와 $\sigma = |\phi\rangle\langle\phi|$가 순수 상태인 경우, 오른쪽 부등식은 등식이 됨을 먼저 보이자. 두 벡터 $|\psi\rangle$와 $|\phi\rangle$를 포함하는 평면을 생각하고 두 벡터의 사이각을 θ라 하면,

$$|\psi\rangle = \begin{pmatrix}1\\0\end{pmatrix},\quad |\phi\rangle = \begin{pmatrix}\cos\theta\\ \sin\theta\end{pmatrix}$$

를 만족하는 평면의 좌표계를 사용할 수 있다. 그러면

$$\rho-\sigma = \begin{pmatrix}1 & 0\\ 0 & 0\end{pmatrix} - \begin{pmatrix}\cos^2\theta & \sin\theta\cos\theta\\ \sin\theta\cos\theta & \sin^2\theta\end{pmatrix}$$

$$= \begin{pmatrix} \sin^2\theta & -\sin\theta\cos\theta \\ -\sin\theta\cos\theta & -\sin^2\theta \end{pmatrix}$$

이고, 고유값을 계산하면 $-\sin\theta$, $\sin\theta$를 얻는다. $\|\rho-\sigma\|_1$은 고유값의 절대값의 합이므로

$$\|\rho-\sigma\|_1 = 2\sin\theta$$

이다. 한편 $F(\rho,\sigma) = |\langle\psi|\phi\rangle|^2 = \cos^2\theta$이므로, 이 경우 오른쪽 부등식은 등식이 됨을 보였다.

일반적인 경우, ρ와 σ의 순수화 $|\psi\rangle$, $|\phi\rangle$를 울만의 정리(정리 6.26)에서 등식이 성립하도록 고르자. $\rho' = |\psi\rangle\langle\psi|$, $\sigma' = |\phi\rangle\langle\phi|$라고 두면,

$$F(\rho,\sigma) = |\langle\psi|\phi\rangle|^2 = F(\rho',\sigma') = 1 - \frac{1}{4}\|\rho'-\sigma'\|_1^2$$

을 얻는다. 아래 보조정리로부터 $\|\rho'-\sigma'\|_1 \geq \|\rho-\sigma\|_1$이므로

$$F(\rho,\sigma) \leq 1 - \frac{1}{4}\|\rho-\sigma\|_1^2$$

를 얻는다. □

보조정리 6.29

힐버트 공간의 텐서 곱 $\mathcal{H}_{AB} = \mathcal{H}_A \otimes \mathcal{H}_B$의 선형 작용소 $\eta \in \mathcal{L}(\mathcal{H}_{AB})$와 η의 부분 자취 $\mathrm{tr}_B(\eta) \in \mathcal{L}(\mathcal{H}_A)$에 대해 부등식

$$\|\,\mathrm{tr}_B(\eta)\|_1 \leq \|\eta\|_1$$

이 성립한다.

[증명] 정리 2.18의 (3)에 의해

$$\|\,\mathrm{tr}_B(\eta)\|_1 = \max_{U\in\mathbf{U}(\mathcal{H}_A)} \left|\,\mathrm{tr}(U\,\mathrm{tr}_B(\eta))\right|$$

인데, 부분 자취의 정의로부터

$$\begin{aligned}\mathrm{tr}(U\,\mathrm{tr}_B(\eta)) &= \mathrm{tr}\left(\mathrm{tr}_B((U\otimes \mathrm{id}_{\mathcal{H}_B})\eta)\right) \\ &= \mathrm{tr}\left((U\otimes \mathrm{id}_{\mathcal{H}_B})\eta\right)\end{aligned}$$

임을 쉽게 알 수 있다. $U \otimes \mathrm{id}_{\mathcal{H}_B} \in \mathbf{U}(\mathcal{H}_{AB})$ 이므로 정리 2.18의 (3)에 의해

$$\begin{aligned}\|\operatorname{tr}_B(\eta)\|_1 &= \max_{U \in \mathbf{U}(\mathcal{H}_A)} \left|\operatorname{tr}\left((U \otimes \mathrm{id}_{\mathcal{H}_B})\eta\right)\right| \\ &\leq \operatorname{tr}|\eta| = \|\eta\|_1\end{aligned}$$

를 얻어서 보조정리가 증명되었다. □

CHAPTER 7

양자 채널

양자 정보 이론에서 양자 채널은 양자 정보를 전송할 수 있는 통신 채널을 말하는데, 양자 채널의 모델은 외부 환경과의 상호 작용 등을 통해 전송된 큐빗에서 발생할 수 있는 물리적 변환을 나타낸다. 이러한 특징은 완전 양임과 자취 보존의 성질로 표현된다.

이 장에서는 양자 채널의 수학적 정의와 성질들에 대해 알아본다.

7.1 양자 채널

다음과 같은 상황을 생각해보자. 힐버트 공간 $\mathcal{H}_A$에 속하는 상태 $|\psi\rangle$를 갖는 입자가 힐버트 공간 $\mathcal{H}_B$에 속하는 상태 $|0\rangle$을 갖는 입자를 만났다고 하자. 그리고, $\mathcal{H}_B$의 한 관측량 M의 고유벡터들 $\{|a\rangle\}_{a\in\Sigma}$이 이루는 기저를 생각하자. 두 입자가 어울려서 합성 계를 만들면, 얼마 후 상태는 2.4.4절의 공리에 의해 유니터리 작용소 $\mathbf{U}(\mathcal{H}_A \otimes \mathcal{H}_B)$에 따라 진화하고 각각의 $a \in \Sigma$마다 $\sigma_a \in \mathcal{L}(\mathcal{H}_A)$가 존재하여

$$\sum_{a\in\Sigma} \sigma_a|\psi\rangle \otimes |a\rangle \tag{7.1}$$

로 쓸 수 있다. 이 변환은 유니터리이므로,

$$\sum_{a\in\Sigma} \sigma_a^*\sigma_a = \mathrm{id}_{\mathcal{H}_A}$$

을 만족한다. (정의 8.1에 따르면 $\mu(a) = \sigma_a^*\sigma_a$라 두면, $\{\mu(a)\}_{a\in\Sigma}$는 측정이 되고 정리 8.2의 증명은 역으로 모든 측정을 이와 같이 얻을 수 있음을 알려준다.)

입자가 A밖에 보이지 않는 관찰자에게는 이 상태가 부분자취 tr_B를 취한 결과인

$$\mathrm{tr}_B\left(\sum_{a\in\Sigma}\sigma_a|\psi\rangle\otimes|a\rangle\right)\left(\sum_{a\in\Sigma}\sigma_a|\psi\rangle\otimes|a\rangle\right)^* = \sum_{a\in\Sigma}\sigma_a|\psi\rangle\langle\psi|\sigma_a^*$$

의 양자 상태로 나타난다. 정리하면,

$$\rho = |\psi\rangle\langle\psi| \longmapsto \sum_{a\in\Sigma}\sigma_a\rho\sigma_a^*$$

의 변환이 되는 셈이다. 5장에서 본 바에 따라 이는 정확하게 완전 양이면서 자취 보존 선형 변환의 형태이다. 따라서 다음과 같은 정의를 생각하는 것이 자연스럽다.

정의 7.1

힐버트 공간 $\mathcal{H}$, $\mathcal{H}'$에 대해 **양자 채널**(quantum channel)은 완전 양이고 자취 보존인 선형 변환

$$\Phi : \mathcal{L}(\mathcal{H}) \longrightarrow \mathcal{L}(\mathcal{H}')$$

을 말한다. 다시 말하면, 정리 5.16에 의해 유한 집합 Σ와 선형 변환들 $\{A_a \in \mathcal{L}(\mathcal{H}, \mathcal{H}')\}_{a\in\Sigma}$이 있어서 $\sum_a A_a^* A_a = \mathrm{id}_{\mathcal{H}}$과

$$\Phi(\rho) = \sum_{a\in\Sigma} A_a\rho A_a^*, \quad \forall\rho\in\mathbf{D}(\mathcal{H}) \tag{7.2}$$

을 만족하면, Φ를 **양자 채널**이라고 한다.

$\mathcal{L}(\mathcal{H})$에서 $\mathcal{L}(\mathcal{H}')$으로 가는 모든 양자 채널들의 집합을 $\mathbf{C}(\mathcal{H}, \mathcal{H}')$라고 하자. 만약 $\mathcal{H} = \mathcal{H}'$이면, $\mathbf{C}(\mathcal{H}, \mathcal{H}')$를 줄여서 $\mathbf{C}(\mathcal{H})$라고 쓰자.

양자 채널이라는 이름이 붙은 이유는 앞에서 본 것처럼 통신(채널)을 통해 입자를 전송할 때, 양자 상태의 변환이 위와 같은 특성을 지니기 때문이다.

연습문제 7.1 다음 물음에 답하시오.

(1) 식 (7.2)로 양자 채널 Φ를 정의하면 ρ가 밀도 작용소이면 $\Phi(\rho)$도 밀도 작용소임을 보이시오.

(2) 식 (7.2)로 정의된 양자 채널 Φ가 선형 변환임을 보이시오.

(3) 두 양자 채널의 합성이 정의되면, 그 합성도 양자 채널임을 보이시오.

(4) 모든 a에 대해 A_a가 유니터리 작용소이면, 식 (7.2)로 정의된 Φ의 역함수가 존재함을 보이시오.

예제 7.1

(1) 예제 5.2에서 σ를 밀도 작용소로 잡으면,

$$\Phi(\rho) = \mathrm{tr}(\rho)\,\sigma$$

는 양자 채널이다. 특히, $\sigma = \dfrac{1}{\dim \mathcal{K}} \mathrm{id}_{\mathcal{K}}$이면 Φ는 항등 보존 양자 채널이다.

(2) 예제 5.3에서 ρ를 밀도 작용소로 잡으면 $\Phi(\alpha) = \alpha\rho$는 양자 채널이다.

(3) 예제 5.4에 의해 자취 tr는 양자 채널이다. □

예제 7.2 $\mathcal{H} = \mathbb{C}^2$일 때, 다음과 같은 양자 채널 $\mathcal{L}(\mathbb{C}^2) \to \mathcal{L}(\mathbb{C}^2)$들이 있다.

(1) 표준 기저에 대해 다음의 행렬들로 주어지는 선형 작용소들을 생각하자. 실수 $0 \le t \le 1$에 대해

$$A_0 = \sqrt{1-t}\, I, \quad A_1 = \sqrt{\frac{t}{3}} \begin{pmatrix} 0 & 1 \\ 1 & 0 \end{pmatrix},$$
$$A_2 = \sqrt{\frac{t}{3}} \begin{pmatrix} 0 & -\sqrt{-1} \\ \sqrt{-1} & 0 \end{pmatrix}, \quad A_3 = \sqrt{\frac{t}{3}} \begin{pmatrix} 1 & 0 \\ 0 & -1 \end{pmatrix}$$

로 두고, 직접 계산하면

$$A_0^* A_0 = (1-t)I, \quad A_1^* A_1 = A_2^* A_2 = A_3^* A_3 = \frac{t}{3} I$$

이므로 $\sum_{i=0}^{3} A_i^* A_i = I$이다. 따라서 $\Phi : \mathcal{L}(\mathbb{C}^2) \to \mathcal{L}(\mathbb{C}^2)$,

$$\Phi(\rho) = \sum_{i=0}^{3} A_i \rho A_i^*$$

는 양자 채널이다. 6.1.4절의 기호를 써서 직접 계산해 보면

$$\frac{1}{2} I + \frac{1}{2} \begin{pmatrix} p_3 & p_1 - p_2\sqrt{-1} \\ p_1 + p_2\sqrt{-1} & -p_3 \end{pmatrix}$$
$$\xrightarrow{\Phi} \frac{1}{2} I + (1 - \frac{4}{3} t) \begin{pmatrix} p_3 & p_1 - p_2\sqrt{-1} \\ p_1 + p_2\sqrt{-1} & -p_3 \end{pmatrix}$$

이 되고, 블로흐 공에서 보면

$$p = (p_1, p_2, p_3) \longmapsto (1 - \frac{4}{3}t)\, p$$

인 함수를 준다.

(2) 마찬가지로 $0 < t < 1$인 실수에 대해

$$A_0 = \sqrt{1-t}\, I, \quad A_1 = \sqrt{t}\begin{pmatrix} 1 & 0 \\ 0 & -1 \end{pmatrix}$$

라고 두면, $\Phi : \mathcal{L}(\mathbb{C}^2) \to \mathcal{L}(\mathbb{C}^2)$,

$$\Phi(\rho) = A_0 \rho A_0^* + A_1 \rho A_1^*$$

는 양자 채널이 된다. 직접 계산하면,

$$\Phi\begin{pmatrix} a & b \\ c & d \end{pmatrix} = \begin{pmatrix} a & (1-2t)b \\ (1-2t)c & d \end{pmatrix}$$

을 얻고 Φ를 반복해서 계속 작용해 주면 대각 행렬에 접근해 간다. □

정리 7.2

힐버트 공간 $\mathcal{H}_A$, $\mathcal{H}_B$에 대해 모든 양자 채널 $\Phi : \mathcal{L}(\mathcal{H}_A) \to \mathcal{L}(\mathcal{H}_B)$들의 집합

$$\mathbf{C}(\mathcal{H}_A, \mathcal{H}_B) \subset \mathcal{L}(\mathcal{L}(\mathcal{H}_A), \mathcal{L}(\mathcal{H}_B))$$

은 볼록인 옹골 집합이다.[1]

[증명] 초이 함수

$$J : \mathcal{L}(\mathcal{L}(\mathcal{H}_A), \mathcal{L}(\mathcal{H}_B)) \longrightarrow \mathcal{L}(\mathcal{H}_A \otimes \mathcal{H}_B)$$

를 사용하면, $\Phi \in \mathcal{L}(\mathcal{L}(\mathcal{H}_A), \mathcal{L}(\mathcal{H}_B))$가 완전 양일 조건은

$$J(\Phi) \in \mathbf{P}(\mathcal{H}_A \otimes \mathcal{H}_B)$$

[1] 벡터 공간의 부분집합이 **옹골**(compact) 집합이라 함은 닫혀있고 유계(원점으로부터의 거리가 모두 고정된 유한한 값 R보다 작다)라는 뜻이다. 옹골 집합 K에서 무한히 많은 원소를 고르면, 비슷한 크기의 부분집합들로 분할하고 비둘기집의 원리를 쓰는 것을 반복하여, K에서 극한(limit) 점을 갖는 부분집합을 항상 고를 수 있다. 옹골 집합의 닫힌 부분집합은 당연히 옹골 집합이다.

인 것이고, 자취 보존일 필요 충분 조건은 $\mathrm{tr}_B(J(\Phi)) = \mathrm{id}_{\mathcal{H}_A}$ 인 것이다. 따라서

$$\mathbf{C}(\mathcal{H}_A, \mathcal{H}_B) = J^{-1}\big(\{\rho \in \mathbf{P}(\mathcal{H}_A \otimes \mathcal{H}_B) \mid \mathrm{tr}_B(\rho) = \mathrm{id}_{\mathcal{H}_A}\}\big)$$

이다. J가 연속인 동형변환이므로, 집합

$$\{\rho \in \mathbf{P}(\mathcal{H}_A \otimes \mathcal{H}_B) \mid \mathrm{tr}_B(\rho) = \mathrm{id}_{\mathcal{H}_A}\} \tag{7.3}$$

이 볼록이고 옹골임을 보이면 된다.

$\mathbf{P}(\mathcal{H}_A \otimes \mathcal{H}_B)$와 $\{\rho \mid \mathrm{tr}_B(\rho) = \mathrm{id}_{\mathcal{H}_A}\}$가 볼록이고 닫힌 집합임을 쉽게 볼 수 있으므로, (7.3)의 집합이 유계(bounded)임을 보이면 충분하다. 그런데 $\rho \in \mathbf{P}(\mathcal{H}_A \otimes \mathcal{H}_B)$가 $\mathrm{tr}_B(\rho) = \mathrm{id}_{\mathcal{H}_A}$을 만족하면,

$$\|\rho\|_1 = \mathrm{tr}(\rho) = \mathrm{tr}(\mathrm{tr}_B(\rho)) = \mathrm{tr}(\mathrm{id}_{\mathcal{H}_A}) = \dim \mathcal{H}_A$$

이므로 (7.3)의 집합은 유계 집합이다. □

볼록 집합은 극단 점들을 통해 많은 정보를 얻을 수 있다.

정리 7.3 (민코프스키 정리)

유한 차원 실 벡터 공간에 있는 볼록인 옹골 집합의 모든 원소는 이 집합의 극단 점들의 볼록 합으로 쓸 수 있다. 여기서 극단 점들의 **볼록 합**(convex sum)이란 유한 개의 극단 점들 $\{\Phi_i\}_{i\in\Gamma}$과 양의 실수들 $\{p_i > 0\}_{i\in\Gamma}$이 존재하여

$$\Phi = \sum_{i\in\Gamma} p_i \Phi_i, \quad \sum_i p_i = 1$$

이 만족함을 뜻한다.

[증명] 실 벡터 공간 $\mathcal{H}$에 포함된 볼록인 옹골 집합 K와 K에 속하는 한 점 p가 주어졌다고 하자. K를 평행 이동하여 벡터 공간의 원점이 p라고 해도 된다. K의 원소들이 생성하는 부분공간, 즉 K를 포함하는 가장 작은 부분공간을 $\mathcal{K}$라고 하고, $n = \dim \mathcal{K}$에 관한 귀납법을 쓰자. 먼저 $n = 0$이면 $K = \{0\}$일 수밖에 없어 정리는 자명하다.

임의의 자연수 m에 대해 $n \leq m - 1$일 때 정리가 참이라 가정하고, $n = m$일 때 정리가 참임을 증명해보자. $\mathcal{K}$의 바깥 점들은 아무 상관없는 점들이므로, 지우면 $\mathcal{H} = \mathcal{K}$라고 해도 무방하다. 그러면 원점 p는 K의 경계 점이거나 내부 점이다.[2]

먼저 원점 p가 경계 점이면, K의 모든 점 q에 대해 $v \cdot q \geq 0$를 만족하는 단위 벡터 $v \in \mathcal{K}$를 잡을 수 있다. 이제 K의 부분집합

$$K' = \{q \in K \mid q \cdot v = 0\}$$

을 생각하면, K'이 생성하는 부분공간의 차원은 m보다 작고 볼록인 옹골 집합이어서 귀납법 가정에 의해 K'의 극단 점들의 볼록 합으로 p를 쓸 수 있다. 그런데 K'의 극단 점은 자명하게 K의 극단 점이므로 정리가 증명되었다.

만약 p가 내부 점이면, 점 p를 지나는 임의의 직선은 K와 폐구간에서 만난다. 그 양 끝점은 K의 경계 점이고, 점 p를 이 두 점의 볼록 합으로 쓸 수 있다. 그런데 경계점들은 다시 극단 점들의 볼록 합임을 알고 있으므로, p가 극단 점들의 볼록 합임을 얻는다. □

연습문제 7.2 정리 7.3의 증명에서 점 p와 집합 K에 대하여, 원점 p가 경계 점이면 K의 모든 점 q에 대해 $v \cdot q \geq 0$를 만족하는 단위 벡터 $v \in \mathcal{K}$를 잡을 수 있음을 증명하시오.[3]

양자 채널들의 집합은 볼록인 옹골 집합이므로 극단 점들의 볼록 합으로 모든 양자 채널을 표현할 수 있다. 양자 채널들의 집합의 극단 점들은 어떤 양자 채널들일까?

정리 7.4

힐버트 공간 $\mathcal{H}_A$, $\mathcal{H}_B$에 대해 일차 독립인 선형 변환들

$$\{A_a \in \mathcal{L}(\mathcal{H}_A, \mathcal{H}_B) \mid a \in \Sigma\}$$

이 존재하여 식 (7.2)로 주어진 양자 채널 $\Phi : \mathcal{L}(\mathcal{H}_A) \to \mathcal{L}(\mathcal{H}_B)$이 볼록 집합 $\mathbf{C}(\mathcal{H}_A, \mathcal{H}_B)$

[2]집합 K에 속하는 한 점 p가 경계 점이 아니면 **내부 점**(interior point)라고 하는데, 이는 경계점의 정의로부터 양수 $\varepsilon > 0$이 있어서 점 p를 중심으로 반지름 ε인 공이 K에 포함된다는 말이다.

[3]힌트: 한 가지 방법은 먼저 $p_k \notin K$, $\lim_{k\to\infty} p_k = p$인 $\{p_k\}$를 잡고 p_k에서 최단 거리인 점 $q_k \in K$을 생각하자. $v_k = \frac{q_k - p_k}{\|q_k - p_k\|}$로 두면, K의 볼록성을 이용하여 모든 $q \in K$에 대해 $v_k \cdot q > 0$임을 확인할 수 있다. $(v_k)_k$는 단위 구에 속하는 열(sequence)이고 단위 구는 옹골 집합이므로, 수렴하는 부분 수열이 존재한다. 그 부분 수열의 극한 점을 v로 두면, 내적의 연속성에 의해 모든 $q \in K$에 대해 $v \cdot q \geq 0$임을 얻는다.

의 극단 점일 필요 충분 조건은 집합

$$\{A_a^* A_b \,|\, a, b \in \Sigma\} \subset \mathcal{L}(\mathcal{H}_A)$$

가 일차 독립인 것이다.

[증명] 증명을 위해, 우선 일차 독립인 선형 변환들 $\{A_a\}_{a\in\Sigma}$과 $\mathbb{C}^\Sigma$의 표준 기저 $\{e_a\}$에 대해 $M(e_a) = \mathrm{vec}(A_a)$를 만족하는 선형 변환 $M : \mathbb{C}^\Sigma \to \mathcal{H}_A \otimes \mathcal{H}_B$을

$$M = \sum_{a\in\Sigma} \mathrm{vec}(A_a) e_a^*$$

로 나타내자. 그러면 $\mathrm{im}(M)$은 $\{\mathrm{vec}(A_a)\}_{a\in\Sigma}$가 생성하는 부분공간이고, 정리 5.8에 의해

$$MM^* = \sum_{a\in\Sigma} \mathrm{vec}(A_a)\mathrm{vec}(A_a)^* = J(\Phi)$$

이다. 따라서 $\mathrm{im}(M) \supset \mathrm{im}\, J(\Phi)$이다. 또한 선형 변환들 $\{A_a\}_{a\in\Sigma}$이 일차 독립이므로, $\{\mathrm{vec}(A_a)\}_{a\in\Sigma}$도 일차 독립이고 $\ker(M) = \{0\}$이다.

이제 $0 < \lambda < 1$와 $\Phi_0, \Phi_1 \in \mathbf{C}(\mathcal{H}_A, \mathcal{H}_B)$에 대해

$$\Phi := (1-\lambda)\Phi_0 + \lambda\Phi_1$$

라고 하자. 초이 표현 J는 선형이므로,

$$J(\Phi) = (1-\lambda)J(\Phi_0) + \lambda J(\Phi_1)$$

이다. 그런데 $1-\lambda > 0$이고 $\lambda > 0$이므로 보조정리 7.5의 (2)에 의해

$$\begin{aligned}\mathrm{im}(M) &\supset \mathrm{im}\, J(\Phi) = \mathrm{im}\, J(\Phi_0) + \mathrm{im}\, J(\Phi_1) \\ &\supset \mathrm{im}(J(\Phi_0) - J(\Phi_1))\end{aligned}$$

이 성립한다.

또한, 보조정리 7.5의 (3)에 의해 $Q \in \mathbf{P}(\mathbb{C}^\Sigma)$가 존재하여

$$J(\Phi_0) - J(\Phi_1) = MQM^*$$

이다. 양변에 $\mathrm{tr}_{\mathcal{H}_B}$를 취하면, 정리 5.15의 (3)에 의해

$$0 = \mathrm{id}_{\mathcal{H}_A} - \mathrm{id}_{\mathcal{H}_A} = \mathrm{tr}_{\mathcal{H}_B}(MQM^*)$$

를 얻는다. $\mathbb{C}^\Sigma$의 표준 기저 $\{e_a\}_{a\in\Sigma}$를 사용하여

$$Q = \sum_{a,b} Q_{ab} e_a e_b^*$$

라고 쓰면, 직접 계산에 의해

$$0 = \mathrm{tr}_{\mathcal{H}_B}(MQM^*) = \sum_{a,b} Q_{ab}(A_b^* A_a)^t \tag{7.4}$$

임을 확인할 수 있다. 따라서

$$\sum_{a,b} Q_{ab} A_b^* A_a = 0 \tag{7.5}$$

이 성립한다.

만약 $\Phi_0 \neq \Phi_1$이면, J는 동형변환이므로 $J(\Phi_0) \neq J(\Phi_1)$이고 $Q \neq 0$이다. 따라서 식 (7.5)의 좌변은 자명하지 않은 일차 결합, 즉 적당한 $a, b \in \Sigma$가 존재하여 $Q_{ab} \neq 0$이므로, 집합 $\{A_b^* A_a\}_{a,b\in\Sigma}$는 일차 독립일 수 없다.

역으로 $\{A_b^* A_a\}_{a,b\in\Sigma}$가 일차 독립이 아니라면, 식 (7.5)를 만족하는 0이 아닌 $Q \in \mathcal{L}(\mathbb{C}^\Sigma)$가 존재한다. 식 (7.5)의 양변에 수반 작용소를 취해서 식 (7.5)에 더하거나 빼면

$$\begin{aligned}
0 &= \sum_{a,b} Q_{ab} A_b^* A_a \pm \sum_{a,b} \overline{Q}_{ab} A_a^* A_b \\
&= \sum_{a,b} (Q \pm Q^*)_{ab} A_b^* A_a
\end{aligned}$$

을 얻는다. $Q \neq 0$이므로 $Q + Q^* \neq 0$이거나 $\sqrt{-1}(Q - Q^*) \neq 0$이다. Q를 이 둘 중 0이 아닌 것으로 대체하면, 식 (7.5)를 만족하는 0이 아닌 자기수반 작용소 Q가 존재함을 알 수 있다. 다시 Q를 $\frac{Q}{\|Q\|}$로 대체하면, 식 (7.5)를 만족하는 크기 1인 자기수반 작용소 Q가 존재함을 안다.

크기 1인 자기수반 작용소와 항등 작용소 $\mathrm{id}_{\mathbb{C}^\Sigma}$를 더하거나 빼면, 고유값이 항상 0 이상 이므로

$$Q_\pm := \mathrm{id}_{\mathbb{C}^\Sigma} \pm Q \in \mathbf{P}(\mathbb{C}^\Sigma)$$

이 양임을 안다. 따라서 $MQ_\pm M^* \in \mathbf{P}(\mathcal{H}_A \otimes \mathcal{H}_B)$이고,

$$\frac{1}{2}(MQ_+M^* + MQ_-M^*) = \frac{1}{2}M(Q_+ + Q_-)M^*$$

$$= MM^* = J(\Phi) \tag{7.6}$$

이다. 이제 동형변환 J의 역변환 J^{-1}을 작용하여

$$\Phi_0 := J^{-1}(MQ_+M^*), \quad \Phi_1 := MQ_-M^*$$

라고 두자. $MQ_\pm M^*$는 양이므로 선형 변환 Φ_0와 Φ_1은 완전 양이고, 식 (7.6)에 의해

$$\frac{1}{2}\Phi_0 + \frac{1}{2}\Phi_1 = \Phi \tag{7.7}$$

임을 얻는다. (7.6)의 양변에 부분 자취 $\mathrm{tr}_{\mathcal{H}_B}$를 취하면,

$$\frac{1}{2}\mathrm{tr}_{\mathcal{H}_B} J(\Phi_0) + \frac{1}{2}\mathrm{tr}_{\mathcal{H}_B} J(\Phi_1) = \mathrm{tr}_{\mathcal{H}_B} J(\Phi) = \mathrm{id}_{\mathcal{H}_A} \tag{7.8}$$

를 얻는다.

한편, $Q_\pm$의 정의로부터

$$\frac{1}{2}(MQ_+M^* - MQ_-M^*) = \frac{1}{2}M(Q_+ - Q_-)M^* = MQM^* \tag{7.9}$$

이 성립한다. (7.9)의 양변에 $\mathrm{tr}_{\mathcal{H}_B}$를 취하면, 식 (7.4)에 의해

$$\begin{aligned}\frac{1}{2}\mathrm{tr}_{\mathcal{H}_B} J(\Phi_0) - \frac{1}{2}\mathrm{tr}_{\mathcal{H}_B} J(\Phi_1) &= \mathrm{tr}_{\mathcal{H}_B}(MQM^*) \\ &= \sum_{a,b} Q_{ab}A_b^*A_a = 0 \end{aligned}\tag{7.10}$$

이다. (7.8)과 (7.10)에 의해

$$\mathrm{tr}_{\mathcal{H}_B} J(\Phi_0) = \mathrm{tr}_{\mathcal{H}_B} J(\Phi_1) = \mathrm{id}_{\mathcal{H}_A}$$

이고, Φ_0과 Φ_1은 자취 보존이다. 그런데 $Q \neq 0$이고 $\ker(M) = \{0\}$이므로, $MQM^* \neq 0$이고 식 (7.9)로부터 $\Phi_0 \neq \Phi_1$임을 알 수 있다. 따라서 (7.7)이 성립하므로, Φ는 극단점일 수 없다. □

연습문제 7.3 식 (7.4)를 보이시오.

보조정리 7.5

힐버트 공간 $\mathcal{H}$, $\mathcal{K}$에 대해 다음이 성립한다.

(1) $P \in \mathbf{P}(\mathcal{H})$이면,

$$Pv \neq 0 \iff v \cdot Pv > 0.$$

(2) $P, Q \in \mathbf{P}(\mathcal{H})$이면,

$$\ker(P+Q) = \ker(P) \cap \ker(Q),$$
$$\operatorname{im}(P+Q) = \operatorname{im}(P) + \operatorname{im}(Q).$$

(3) $P \in \mathbf{P}(\mathcal{H})$와 $M \in \mathcal{L}(\mathcal{K}, \mathcal{H})$에 대해 $\operatorname{im} P \subset \operatorname{im} M$이면, $Q \in \mathbf{P}(\mathcal{K})$가 존재하여 $P = MQM^*$이다.

[증명] (1) 스펙트럼 분해 정리를 쓰면 자명하게 성립한다.

(2) $P(v) \neq 0$이면 $v \cdot Pv > 0$인데, $v \cdot Qv \geq 0$이므로

$$v \cdot (P+Q)(v) > 0$$

이어서 $(P+Q)v \neq 0$이다. 따라서 $\ker(P+Q) \subset \ker(P)$이고 같은 이유에서 $\ker(P+Q) \subset \ker(Q)$이다. 반대쪽 포함 관계는 자명하다.

P와 $P+Q$가 모두 자기수반이므로, $\operatorname{im}(P+Q)$는 $\ker(P+Q)$에 수직인 벡터들의 집합 $\ker(P+Q)^{\perp}$이고, $\operatorname{im}(P) = \ker(P)^{\perp}$이다. 따라서 $\operatorname{im}(P+Q) \supset \operatorname{im}(P)$이 성립한다. P, Q의 역할을 바꾸면 $\operatorname{im}(P+Q) \supset \operatorname{im} Q$을 얻는다. 반대쪽 포함 관계는 자명하다.

(3) 특이값 분해 정리(정리 2.16)에 의해 정규직교인 집합

$$\{v_k\}_{1 \leq k \leq r}, \quad \{w_k\}_{1 \leq k \leq r}$$

이 존재하여 M의 특이값 분해를

$$M = \sum_{k=1}^{r} s_k v_k w_k^*, \quad s_k > 0$$

로 쓸 수 있다. 이때 M의 의사 역변환을

$$M^+ := \sum_{k=1}^{r} \frac{1}{s_k} w_k v_k^*$$

로 정의하면,

$$MM^+ = \sum_{k=1}^{r} v_k v_k^* = \Pi_{\mathrm{im}(M)}$$

은 $\mathrm{im}(M)$으로의 직교 사영이다. 이제 $Q := M^+P(M^+)^*$라고 두면, P의 스펙트럼 분해를 사용하여

$$MQM^* = (MM^+)P(MM^+)^* = \Pi_{\mathrm{im}(M)}P\Pi_{\mathrm{im}(M)} = P$$

임을 얻는다. □

예를 들어, 힐버트 공간 $\mathcal{H}$와 유니터리 작용소 $U \in \mathbf{U}(\mathcal{H})$에 대해

$$\Phi(\rho) = U\rho U^*, \quad \forall \rho \in \mathcal{L}(\mathcal{H})$$

로 정의되는 양자 채널 Φ는 $U^*U = \mathrm{id}_{\mathcal{H}} \neq 0$가 일차 독립이므로, $\mathbf{C}(\mathcal{H})$의 극단 점이다.

7.2 항등 보존 양자 채널

항등 보존 양자 채널의 몇 가지 종류를 알아본다. 정리 5.16에 의해 힐버트 공간 $\mathcal{H}$에 대해 양자 채널 $\Phi \in \mathbf{C}(\mathcal{H})$이 주어졌다면, $\sum_{0\le i<m} A_i^* A_i = \mathrm{id}_{\mathcal{H}}$이 만족되는 유한 개의 선형 변환 $\{A_i \in \mathcal{L}(\mathcal{H})\}_{0\le i<m}$가 존재하여

$$\Phi(\rho) = \sum_{0\le i<m} A_i \rho A_i^*, \ \forall \rho \in \mathcal{L}(\mathcal{H})$$

꼴로 쓸 수 있다.

정의 7.6

힐버트 공간 $\mathcal{H}$에 대해 유니터리 작용소들 $\{U_i\}_{0\le i<m}$과 합이 1인 양의 실수 $\{p_i\}_{0\le i<m}$가 있어서

$$\Phi(\rho) = \sum_{0\le i<m} p_i U_i \rho U_i^*, \quad \forall \rho \in \mathcal{L}(\mathcal{H})$$

로 정의되는 양자 채널을 **혼합 유니터리 채널**(mixed unitary channel)이라고 부른다.

$A_i = \sqrt{p_i}U_i$ 라고 두면, $\Phi(\rho) = \sum_i A_i\rho A_i^*$ 이므로 완전 양이고

$$\sum_i A_i^* A_i = \sum_i p_i U_i^* U_i = \sum_i p_i \,\mathrm{id}_{\mathcal{H}} = \mathrm{id}_{\mathcal{H}}$$

이므로 자취 보존이다. 또한,

$$\Phi(\mathrm{id}_{\mathcal{H}}) = \sum_i p_i U_i U_i^* = \left(\sum_i p_i\right) \mathrm{id}_{\mathcal{H}} = \mathrm{id}_{\mathcal{H}}$$

이므로 항등 보존이다.

예제 7.3 힐버트 공간 $\mathcal{H}$를 서로 직교인 부분공간들의 직합

$$\mathcal{H} = \mathcal{H}_1 \oplus \cdots \oplus \mathcal{H}_r$$

로 쓸 수 있다고 하자. 각각의 $1 \le i \le r$에 대해 $\mathcal{H}$에서 $\mathcal{H}_i$로 보내는 직교 사영

$$\Pi_i : \mathcal{H} \longrightarrow \mathcal{H}_i, \quad x = x_1 + \cdots + x_r \longmapsto x_i, \ (x_i \in \mathcal{H}_i)$$

를 생각하면,

$$\Pi_i \circ \Pi_i = \Pi_i, \quad \Pi_i^* = \Pi_i, \quad \sum_{i=1}^{r} \Pi_i = \mathrm{id}_{\mathcal{H}} \tag{7.11}$$

이다. 양자 채널 $\Phi : \mathcal{L}(\mathcal{H}) \to \mathcal{L}(\mathcal{H})$를

$$\Phi(\rho) = \sum_{i=1}^{r} \Pi_i \rho \Pi_i, \quad \forall \rho \in \mathcal{L}(\mathcal{H})$$

라고 정의하면, 식 (7.11)에 의해 $\Phi \in \mathbf{C}(\mathcal{H})$는 항등 보존 양자 채널임을 알 수 있다. □

연습문제 7.4 식 (7.11)을 증명하시오.

예제 7.4 자연수 n에 대해 $\zeta = e^{\frac{2\pi\sqrt{-1}}{n}}$ 라고 두자. 집합 $\{0, 1, \ldots, n-1\}$에 주어진 시계 연산 (또는 모듈러 연산, Modular Arithmetic)

$$i \oplus j = \begin{cases} i + j, & i + j < n \\ i + j - n, & i + j \ge n \end{cases}$$

을 생각하자. $\mathbb{C}^n$ 의 표준 기저 $\{e_i\}$를 써서

$$W_{ij} = \sum_{0\le k<n} \zeta^{jk} e_{i\oplus k} e_k^* \in \mathcal{L}(\mathbb{C}^n)$$

라고 두자. 그러면,

$$\begin{aligned} W_{ij}^* W_{ij} &= \sum_{0\le k,\ell<n} \overline{\zeta}^{j\ell} \zeta^{jk} e_\ell e_{i\oplus\ell}^* e_{i\oplus k} e_k^* \\ &= \sum_{0\le k,\ell<n} \zeta^{jk-j\ell} e_\ell \delta_{i\oplus\ell, i\oplus k} e_k^* \\ &= \sum_{0\le k<n} e_k e_k^* = \mathrm{id}_{\mathbb{C}^n} \end{aligned}$$

이므로 $W_{ij} \in \mathbf{U}(\mathbb{C}^n)$이 유니터리 작용소임을 알 수 있다. 따라서 음이 아닌 실수들 $\{p_{ij}\}$가 $\sum_{0\le i,j<n} p_{ij} = 1$을 만족하면,

$$\Phi(\rho) = \sum_{0\le i,j<n} p_{ij} W_{ij} \rho W_{ij}^*, \quad \forall \rho \in \mathcal{L}(\mathbb{C}^n) \tag{7.12}$$

는 혼합 유니터리 채널이다.

예를 들어, $n = 2$이면

$$W_{00} = e_0 e_0^* + e_1 e_1^* = \begin{pmatrix} 1 & 0 \\ 0 & 1 \end{pmatrix}, \quad W_{01} = e_0 e_0^* - e_1 e_1^* = \begin{pmatrix} 1 & 0 \\ 0 & -1 \end{pmatrix},$$

$$W_{10} = e_0 e_1^* + e_1 e_0^* = \begin{pmatrix} 0 & 1 \\ 1 & 0 \end{pmatrix}, \quad W_{11} = e_1 e_0^* - e_0 e_1^* = \begin{pmatrix} 0 & -1 \\ 1 & 0 \end{pmatrix}$$

이다. 따라서 예제 7.2는 (7.12)의 특별한 경우이다. □

이제 항등 보존 양자 채널들의 집합의 성질을 알아보자. 먼저 정리 7.2의 항등 보존 양자 채널의 집합에 대해서도 성립한다.

정리 7.7

힐버트 공간 $\mathcal{H}_A$, $\mathcal{H}_B$에 대해 항등 보존 양자 채널 $\Phi : \mathcal{L}(\mathcal{H}_A) \to \mathcal{L}(\mathcal{H}_B)$들의 집합은 볼록인 옹골 집합이다.

[증명] 항등 보존 양자 채널 Φ_0, Φ_1이 주어졌다고 하자. 임의의 $0 < \lambda < 1$에 대해 정리 7.2에 의해 $(1-\lambda)\Phi_0 + \lambda\Phi_1$은 양자 채널이고 자명하게 항등 보존이다. 따라서 항등 보존

양자 채널들의 집합은 볼록이다.

힐버트 공간 $\mathcal{H}_A$, $\mathcal{H}_B$에 대해 함수

$$\mathbf{C}(\mathcal{H}_A, \mathcal{H}_B) \longrightarrow \mathcal{L}(\mathcal{H}_B), \quad \Phi \longmapsto \Phi(\mathrm{id}_{\mathcal{H}_A}) - \mathrm{id}_{\mathcal{H}_B}$$

를 생각하면, 선형 변환으로부터 나온 것이므로 (정규직교 기저를 도입해서 계산해보라) 연속이다. 따라서 0의 역상(inverse image)은 닫힌 부분집합이고, 이는 항등 보존 양자 채널들의 집합이다. 옹골 집합의 닫힌 부분집합이므로 옹골 집합이다. □

민코프스키 정리(정리 7.3)에 의해 항등 보존 양자 채널 중에서 극단 점들을 모두 찾으면 항등 보존 양자 채널을 모두 찾을 수 있다. 다음 정리는 항등 보존 양자 채널이 극단 점인지 판별할 수 있게 해준다.

정리 7.8

힐버트 공간 $\mathcal{H}$에 대해 일차 독립인 선형 변환들 $\{A_a \in \mathcal{L}(\mathcal{H})\}_{a\in\Sigma}$이 존재하여

$$\Phi(\rho) = \sum_{a\in\Sigma} A_a \rho A_a^*, \quad \forall \rho \in \mathcal{L}(\mathcal{H})$$

로 정의된 양자 채널이 항등 보존 양자 채널들의 집합에서 극단 점일 필요 충분 조건은 집합

$$\left\{ \begin{pmatrix} A_b^* A_a & 0 \\ 0 & A_a A_b^* \end{pmatrix} \right\}_{a,b\in\Sigma}$$

이 $\mathcal{L}(\mathcal{H} \oplus \mathcal{H})$에서 일차 독립인 것이다.

5.3절에서 사용한 내적을 이용해 정의되는 일대일 대응

$$\mathrm{vec} : \mathcal{L}(\mathcal{H}) \cong \mathcal{H}^* \otimes \mathcal{H} \longrightarrow \mathcal{H} \otimes \mathcal{H},$$
$$wv^* \longmapsto v^* \otimes w \longmapsto v \otimes w$$

을 생각하자. 증명을 위해 다음과 같은 함수를 도입하면 편리하다.

정의 7.9

힐버트 공간 $\mathcal{H}$에 대해 선형 변환 V를

$$V : \mathcal{H} \otimes \mathcal{H} \longrightarrow (\mathcal{H} \oplus \mathcal{H}) \otimes (\mathcal{H} \oplus \mathcal{H}),$$
$$V(\text{vec}(\rho)) = \text{vec}\begin{pmatrix} \rho & 0 \\ 0 & \rho^t \end{pmatrix}, \ \forall \rho \in \mathcal{L}(\mathcal{H})$$

로 정의하고, 초이 표현 J를 써서 선형 변환 ϕ를

$$\phi : \mathcal{L}(\mathcal{L}(\mathcal{H})) \longrightarrow \mathcal{L}(\mathcal{L}(\mathcal{H} \oplus \mathcal{H})), \quad \phi(\Phi) := J^{-1}(VJ(\Phi)V^*) \tag{7.13}$$

로 정의하자.

구체적으로 변환 Φ를 클라우스 작용소 $A_a, B_a \in \mathcal{L}(\mathcal{H})$를 써서

$$\Phi(\rho) = \sum_{a \in \Sigma} A_a \rho B_a^*, \quad \rho \in \mathcal{L}(\mathcal{H}) \tag{7.14}$$

라고 쓰면, 정리 5.8에 의해

$$\begin{aligned} J(\phi(\Phi)) = VJ(\Phi)V^* &= \sum_a V\text{vec}(A_a)\text{vec}(B_a)^* V^* \\ &= \sum_a \text{vec}\begin{pmatrix} A_a & 0 \\ 0 & A_a^t \end{pmatrix} \text{vec}\begin{pmatrix} B_a & 0 \\ 0 & B_a^t \end{pmatrix}^* \end{aligned}$$

를 얻는다. 다시 정리 5.8에 의해

$$\phi(\Phi)(\sigma) = \sum_{a \in \Sigma} \begin{pmatrix} A_a & 0 \\ 0 & A_a^t \end{pmatrix} \sigma \begin{pmatrix} B_a & 0 \\ 0 & B_a^t \end{pmatrix}^* \tag{7.15}$$

임을 안다. 특히, $\sigma = \rho \oplus 0$, $(\rho \in \mathcal{L}(\mathcal{H}))$로 두어서 $\phi(\Phi) = 0$이면 $\Phi = 0$임을 확인할 수 있다. 따라서 ϕ는 일대일 함수이다.[4]

(7.13)에서 정의된 함수 ϕ가 왜 유용한 지는 다음 보조정리를 보면 명확하다.

보조정리 7.10

정의 7.9의 상황에서 다음이 참이다.

(1) Φ가 완전 양일 필요 충분 조건은 $\phi(\Phi)$가 완전 양인 것이다.

[4]일대일 함수는 단사(injective) 함수라고도 하는데, 정의역의 서로 다른 원소들이 서로 다른 원소들로 보내진다는 말이다. 선형 변환이 단사 함수일 필요 충분 조건은 커널이 $\{0\}$인 것이다.

(2) Φ가 자취 보존이고 항등 보존일 필요 충분 조건은 $\phi(\Phi)$가 자취 보존인 것이다.

(3) Φ가 항등 보존 양자 채널일 필요 충분 조건은 $\phi(\Phi)$가 양자 채널인 것이다.

(4) Φ가 항등 보존 양자 채널의 볼록 집합에서 극단 점일 필요 충분 조건은 $\phi(\Phi)$가 양자 채널들의 볼록 집합에서 극단 점인 것이다.

[증명] (1) 식 (7.14)와 (7.15)를 살펴보자. 정리 5.13에 의해 Φ가 완전 양인 것은 모든 $a \in \Sigma$에 대해 $B_a = A_a$로 잡을 수 있는 것과 동치이다. 같은 이유에서 $\phi(\Phi)$가 완전 양인 것은 $B_a = A_a$, $B_a^t = A_a^t$로 잡을 수 있는 것인데, 이는 자명하게 $B_a = A_a$임과 동치이다.

(2) Φ가 자취 보존일 필요 충분 조건은 정리 5.15에 의해

$$\sum_a A_a^* B_a = \mathrm{id}_{\mathcal{H}}$$

인 것이고, $\Phi(\mathrm{id}_{\mathcal{H}}) = \mathrm{id}_{\mathcal{H}}$일 필요 충분 조건은

$$\sum_a A_a B_a^* = \mathrm{id}_{\mathcal{H}}$$

이다. 한편, 다시 정리 5.15와 등식 (7.15)에 의해 $\phi(\Phi)$가 자취 보존일 필요 충분 조건은 두 등식

$$\sum_a A_a^* B_a = \mathrm{id}_{\mathcal{H}}, \quad \sum_a A_a B_a^* = \mathrm{id}_{\mathcal{H}}$$

가 동시에 성립하는 것이다.

(3)은 (1)과 (2)로부터 자명하다.

(4) 만약 Φ가 항등 보존 양자 채널들 $\Phi_0 \neq \Phi_1$과 $0 < \lambda < 1$에 대해

$$\Phi = (1 - \lambda)\Phi_0 + \lambda\Phi_1 \tag{7.16}$$

을 만족한다면, 양변에 선형 사상 ϕ를 작용하여

$$\phi(\Phi) = (1 - \lambda)\phi(\Phi_0) + \lambda\phi(\Phi_1)$$

을 얻는다. 그런데 ϕ가 일대일 함수이므로, $\phi(\Phi_0) \neq \phi(\Phi_1)$이다. 따라서 Φ가 항등 보존 양자 채널들의 볼록 집합에서 극단 점이 아니면 $\phi(\Phi)$는 양자 채널들의 볼록 집합에서 극단 점이 아니다.

역으로, 양자 채널 $\Psi_0 \neq \Psi_1$과 실수 $0 < \lambda < 1$가 있어서

$$\phi(\Phi) = (1 - \lambda)\Psi_0 + \lambda\Psi_1 \tag{7.17}$$

이 성립한다면, 양변에 초이 표현을 취해

$$VJ(\Phi)V^* = J\phi(\Phi) = (1-\lambda)J(\Psi_0) + \lambda J(\Psi_1) \tag{7.18}$$

을 얻는다. 보조정리 7.5에 의해 $Q_0, Q_1 \in \mathbf{P}(\mathcal{H}\otimes\mathcal{H})$이 존재하여

$$J(\Psi_0) = VQ_0V^*, \quad J(\Psi_1) = VQ_1V^* \tag{7.19}$$

라고 쓸 수 있다. 이제

$$\Phi_0 = J^{-1}(Q_0), \quad \Phi_1 = J^{-1}(Q_1) \tag{7.20}$$

라고 두고, 식 (7.19)와 (7.20)을 식 (7.18)에 대입하면

$$\begin{aligned} J\phi(\Phi) &= (1-\lambda)VJ(\Phi_0)V^* + \lambda VJ(\Phi_1)V^* \\ &= (1-\lambda)J\phi(\Phi_0) + \lambda J\phi(\Phi_1) \\ &= J\phi\big((1-\lambda)\Phi_0 + \lambda\Phi_1\big) \end{aligned}$$

를 얻는다. J와 ϕ는 일대일 함수이므로, 등식 (7.16)을 얻는다. 한편,

$$VJ(\Phi_i)V^* = J(\Psi_i), \quad (i=0,1)$$

이므로 $\phi(\Phi_i) = \Psi_i$이다. 또한 Ψ_i가 양자 채널이므로, (3)에 의해 Φ_i는 항등 보존 양자 채널이다. 그리고 $\Psi_0 \neq \Psi_1$이므로 $\Phi_0 \neq \Phi_1$임을 안다. 따라서 $\phi(\Phi)$가 양자 채널의 집합에서 극단 점이 아니면, Φ는 항등 보존 양자 채널의 집합에서 극단 점이 아니다. □

[증명] (정리 7.8의 증명) 보조정리 7.10에 의해 $\phi(\Phi)$가 양자 채널의 집합에서 극단 점일 조건을 찾으면 되는데, 정리 7.8의 증명은 정리 7.4로부터 바로 얻는다. □

이 정리의 응용으로써 힐버트 공간의 차원이 2일 때, 즉 큐빗의 경우 모든 항등 보존 양자 채널을 찾을 수 있다.

정리 7.11

힐버트 공간 $\mathcal{H} \cong \mathbb{C}^2$가 2차원이면, 모든 항등 보존 양자 채널 $\Phi \in \mathbf{C}(\mathcal{H})$는 혼합 유니터리 채널이다.

[증명] 정리 7.3과 혼합 유니터리 채널의 정의로부터 항등 보존 양자 채널의 집합에서 극단 점은 반드시 유니터리 채널, 즉 유니터리 작용소 $A \in \mathbf{U}(\mathcal{H})$가 존재하여

$$\Phi(\rho) = A\rho A^*, \quad \forall \rho \in \mathcal{L}(\mathcal{H})$$

로 주어짐을 보이면 충분하다.

항등 보존 양자 채널의 집합의 임의의 극단 점을 Φ라고 하자. 정리 5.16에 따라 Φ의 클라우스 표현

$$\Phi(\rho) = \sum_{i=0}^{m-1} A_i \rho A_i^*, \quad \forall \rho \in \mathcal{L}(\mathcal{H})$$

을 생각하면, 이것은 자취 보존이고 항등 보존이므로

$$\sum_i A_i^* A_i = \mathrm{id}_{\mathcal{H}}, \quad \sum_i A_i A_i^* = \mathrm{id}_{\mathcal{H}} \tag{7.21}$$

을 만족한다.

만약 $m = 1$이면, Φ는 유니터리 채널이므로 증명이 끝났다. 이제 $m \geq 2$라고 하자. 정리 7.8에 의해 m^2개의 원소를 갖는 집합

$$\left\{ \begin{pmatrix} A_j^* A_i & 0 \\ 0 & A_i A_j^* \end{pmatrix} \right\}_{0 \leq i,j < m} \tag{7.22}$$

이 8차원 벡터 공간 $\mathcal{L}(\mathcal{H} \oplus \mathcal{H}) = \mathcal{L}(\mathbb{C}^2 \oplus \mathbb{C}^2)$에서 일차 독립이다. 자명하게 $m \geq 3$이면 $m^2 > 8$이므로 (7.22)는 일차 독립일 수 없고, 따라서 $m \leq 2$이어야 한다.

이제 $m = 2$라고 하자. 정리 2.18을 써서 A_0와 A_1의 극 분해

$$\begin{aligned} A_0 &= U_0 P_0, \quad U_0 \in \mathbf{U}(\mathcal{H}),\ P_0 \in \mathbf{P}(\mathcal{H}) \\ A_1 &= U_1 P_1, \quad U_1 \in \mathbf{U}(\mathcal{H}),\ P_1 \in \mathbf{P}(\mathcal{H}) \end{aligned}$$

를 생각하자. 식 (7.21)에 대입하면,

$$\begin{aligned} &P_0^2 + P_1^2 = \mathrm{id}_{\mathcal{H}}, \\ &U_0 P_0 U_0^* = U_1 P_0 U_1^*, \quad U_0 P_1 U_0^* = U_1 P_1 U_1^* \end{aligned} \tag{7.23}$$

을 얻는다. 이로부터 $U_0^* U_1 P_1$이 정규 작용소임을 알 수 있는데, 왜냐하면

$$\begin{aligned} U_0^* U_1 P_1 P_1 U_1^* U_0 &= U_0^* U_0 P_1^2 U_0^* U_0 \\ &= P_1^2 = P_1 U_1^* U_0 U_0^* U_1 P_1 \end{aligned}$$

이기 때문이다. 또한, $P_0^2 = \mathrm{id}_{\mathcal{H}} - P_1^2$ 이므로 $P_0^2 P_1^2 = P_1^2 P_0^2$ 이고 따름정리 2.12에 의해 $P_0 P_1 = P_1 P_0$ 이 성립한다. 아울러 $U_0 P_0 U_0^* = U_1 P_0 U_1^*$ 로부터 $P_0 U_0^* U_1 = U_0^* U_1 P_0$ 을 얻는다. 따라서

$$P_0(U_0^* U_1 P_1) = U_0^* U_1 P_0 P_1 = (U_0^* U_1 P_1) P_0$$

이 만족되므로, P_0 와 $U_0^* U_1 P_1$ 이 교환 법칙이 성립하는 정규 작용소이다.

따름정리 2.12에 의해

$$P_0 = V D_0 V^*, \quad U_0^* U_1 P_1 = V D_1^* V^*, \quad \exists V \in \mathbf{U}(\mathcal{H})$$

로 쓸 수 있는데, 여기서 D_0 와 D_1 은 대각 행렬들이다.

$$W := U_0 V \in \mathbf{U}(\mathcal{H})$$

라 두면, $i = 0, 1$ 에 대해

$$A_i = W D_i V^*, \quad D_i = \begin{pmatrix} \alpha_i & 0 \\ 0 & \beta_i \end{pmatrix}$$

가 된다. 따라서

$$\begin{pmatrix} A_j^* A_i & 0 \\ 0 & A_i A_j^* \end{pmatrix} = \begin{pmatrix} V D_j^* D_i V^* & 0 \\ 0 & W D_i D_j^* W^* \end{pmatrix},$$

$$D_j^* D_i = \begin{pmatrix} \bar{\alpha}_j \alpha_i & 0 \\ 0 & \bar{\beta}_j \beta_i \end{pmatrix} = D_i D_j^*$$

이다. 그러므로 (7.22)의 행렬들은 모두

$$\begin{pmatrix} V e_0 e_0^* V^* & 0 \\ 0 & W e_0 e_0^* W^* \end{pmatrix}, \quad \begin{pmatrix} V e_1 e_1^* V^* & 0 \\ 0 & W e_1 e_1^* W^* \end{pmatrix}$$

이 생성하는 2차원 부분공간에 포함된다. 그런데 (7.22)의 집합에는 $m^2 = 4$ 개의 원소가 있으므로 일차 독립일 수 없다. 따라서 $m = 1$ 이어야 하고 극단 점 Φ 는 유니터리 채널이다. □

양자 채널은 밀도 작용소를 밀도 작용소로 보내는데, 흥미로운 사실은 항상 고정 점이 존재한다는 것이다.

정리 7.12

힐버트 공간 $\mathcal{H}$와 자취 보존인 양의 선형 작용소 $\Phi : \mathcal{L}(\mathcal{H}) \to \mathcal{L}(\mathcal{H})$에 대해 $\Phi(\rho) = \rho$를 만족하는 밀도 작용소 $\rho \in \mathbf{D}(\mathcal{H})$가 존재한다.[5]

[증명] 정수 $n \geq 0$에 대해

$$\Psi_n(\rho) = \frac{1}{2^n} \sum_{k=0}^{2^n-1} \Phi^k(\rho), \quad \rho \in \mathcal{L}(\mathcal{H})$$

라고 정의하면, 자취 보존인 양의 선형 작용소의 평균이므로 Ψ_n은 자취 보존인 양의 선형 작용소이다. 정리 6.7에 의해 $\mathbf{D}(\mathcal{H})$는 볼록이고, 모든 밀도 작용소 $\rho \in \mathbf{D}(\mathcal{H})$에 대해

$$\|\rho\|_1 = \mathrm{tr}(\rho) = 1$$

이다. 그런데 선형 작용소의 자취 보존과 양임은 닫힌 성질이어서 $\mathbf{D}(\mathcal{H})$는 옹골 집합이다. 따라서

$$\Psi_n(\mathbf{D}(\mathcal{H})) = \{\Psi_n(\rho) \mid \rho \in \mathbf{D}(\mathcal{H})\}$$

도 모두 볼록인 옹골 집합이다.[6]

자연수 n에 대해

$$\Psi_{n+1}(\rho) = \frac{1}{2}\Psi_n(\rho) + \frac{1}{2}\Psi_n(\Phi^{2^n}(\rho)) \in \Psi_n(\mathbf{D}(\mathcal{H}))$$

이므로, 옹골 집합들 사이의 포함 관계

$$\Psi_n(\mathbf{D}(\mathcal{H})) \supset \Psi_{n+1}(\mathbf{D}(\mathcal{H})), \quad \forall n \geq 0$$

를 얻는다. 이와 같이 포함되는 옹골 집합의 열이 있으면 이들의 교집합은 공집합이 아니므로,[7] 이들의 교집합에 속하는 원소

$$\rho \in \bigcap_{n \geq 0} \Psi_n(\mathbf{D}(\mathcal{H})) \neq \varnothing$$

를 고르고, $\Phi(\rho) = \rho$임을 보이자.

[5] $\Phi(\rho) = \rho$를 만족하는 ρ를 Φ의 **고정 점**(fixed point)이라고 부른다.
[6] 최대최소 정리: 연속 함수에 의한 옹골 집합의 이미지는 옹골 집합이다.
[7] 각각에 속하는 점들의 열(sequence)을 생각하고, 수렴하는 부분 열의 극한 점을 취하면 된다.

임의의 자연수 n에 대해 $\rho \in \Psi_n(\mathbf{D}(\mathcal{H}))$이므로, $\sigma \in \mathbf{D}(\mathcal{H})$가 존재하여 $\rho = \Psi_n(\sigma)$라고 할 수 있다. 따라서

$$\begin{aligned}\|\Phi(\rho) - \rho\|_1 &= \|\Phi(\Psi_n(\sigma)) - \Psi_n(\sigma)\|_1 \\ &= \frac{1}{2^n}\|\Phi^{2^n}(\sigma) - \sigma\|_1\end{aligned}$$

이다. 그런데 정리 6.28에 의해 두 밀도 작용소의 차이의 섀튼 1-크기는 2보다 작거나 같으므로

$$\|\Phi(\rho) - \rho\|_1 \le \frac{2}{2^n} = \frac{1}{2^{n-1}}$$

이다. 모든 자연수 n에 대해 이 부등식이 성립하므로 $\|\Phi(\rho) - \rho\|_1 = 0$이고 따라서 $\Phi(\rho) = \rho$이다. □

연습문제 7.5 밀도 작용소의 집합 $\mathbf{D}(\mathcal{H})$가 옹골 집합임을 꼼꼼히 확인하시오.

양자 채널의 고정 점을 어떻게 찾을 수 있을까?

정리 7.13

힐버트 공간 $\mathcal{H}$와 항등 보존 양자 채널 $\Phi \in \mathbf{C}(\mathcal{H})$에 대해

$$\Phi(\rho) = \sum_{a\in\Sigma} A_a \rho A_a^*, \quad \forall \rho \in \mathcal{L}(\mathcal{H});\ A_a \in \mathcal{L}(\mathcal{H})$$

라고 쓰면, 선형 작용소 $\rho \in \mathcal{L}(\mathcal{H})$가 $\Phi(\rho) = \rho$을 만족시킬 필요 충분 조건은 모든 $a \in \Sigma$에 대해 $\rho A_a = A_a \rho$가 성립하는 것이다.

[증명] Φ가 항등 보존이고 자취 보존이므로,

$$\sum_{a\in\Sigma} A_a A_a^* = \mathrm{id}_{\mathcal{H}}, \quad \sum_{a\in\Sigma} A_a^* A_a = \mathrm{id}_{\mathcal{H}}$$

이다. 만약 모든 a에 대해 $\rho A_a = A_a \rho$가 성립하면,

$$\begin{aligned}\Phi(\rho) &= \sum_{a\in\Sigma} A_a \rho A_a^* = \rho \sum_{a\in\Sigma} A_a A_a^* \\ &= \rho\, \mathrm{id}_{\mathcal{H}} = \rho\end{aligned}$$

가 성립하므로 ρ가 고정 점이다.

역으로, 어떤 $\rho \in \mathcal{L}(\mathcal{H})$에 대해 $\Phi(\rho) = \rho$라고 하자.

$$\sigma_a = \rho A_a - A_a \rho$$

라고 두고 $\sigma_a = 0$임을 보이자. 양의 작용소 $\sigma_a \sigma_a^*$의 합을 계산하면,

$$\begin{aligned}
\sum_a \sigma_a \sigma_a^* &= \sum_a (\rho A_a - A_a \rho)(\rho A_a - A_a \rho)^* \\
&= \rho\Big(\sum_a A_a A_a^*\Big)\rho^* - \rho\Big(\sum_a A_a \rho A_a^*\Big)^* \\
&\quad - \Big(\sum_a A_a \rho A_a^*\Big)\rho^* + \sum_a A_a(\rho\rho^*)A_a^* \\
&= \rho\rho^* - \rho\Phi(\rho)^* - \Phi(\rho)\rho^* + \Phi(\rho\rho^*) \\
&= \rho\rho^* - \rho\rho^* - \rho\rho^* + \Phi(\rho\rho^*) \\
&= -\rho\rho^* + \Phi(\rho\rho^*)
\end{aligned}$$

인데, Φ가 자취 보존이므로 $\sum_a \sigma_a \sigma_a^*$의 자취가 0이다.

그런데 $\sum_a \sigma_a \sigma_a^*$는 양의 작용소이므로,

$$\sum_a \sigma_a \sigma_a^* = 0$$

이다. 그리고 $\sum_a \sigma_a \sigma_a^*$는 양의 작용소들의 합이므로, 모든 $a \in \Sigma$에 대해 $\sigma_a \sigma_a^* = 0$이어서 $\sigma_a = 0$이다. □

연습문제 7.6 힐버트 공간 $\mathcal{H}$의 선형 작용소 $\sigma \in \mathcal{L}(\mathcal{H})$가 $\sigma\sigma^* = 0$을 만족하면, $\sigma = 0$임을 보이시오.

7.3 우세화

주어진 밀도 작용소에 항등 보존 양자 채널을 적용하면 무슨 일이 생길까? 또는 두 개의 양자 상태가 주어졌을 때, 하나가 다른 것보다 무질서하다는 것은 무엇을 의미하는가? 이러한 질문에 대한 설명을 하기 위해 우세화(majorization)가 연구되었는데, 두 개의 확률 분포 또는

두 개의 밀도 행렬을 비교하는 수단을 제공할 뿐만 아니라 경제 및 통계에서 물리학, 화학에 이르기까지 광범위한 주제에 적용할 수있는 기본 도구로 사용된다.

우세화는 양자 채널을 작용하면 정보가 더욱 섞이는 쪽으로 진행됨을 표현해주는데, 이를 설명하려면 이중 확률 작용소부터 설명해야 한다.

정의 7.14

자연수 n과 실 벡터 공간 $\mathbb{R}^n$의 표준 기저 $\{e_i\}_{0\le i<n}$에 대해 선형 작용소 (즉 $n \times n$ 실 행렬)

$$A = \sum_{0\le i,j<n} A_{ij} e_i e_j^* \in \mathcal{L}(\mathbb{R}^n)$$

가 **이중 확률 작용소**(doubly stochastic operator)라 함은

$$A_{ij} \ge 0,\ \forall i, j; \quad \sum_{0\le i<n} A_{ij} = 1,\ \forall j; \quad \sum_{0\le j<n} A_{ij} = 1,\ \forall i$$

가 만족된다는 말이다.

예를 들어, 임의의 치환 $\pi \in S_n$에 대해[8]

$$\sum_{0\le i<n} e_{\pi(i)} e_i^*$$

은 각각의 i에 대해 표준 기저 벡터 e_i를 $e_{\pi(i)}$로 보내는 이중 확률 작용소이고, 이를 **치환 작용소**(permutation operator)라고 부른다. 이중 확률 작용소들의 집합은 $\mathcal{L}(\mathbb{R}^n)$ 안에서 볼록인 옹골 집합임을 쉽게 알 수 있고, 유명한 벌코프-폰 노이만(Birkhoff-von Neumann) 정리는 이 집합의 극단 점들이 모두 치환 작용소들임을 알려준다.

연습문제 7.7 이중 확률 작용소들의 집합은 볼록인 옹골 집합임을 증명하시오.

정리 7.15 (벌코프-폰 노이만 정리, Birkhoff-von Neumann theorem)

임의의 이중 확률 작용소는 치환 작용소들의 볼록 합이다.

---

[8] S_n은 $\{0, 1, \ldots, n-1\}$에서 자기자신으로 가는 일대일 대응들의 집합을 말하며 S_n의 원소들을 치환(permutation)이라고 부른다.

[증명] 민코프스키 정리(정리 7.3)에 의해 극단 점들이 치환 작용소들임을 보이면 충분하다. A가 이중 확률 작용소들의 집합에서 극단 점이라고 하자. 만약 A가 치환 작용소가 아니라면, $0 < A_{i_0 j_0} < 1$인 i_0, j_0가 존재한다. 임의의 행의 원소의 합이 1이므로, $0 < A_{i_0 j_1} < 1$인 j_1이 존재한다. 임의의 열의 원소의 합이 1이므로, $0 < A_{i_1 j_1} < 1$인 i_1이 존재한다. 다시 임의의 행의 원소의 합이 1이므로, $0 < A_{i_1 j_2} < 1$인 j_2가 존재한다. 임의의 열의 원소의 합이 1이므로, $0 < A_{i_2 j_2} < 1$인 i_2가 존재한다.

이와 같이 반복하면

$$(i_0, j_0), (i_0, j_1), (i_1, j_1), (i_1, j_2), (i_2, j_2), (i_2, j_3), \cdots \in \{0, 1, \ldots, n-1\}^2$$

를 얻는데, $\{0, 1, \cdots, n-1\}^2$이 유한 집합이므로 루프가 생긴다. 같은 행이나 같은 열에서 오르내리는 것을 지우면, 짝수 개의 구성원을 가지는 루프를 항상 찾을 수 있다. 이 루프에 있는 A의 성분 중 최소값을 ε이라 두고, 이 루프를 따라 $\varepsilon, -\varepsilon$을 번갈아 배치하고 루프 밖에는 모두 0을 두어 얻은 행렬과 대응되는 작용소를 B라고 부르자. $A+B$, $A-B$는 모두 이중 확률 작용소이고

$$A = \frac{1}{2}(A+B) + \frac{1}{2}(A-B), \quad A+B \neq A-B$$

이므로 A는 극단 점일 수 없다. □

정의 7.16

실 벡터 공간 $\mathbb{R}^n$의 두 벡터 x, y에 대해 x가 y에 비해 **우세하다**(majorize)함은 이중 확률 작용소 $A \in \mathcal{L}(\mathbb{R}^n)$이 존재하여 $y = Ax$가 만족된다는 말이다. 이때, $x \succ y$로 표시하자.

임의의 벡터 $x = (x_0, \cdots, x_{n-1}) \in \mathbb{R}^n$의 성분들을 큰 것부터 크기순으로 재배열하여 얻는 벡터를 $r(x)$라고 표시하자. 즉

$$x_{\pi(0)} \geq x_{\pi(1)} \geq \cdots \geq x_{\pi(n-1)}$$

을 만족하는 $\pi \in S_n$을 찾아서 $r(x) = (x_{\pi(0)}, \ldots, x_{\pi(n-1)})$로 두는 것이다. $r(x)$의 i번째 성분 $r(x) \cdot e_i$를 $r_i(x)$라고 두자.

정리 7.17

벡터 $x = (x_0, \cdots, x_{n-1})$, $y = (y_0, \cdots, y_{n-1}) \in \mathbb{R}^n$에 대해 다음 명제들은 동치이다.

(1) $x \succ y$.

(2) 모든 $1 \leq m < n$에 대해 $\sum_{0 \leq i < m} r_i(x) \geq \sum_{0 \leq i < m} r_i(y)$ 이고,

$$\sum_{0 \leq i < n} r_i(x) = \sum_{0 \leq i < n} r_i(y)$$

가 성립한다.

(3) 유니터리 작용소 $U = \sum_{0 \leq i,j < n} U_{ij} e_i e_j^* \in \mathbf{U}(\mathbb{C}^n)$이 존재하여

$$y_i = \sum_{0 \leq j < n} |U_{ij}|^2 x_j$$

가 만족된다.

[증명] (3)⟹(1): U가 유니터리 작용소이므로, 행들이 정규직교 기저가 되고 열들도 정규직교 기저를 이룬다. 따라서 $A = \sum_{0 \leq i,j < n} |U_{ij}|^2 e_i e_j^*$는 이중 확률 작용소이고 $y = Ax$이므로, $x \succ y$이다.

(1)⟹(2): $x \succ y$라 가정하면, $y = Ax$을 만족하는 이중 확률 작용소 A가 존재한다. 그러면 $\sum_{0 \leq j < n} A_{ij} = 1$이므로 $m = n$인 경우 계산하면,

$$\begin{aligned}
\sum_{0 \leq i < n} r_i(y) = \sum_{0 \leq i < n} y_i &= \sum_{0 \leq i,j < n} A_{ij} x_j \\
&= \sum_{0 \leq j < n} \left(\sum_{0 \leq i < n} A_{ij} \right) x_j \\
&= \sum_{0 \leq j < n} x_j = \sum_{0 \leq i < n} r_i(x)
\end{aligned}$$

를 얻는다.

이제 임의의 m에 대해서 (2)의 부등식을 증명하자. 정리 7.15에 의해

$$A = \sum_{\pi \in S_n} p_\pi \sum_i e_{\pi(i)} e_i^*, \quad \sum_{\pi \in S_n} p_\pi = 1$$

를 만족하는 확률 분포 $\{p_\pi \geq 0\}_{\pi \in S_n}$가 존재한다. 재배열 벡터 $r(y)$의 정의로부터, 모든 $0 \leq i < n$에 대해 $r_i(y) = y_{u(i)}$를 만족하는 치환 $u \in S_n$가 존재한다. $r(x)$의 정의로부터 $\{x_0, \ldots, x_{n-1}\}$에서 m개를 뽑아 더하면 $\sum_{0 \leq i < m} r_i(x)$보다 작거나 같다.

그런데 임의의 j에 대해

$$y_j = e_j \cdot y = e_j \cdot Ax = \sum_{\pi} p_\pi x_{\pi^{-1}(j)}$$

이므로,

$$\begin{aligned}\sum_{0\le i<m} r_i(y) = \sum_{0\le i<m} y_{u(i)} &= \sum_{0\le i<m}\sum_{\pi} p_\pi x_{\pi^{-1}(u(i))} \\ &= \sum_{\pi} p_\pi\Bigg(\sum_{0\le i<m} x_{\pi^{-1}(u(i))}\Bigg) \\ &\le \sum_{\pi} p_\pi\Bigg(\sum_{0\le i<m} r_i(x)\Bigg) = \sum_{0\le i<m} r_i(x)\end{aligned}$$

이 성립한다.

(2)⟹(3): x의 성분들의 순서를 바꾸는 것은 U의 열들의 순서를 바꿔주는 것과 같고, y의 성분들의 순서를 바꾸는 것은 U의 행들의 순서를 바꾸는 것과 같다. 따라서

$$x_0 \ge x_1 \ge \cdots \ge x_{n-1}, \quad y_0 \ge y_1 \ge \cdots \ge y_{n-1}$$

일 때만 증명하면 된다.

n에 관한 귀납법을 사용하자. $n = 1$이면 $x = y$이므로 자명하다. $n \ge 2$라고 하자. 만약 $x_0 = y_0$라면, 두 벡터

$$\hat{x} = (x_1, \ldots, x_{n-1}), \quad \hat{y} = (y_1, \ldots, y_{n-1})$$

가 (2)의 조건들을 만족한다. 귀납법 가정에 의해 유니터리 작용소 $\hat{U} \in \mathbf{U}(\mathbb{C}^{n-1})$가 존재하여

$$y_i = \sum_{1\le j<n} |\hat{U}_{ij}|^2 x_j, \quad \forall 1 \le i < n$$

임을 아는데,

$$U = \begin{pmatrix} 1 & 0 \\ 0 & \hat{U} \end{pmatrix}$$

라고 두면 (3)을 얻는다.

이제 $x_0 > y_0$라고 하자. x_i들의 총합과 y_i들의 총합이 같으므로, $y_0 \ge x_k$인 k가 존재한다. 이러한 k중에서 제일 작은 k를 고정하면, $x_0 > y_0 \ge x_k$이므로

$$y_0 = (1-\lambda)x_0 + \lambda x_k \tag{7.24}$$

를 만족하는 $0 < \lambda \leq 1$가 존재한다. 식 (7.24)의 k와 λ를 사용하여 $n-1$ 차원 벡터 $\hat{x}$과 $\hat{y}$을 다음과 같이 정의하자.

$$\hat{x} = (x_1, \ldots, x_{k-1}, \lambda x_0 + (1-\lambda)x_k, x_{k+1}, \ldots, x_{n-1})$$
$$\hat{y} = (y_1, \ldots, y_{n-1})$$

그러면 직접 계산하여 $\hat{x}$과 $\hat{y}$이 (2)의 부등식과 등식을 만족함을 확인할 수 있고, 귀납법 가정에 의해 유니터리 작용소 $\hat{U} \in \mathbf{U}(\mathbb{C}^{n-1})$이 존재하여

$$\hat{y}_i = \sum_{1 \leq j < n} |\hat{U}_{ij}|^2 \hat{x}_j, \quad \forall i$$

를 만족한다. 여기서 $\hat{x}_i$와 $\hat{y}_i$는 각각 $\hat{x}$과 $\hat{y}$의 i번째 성분이다.

유니터리 작용소 $V \in \mathbf{U}(\mathbb{C}^n)$를

$$V(e_i) = \begin{cases} \sqrt{1-\lambda}e_0 - \sqrt{\lambda}e_k, & i = 0 \\ \sqrt{\lambda}e_0 + \sqrt{1-\lambda}e_k, & i = k \\ e_i, & i \neq 0, k \end{cases}$$

으로 정의하고, $U \in \mathbf{U}(\mathbb{C}^n)$를

$$U := \begin{pmatrix} 1 & 0 \\ 0 & \hat{U} \end{pmatrix} V$$

라고 두자. 직접 계산해보면,

$$|U_{0j}|^2 = \begin{cases} 1-\lambda, & j = 0 \\ \lambda, & j = k \\ 0, & j \neq 0, k \end{cases}$$

임과 $i \geq 1$에 대해

$$|U_{ij}|^2 = \begin{cases} \lambda|\hat{U}_{ik}|^2, & j = 0 \\ (1-\lambda)|\hat{U}_{ik}|^2, & j = k \\ |\hat{U}_{ij}|^2, & j \neq 0, k \end{cases}$$

임을 얻는다. 따라서

$$\sum_{0 \leq j < n} |U_{0j}|^2 x_j = (1-\lambda)x_0 + \lambda x_k = y_0,$$

이고

$$\begin{aligned}\sum_{0\le j<n} |U_{ij}|^2 x_j &= \lambda|\hat{U}_{ik}|^2 x_0 + (1-\lambda)|\hat{U}_{ik}|^2 x_k + \sum_{j\ne 0,k} |\hat{U}_{ij}|^2 x_j \\ &= |\hat{U}_{ik}|^2(\lambda x_0 + (1-\lambda)x_k) + \sum_{j\ne 0,k} |\hat{U}_{ij}|^2 x_j \\ &= \sum_{1\le j<n} |\hat{U}_{ij}|^2 \hat{x}_j = \hat{y}_i = y_i\end{aligned}$$

이므로, 증명이 끝났다. □

우세함에 관한 논의는 이중 확률 작용소 대신 항등 보존 양자 채널을 사용하여, 다음과 같이 양자화할 수 있다.

정의 7.18

힐버트 공간 $\mathcal{H}$의 자기수반 작용소 $\rho, \sigma \in \mathbf{H}(\mathcal{H})$에 대해, ρ가 σ에 비해 **우세하다**(majorize)함은 혼합 유니터리 채널 Φ가 존재하여 $\sigma = \Phi(\rho)$가 만족된다는 말이다. 이때, $\rho \succ \sigma$로 표시하자.

정리 7.19

n차원 힐버트 공간 $\mathcal{H}$의 자기수반 작용소 $\rho, \sigma \in \mathbf{H}(\mathcal{H})$에 대해 다음 조건들은 모두 동치이다.

(1) $\rho \succ \sigma$.

(2) 항등 보존 양자 채널 $\Phi \in \mathcal{L}(\mathcal{L}(\mathcal{H}))$가 존재하여 $\sigma = \Phi(\rho)$가 만족된다.

(3) 자취 보존이면서 항등 보존인 양의 작용소 $\Phi \in \mathcal{L}(\mathcal{L}(\mathcal{H}))$가 존재하여 $\sigma = \Phi(\rho)$가 만족된다.

(4) 자기수반 작용소 A에 대해 $\lambda(A) \in \mathbb{R}^n$을 A의 고유값들 $\{\lambda_i(A)\}_{0\le i<n}$을 성분으로 갖는 벡터라고 할 때, $\lambda(\rho) \succ \lambda(\sigma)$가 성립한다.[9]

[증명] (1)$\Longrightarrow$(2)$\Longrightarrow$(3): 정의에 의해 자명하다.

[9] 정리 7.17에 의해 고유값의 순서는 우세 여부를 따질 때는 아무 상관 없다.

(3)⟹(4): 스펙트럼 분해 정리에 의해 $\mathcal{H}$의 정규직교 기저들 $\{x_i\}$, $\{y_i\}$가 존재하여

$$\rho = \sum_i \lambda_i(\rho) x_i x_i^*, \quad \sigma = \sum_i \lambda_i(\sigma) y_i y_i^* \tag{7.25}$$

라고 쓸 수 있다. 이때,

$$\lambda_i(\sigma) = y_i^* \sigma y_i = y_i^* \Phi(\rho) y_i = \sum_j \lambda_j(\rho) y_i^* \Phi(x_j x_j^*) y_i$$

이다. 이제 $\mathbb{C}^n$의 표준 기저 벡터 e_j를 써서

$$A = \sum_{i,j} (y_i^* \Phi(x_j x_j^*) y_i) e_i e_j^* \in \mathcal{L}(\mathbb{C}^n)$$

라고 정의하자. 정의에 의해

$$\lambda(\rho) = \sum_i \lambda_i(\rho) e_i, \quad \lambda(\sigma) = \sum_i \lambda_i(\sigma) e_i$$

라고 둘 수 있고, 계산에 의해 ($e_j^* e_j = 1$을 써서)

$$\begin{aligned}
\lambda(\sigma) &= \sum_i \lambda_i(\sigma) e_i \\
&= \sum_i \sum_j \lambda_j(\rho) y_i^* \Phi(x_j x_j^*) y_i e_i e_j^* e_j \\
&= \sum_{i,j} \big(y_i^* \Phi(x_j x_j^*) y_i\big) e_i e_j^* e_j \lambda_j(\rho) \\
&= A\lambda(\rho)
\end{aligned}$$

가 만족된다. 따라서 A가 이중 확률 작용소임을 보이면, (4)가 증명된다.

먼저 $x_j x_j^* \in \mathbf{P}(\mathcal{H})$이고 Φ가 양의 작용소이므로, $\Phi(x_j x_j^*) \in \mathbf{P}(\mathcal{H})$이다. 따라서 모든 i, j에 대해 $y_i^* \Phi(x_j x_j^*) y_i \geq 0$이다. Φ가 자취 보존인 작용소이므로, 자취의 정의에 의해

$$\sum_i y_i^* \Phi(x_j x_j^*) y_i = \mathrm{tr}(\Phi(x_j x_j^*)) = \mathrm{tr}(x_j x_j^*) = 1, \quad \forall j$$

를 얻는다. 또한 $\{x_i\}$가 정규직교 기저이므로 $\sum_i x_i x_i^* = \mathrm{id}_{\mathcal{H}}$이고,

$$\begin{aligned}
\sum_j y_i^* \Phi(x_j x_j^*) y_i &= y_i^* \Phi\Big(\sum_j x_j x_j^*\Big) y_i \\
&= y_i^* \Phi(\mathrm{id}_{\mathcal{H}}) y_i = y_i^* y_i = 1
\end{aligned}$$

이다. 따라서 A는 이중 확률 작용소이다.

(4)$\Longrightarrow$(1): 자기수반 작용소 ρ와 σ를 (7.25)의 꼴로 놓자. 정리 7.17과 정리 7.15에 의해 $\sum_\pi p_\pi = 1$을 만족하는 음이 아닌 실수들 $\{p_\pi\}_{\pi\in S_n}$이 존재하여

$$\begin{aligned}\lambda(\sigma) &= \sum_{\pi\in S_n} p_\pi \sum_i e_{\pi(i)}e_i^*\lambda(\rho)\\ &= \sum_{\pi\in S_n} p_\pi \sum_i e_{\pi(i)}\lambda_i(\rho)\end{aligned}$$

이 성립한다. 따라서 $0\le k<n$에 대해

$$\lambda_k(\sigma) = \sum_{\pi\in S_n} p_\pi \lambda_{\pi^{-1}(k)}(\rho)$$

임을 얻는다.

임의의 $\pi\in S_n$에 대해

$$U_\pi = \sum_j y_{\pi(j)}x_j^*$$

로 정의하면, 정규직교 기저 $\{x_j\}$를 정규직교 기저 $\{y_{\pi(j)}\}$로 보내므로 U_π는 유니터리 작용소이다. 이제 혼합 유니터리 채널

$$\Phi(-) = \sum_{\pi\in S_n} p_\pi U_\pi(-)U_\pi^*$$

을 생각하면,

$$\begin{aligned}\Phi(\rho) &= \sum_i\sum_{\pi\in S_n} p_\pi\lambda_i(\rho)U_\pi x_i x_i^* U_\pi^*\\ &= \sum_i\sum_{\pi\in S_n} p_\pi\lambda_i(\rho)y_{\pi(i)}y_{\pi(i)}^*\\ &= \sum_k\sum_{\pi\in S_n} p_\pi\lambda_{\pi^{-1}(k)}(\rho)y_k y_k^*\\ &= \sum_k \lambda_k(\sigma)y_k y_k^* = \sigma\end{aligned}$$

을 얻고, 증명이 끝난다. □

정리 7.19의 응용으로써 다음 정리를 얻는다.

정리 7.20

n차원 힐버트 공간 $\mathcal{H}$와 자기수반 작용소 $\rho\in\mathbf{H}(\mathcal{H})$에 대해 ρ의 스펙트럼, 즉 고유값 $\lambda_i(\rho)$들이 이루는 벡터

$$\lambda(\rho) = \sum_i \lambda_i(\rho)e_i \in \mathbb{R}^n$$

를 생각하자.

$\mathcal{H}$의 정규직교 기저 $\{x_i\}_{0\le i<n}$에 대해

$$v_i := x_i^* \rho x_i$$

를 i번째 성분으로 갖는 벡터를 $v := \sum_i v_i e_i \in \mathbb{R}^n$ 라고 하면, $\lambda(\rho) \succ v$이다. 역으로, $\lambda(\rho) \succ v$를 만족하는 임의의 $v \in \mathbb{R}^n$에 대해 $\mathcal{H}$의 정규직교 기저 $\{x_i\}_{0\le i<n}$가 존재하여

$$e_i \cdot v = x_i^* \rho x_i, \quad \forall i$$

가 만족된다.

[증명] $x_i x_i^*$는 직교 사영이고 $\sum_i x_i x_i^* = \mathrm{id}_{\mathcal{H}}$이므로

$$\Phi : \mathcal{L}(\mathcal{H}) \longrightarrow \mathcal{L}(\mathcal{H}), \quad \Phi(-) = \sum_i x_i x_i^* (-) x_i x_i^*$$

는 항등 보존 양자 채널이다. 정리 7.19에 의해 $\rho \succ \Phi(\rho)$이고

$$\lambda(\rho) \succ \lambda(\Phi(\rho))$$

임을 안다. 한편,

$$\begin{aligned}\Phi(\rho) &= \sum_i x_i x_i^* \rho x_i x_i^* = \sum_i x_i (x_i^* \rho x_i) x_i^* \\ &= \sum_i (x_i^* \rho x_i) x_i x_i^* = \sum_i v_i x_i x_i^*\end{aligned}$$

이므로 $\lambda(\Phi(\rho)) = v$이다. 따라서 $\lambda(\rho) \succ v$이다.

역으로 $\lambda(\rho) \succ v$을 만족하는 벡터 $v \in \mathbb{R}^n$가 주어졌다고 하자. 정리 7.17에 의해 유니터리 작용소 $U = \sum_{i,j} U_{ij} e_i e_j^* \in \mathbf{U}(\mathbb{C}^n)$가 존재하여

$$v_i = e_i \cdot v = \sum_{0 \le j < n} |U_{ij}|^2 \lambda_j(\rho)$$

가 만족된다. 스펙트럼 분해 정리에 의해 $\mathcal{H}$의 정규직교 기저 $\{y_j\}$가 존재하여

$$\rho = \sum_j \lambda_j(\rho) y_j y_j^*$$

라고 쓸 수 있는데,

$$x_i = \sum_j \bar{U}_{ij} y_j$$

라 두면

$$x_i^* \rho x_i = \sum_j \lambda_j(\rho)|U_{ij}|^2 = e_i \cdot v$$

을 얻어 증명이 끝난다. □

CHAPTER 8

측정

고전 역학과 달리, 양자 역학에서는 측정하는 행위가 측정 대상의 양자 상태를 교란시키기 때문에, 측정시 최대한 많은 정보를 얻어내면서 최소한의 상태 교란을 주는 최적의 측정의 방법을 찾아내고 구현하는 것은 양자 역학과 양자 정보 분야의 발전에 필수적인 연구 과제이다.

양자 컴퓨터가 실생활에서 의미를 가지려면 고전적인 정보를 양자 정보로, 또한 역으로 양자 정보를 고전적인 정보로 전환할 수 있어야 한다. 측정은 양자 상태로부터 고전적인 정보를 이끌어 내는 방법이다. 이 장에서는 측정의 일반적인 정의를 알아보고 벨 부등식에 대해 공부한다.

8.1 측정

순수한 양자 상태의 경우 원하는 관측량의 고유벡터들의 일차 결합

$$\sum_{0 \leq i < m} \alpha_i v_i$$

으로 존재하다가 측정한 후에는 이 중 하나의 고유벡터 v_i로 사영되고, 그 확률은 $|\alpha_i|^2$으로 주어짐을 2.4.3절에서 보았다. 혼합 양자 상태의 경우는 다음의 정의가 이를 일반화한다.

정의 8.1

힐버트 공간 $\mathcal{H}$에 대해 **양의 작용소 값을 갖는 측정**(positive operator valued measurement,

POVM)이란 유한 집합 Σ에서 양의 작용소들의 집합으로 가는 함수 $\mu : \Sigma \to \mathbf{P}(\mathcal{H})$인데,

$$\sum_{a \in \Sigma} \mu(a) = \mathrm{id}_{\mathcal{H}}$$

를 만족하는 것을 말한다. 여기서 Σ의 원소 a를 **측정값**이라고 하고, $\mu(a)$를 측정값 a에 대응되는 **측정**이라고 부른다.

앞으로는 양의 작용소 값을 갖는 측정을 간단히 줄여서 **측정**이라고 부르자.

예제 8.1 (직교 측정, orthogonal measurement) 힐버트 공간 $\mathcal{H}$가 서로 수직인 부분공간들의 직합 $\mathcal{H} = \oplus_{a \in \Sigma} \mathcal{H}_a$으로 쓰인다면, 직교 사영

$$\Pi_a : \mathcal{H} \longrightarrow \mathcal{H}_a \hookrightarrow \mathcal{H}$$

들의 합이 항등 함수이므로 $\Pi = \{\Pi_a\}_{a \in \Sigma}$은 측정이다. 이를 **직교 측정**이라고 부르자. □

물론, 직교 측정이 아닌 측정도 많다. 예를 들어,

$$\mu : \{0, 1\} \longrightarrow \mathbf{P}(\mathbb{C}^2), \quad \mu(0) = \mu(1) = \frac{1}{2} I$$

는 측정이지만 직교 측정은 아니다. 하지만 차원을 늘려 더 큰 힐버트 공간의 부분공간으로 생각하면 모든 측정을 직교 측정을 통해 이해할 수 있다. 더 큰 힐버트 공간의 부분공간으로 생각한다는 것은 무슨 말인가? 주어진 힐버트 공간 $\mathcal{H}$에서 다른 힐버트 공간 $\mathcal{K}$로 가는 선형 변환 $\Phi : \mathcal{H} \to \mathcal{K}$가 주어졌는데

$$\Phi(x) \cdot \Phi(y) = x \cdot y, \quad \forall x, y \in \mathcal{H}$$

가 성립한다는 말이다. 수반 작용소를 사용하면 $\Phi^* \circ \Phi = \mathrm{id}_{\mathcal{H}}$가 성립한다는 말과 같은데, 이때 Φ를 **등장**(isometric) 변환이라고 한다. 정의로부터 Φ가 단사 함수임은 쉽게 이끌어낼 수 있다.

정리 8.2

힐버트 공간 $\mathcal{H}$와 측정 $\mu : \Sigma \to \mathbf{P}(\mathcal{H})$에 대해 등장 변환

$$A : \mathcal{H} \to \mathcal{H} \otimes \mathbb{C}^{\Sigma} = \mathcal{H}^{\Sigma}$$

가 존재하여 모든 $a \in \Sigma$에 대해

$$\mu(a) = A^*(\mathrm{id}_{\mathcal{H}} \otimes E_a)A$$

가 성립한다. 여기서

$$E_a = e_a e_a^* : \mathbb{C}^\Sigma \to \mathbb{C}^\Sigma$$

는 a번째 성분만 보존하고 나머지는 0으로 보내는 직교 사영을 의미하므로, $\mathrm{id}_{\mathcal{H}} \otimes E_a$는 $\mathcal{H} \otimes \mathbb{C}^\Sigma$에서 $\mathcal{H} \otimes \langle e_a \rangle$로의 직교 사영이다. $\langle e_a \rangle$는 e_a에 의해 생성된 공간을 나타낸다.

[증명] 양의 작용소 $\mu(a)$의 제곱근 $\sqrt{\mu(a)}$와 $\mathbb{C}^\Sigma$의 표준 기저 벡터 e_a를 써서 정의되는 함수

$$A : \mathcal{H} \longrightarrow \mathcal{H} \otimes \mathbb{C}^\Sigma = \mathcal{H}^\Sigma, \quad A(x) = \sum_{a \in \Sigma} \sqrt{\mu(a)}(x) \otimes e_a$$

를 생각하자. 그러면 A가 선형 변환임은 자명하고, 수반 변환의 정의를 써서 계산을 하면

$$A^*\left(\sum_a y_a \otimes e_a\right) = \sum_a \sqrt{\mu(a)}(y_a)$$

를 확인할 수 있다. 따라서

$$A^*A = \sum_a \mu(a) = \mathrm{id}_{\mathcal{H}}, \quad A^*(\mathrm{id}_{\mathcal{H}} \otimes E_a)A = \mu(a)$$

이므로, 정리가 증명되었다. □

정리 8.2에 의해 $\mathcal{H}$의 순수 양자 상태 $|\psi\rangle$를

$$\sum_{a \in \Sigma} \sqrt{\mu(a)}|\psi\rangle \otimes e_a$$

로 쓰면, 각각의 성분 $\sqrt{\mu(a)}|\psi\rangle \otimes e_a$는 직교 측정 Π_a에 의한 측정값 a를 주는 성분이고 2.4.3절의 양자 역학의 공리에 의해 측정값 a를 얻을 확률은

$$\begin{aligned} p(a) &= \|\sqrt{\mu(a)}|\psi\rangle \otimes e_a\|^2 \\ &= \left(\sqrt{\mu(a)}|\psi\rangle \otimes e_a\right)^*\left(\sqrt{\mu(a)}|\psi\rangle \otimes e_a\right) \\ &= \langle\psi|\mu(a)|\psi\rangle \\ &= \mathrm{tr}\left(\mu(a)|\psi\rangle\langle\psi|\right) \end{aligned}$$

로 주어진다. 더 일반적으로 임의의 혼합 양자 상태는 순수 상태 $|\psi\rangle\langle\psi|$들의 일차 결합이므로, 양자 상태 $\rho \in \mathbf{D}(\mathcal{H})$를 $\mu : \Sigma \to \mathbf{P}(\mathcal{H})$로 측정하였을 때, 측정값이 a일 확률은

$$p(a) = \operatorname{tr}\big(\mu(a)\rho\big) \geq 0 \tag{8.1}$$

이다. 당연히 확률의 합은 1이 되어야 하는데, 계산을 하면

$$\begin{aligned}\sum_{a\in\Sigma} p(a) &= \sum_{a\in\Sigma} \operatorname{tr}(\mu(a)\rho) \\ &= \operatorname{tr}\left(\left(\sum_{a\in\Sigma}\mu(a)\right)\rho\right) \\ &= \operatorname{tr}\big(\mathrm{id}_{\mathcal{H}}(\rho)\big) = \operatorname{tr}(\rho) = 1\end{aligned}$$

과 같이 확인할 수 있다.

측정은 특수한 종류의 양자 채널로 볼 수 있다.

정의 8.3

힐버트 공간 $\mathcal{H}_A, \mathcal{H}_B$와 $\mathcal{H}_B$의 정규직교 기저 $\mathcal{B} = \{e_a\}_{a\in\Sigma}$가 주어졌을 때, 양자 채널 $\Phi \in \mathbf{C}(\mathcal{H}_A, \mathcal{H}_B)$가 **양자-고전**(quantum-to-classical) 채널이라 함은 임의의 $\rho \in \mathcal{L}(\mathcal{H}_A)$에 대해 $\Phi(\rho)$의 행렬 표현 $[\Phi(\rho)]_{\mathcal{B}}$가 대각 행렬이라는 뜻이다. 다시 말해,

$$\Phi(\rho) = \sum_{a\in\Sigma}\big((e_a e_a^*)\cdot\Phi(\rho)\big)e_a e_a^*, \quad \forall\rho \in \mathcal{L}(\mathcal{H}_A) \tag{8.2}$$

을 만족함을 말한다.

따름정리 2.15에 의해 임의의 자기수반 선형 변환은 두 양의 작용소들의 차 $P - Q$로 쓸 수 있다. 그런데 $\dfrac{1}{\operatorname{tr}(P)}P$와 $\dfrac{1}{\operatorname{tr}(Q)}Q$는 밀도 작용소이므로, 임의의 선형 변환은 밀도 작용소들의 일차 결합으로 쓸 수 있다. 그러므로 모든 밀도 작용소 $\rho \in \mathbf{D}(\mathcal{H}_A)$에 대해 식 (8.2)가 성립하면, 모든 선형 작용소 $\rho \in \mathcal{L}(\mathcal{H})$에 대해서도 성립한다.

정리 8.4

힐버트 공간 $\mathcal{H}_A, \mathcal{H}_B$과 $\mathcal{H}_B$의 정규직교 기저 $\mathcal{B} = \{e_a\}_{a\in\Sigma}$가 주어졌을 때, 임의의

양자-고전 채널 $\Phi \in \mathbf{C}(\mathcal{H}_A, \mathcal{H}_B)$에 대해 함수

$$\mu : \Sigma \longrightarrow \mathcal{L}(\mathcal{H}_A), \quad \mu(a) = \Phi^*(e_a e_a^*) \tag{8.3}$$

를 생각하면 (8.3)의 함수는 측정이고

$$\Phi(\rho) = \sum_{a \in \Sigma} (\mu(a) \cdot \rho) e_a e_a^*, \quad \forall \rho \in \mathcal{L}(\mathcal{H}_A) \tag{8.4}$$

을 만족한다. 역으로, 임의의 측정 $\mu : \Sigma \to \mathbf{P}(\mathcal{H}_A)$가 주어졌을 때, $\mathcal{H}_B = \mathbb{C}^\Sigma$라고 두면, 식 (8.4)로 정의되는 $\Phi \in \mathcal{L}(\mathcal{L}(\mathcal{H}_A), \mathcal{L}(\mathcal{H}_B))$는 양자-고전 채널이다. 따라서 (8.3)과 (8.4)는 양자-고전 채널들의 집합과 측정들의 집합 사이의 일대일 대응을 준다.

[증명] 양자 채널 Φ는 양의 선형 변환이므로, 보조정리 5.12에 의해 Φ^*도 양의 선형 변환이다. 따라서

$$\mu(a) = \Phi^*(e_a e_a^*) \in \mathbf{P}(\mathcal{H}_A)$$

이다. 양자 채널 Φ가 등식 (8.2)를 만족하면,

$$\begin{aligned}\Phi(\rho) &= \sum_{a \in \Sigma} \big((e_a e_a^*) \cdot \Phi(\rho)\big) e_a e_a^* \\ &= \sum_{a \in \Sigma} \big(\Phi^*(e_a e_a^*) \cdot \rho\big) e_a e_a^* \\ &= \sum_{a \in \Sigma} (\mu(a) \cdot \rho) e_a e_a^*\end{aligned}$$

이다. 또한, Φ가 자취 보존이므로 Φ^*가 항등 보존이어서

$$\begin{aligned}\sum_{a \in \Sigma} \mu(a) &= \sum_a \Phi^*(e_a e_a^*) = \Phi^*\left(\sum_a e_a e_a^*\right) \\ &= \Phi^*(\mathrm{id}_{\mathcal{H}_B}) = \mathrm{id}_{\mathcal{H}_A}\end{aligned}$$

이다. 따라서 $\mu = \{\mu(a)\}_{a \in \Sigma}$는 측정이고 (8.4)가 만족된다.

역으로 $\mu = \{\mu(a)\}_{a \in \Sigma}$가 $\mathcal{H}_A$에 대한 측정이면, $\sum_a \mu(a) = \mathrm{id}_{\mathcal{H}_A}$이고 $\mu(a) \in \mathbf{P}(\mathcal{H}_A)$이다. (8.4)로 Φ를 정의하면, $\mathcal{H}_A$의 정규직교 기저 $\{e_i\}_{0 \le i < n}$에 대해 Φ의 초이 표현은 식 (5.8)에 의해

$$\begin{aligned}J(\Phi) &= \sum_{i,j} \left(\sum_{a \in \Sigma} (\mu(a) \cdot e_i e_j^*) e_a e_a^* \right) \otimes e_i e_j^* \\ &= \sum_a e_a e_a^* \otimes \sum_{i,j} \big(e_i e_j^* \cdot \overline{\mu(a)}\big) e_i e_j^*\end{aligned}$$

$$= \sum_a e_a e_a^* \otimes \overline{\mu(a)}$$

이 된다. 여기서 $\overline{\mu(a)}$란 $\mu(a) = \sum_{i,j} \mu(a)_{ij} e_i e_j^*$라 둘 때,

$$\overline{\mu(a)} = \sum_{i,j} \overline{\mu(a)_{ij}} e_i e_j^*$$

로 정의된다. $\mu(a)$가 양이므로 $\overline{\mu(a)}$도 양이고, 또한 $e_a e_a^*$도 양이어서 $J(\Phi)$가 양임을 알 수 있다. 아울러

$$\mathrm{tr}_{\mathcal{H}_B} J(\Phi) = \sum_a \overline{\mu(a)} = \overline{\mathrm{id}_{\mathcal{H}_A}} = \mathrm{id}_{\mathcal{H}_A}$$

이므로, Φ는 양자 채널이다. 또한, (8.4)는 항상 대각 행렬이므로 Φ는 양자-고전 채널이다.

(8.3)과 (8.4)로 주어진 함수는 서로 역함수 관계임은 직접 대입하여 금방 확인할 수 있다. 따라서 정리에서 주장하는 일대일 대응이 주어진다. □

이 정리를 통해 측정들의 집합의 기하학적 구조를 알아낼 수 있다.

따름정리 8.5

힐버트 공간 $\mathcal{H}_A, \mathcal{H}_B$와 $\mathcal{H}_B$의 정규직교 기저 $\mathcal{B} = \{e_a\}_{a\in\Sigma}$가 주어졌을 때, 측정들의 집합은 볼록인 옹골 집합이다.

[증명] 양자 채널들의 집합 $\mathbf{C}(\mathcal{H}_A, \mathcal{H}_B)$은 볼록인 옹골 집합임을 알고 있다. 대각 행렬임은 닫힌 조건

$$e_a e_b^* \cdot \Phi(\rho) = \Phi^*(e_a e_b^*) \cdot \rho = 0, \quad (a \neq b)$$

이므로, 양자-고전 채널들의 집합도 옹골 집합이다. 또한 대각 행렬들의 볼록 합도 대각 행렬이므로, 양자-고전 채널들의 집합은 볼록이다.

한편, (8.3)과 (8.4)로 주어진 함수는 연속 함수이므로 옹골 집합을 옹골 집합으로 보낸다. 또한, 이들은 실수 위에서 선형이므로 볼록 집합을 볼록 집합으로 보낸다. 따라서 측정들의 집합도 볼록인 옹골 집합이다. □

민코프스키 정리(정리 7.3)에 의해 임의의 측정은 극단 점들의 볼록 합으로 주어진다. 그렇다면 극단 점인 측정은 어떤 것들인가?

정리 8.6

힐버트 공간 $\mathcal{H}$와 측정 $\mu : \Sigma \to \mathbf{P}(\mathcal{H})$가 주어졌다고 하자. μ가 측정들의 집합에서 극단 점일 필요 충분 조건은 함수 $\nu : \Sigma \to \mathbf{H}(\mathcal{H})$가

$$\sum_{a \in \Sigma} \nu(a) = 0, \quad \operatorname{im} \nu(a) \subset \operatorname{im} \mu(a), \ \forall a$$

을 만족하면, 모든 $a \in \Sigma$에 대해 $\nu(a) = 0$인 것이다.

[증명] 측정 μ가 극단 점이 아니라면,

$$\mu = \frac{1}{2}(\mu_0 + \mu_1), \quad \mu_0 \neq \mu_1 \tag{8.5}$$

을 만족하는 측정 μ_0, μ_1이 존재한다. 임의의 $a \in \Sigma$에 대해

$$\nu(a) = \mu_0(a) - \mu_1(a)$$

이라 두면, $\nu(a)$는 자기수반이다. 보조정리 7.5의 (2)에 의해

$$\operatorname{im} \nu(a) \subset \operatorname{im} \mu_0(a) + \operatorname{im} \mu_1(a) = \operatorname{im} \mu(a),$$

이고,

$$\begin{aligned} \sum_a \nu(a) &= \sum_a \mu_0(a) - \sum_a \mu_1(a) \\ &= \mathrm{id}_{\mathcal{H}} - \mathrm{id}_{\mathcal{H}} = 0 \end{aligned}$$

이다. 그런데 $\mu_0 \neq \mu_1$이므로, $\nu(a) = \mu_0(a) - \mu_1(a) \neq 0$인 a가 존재한다.

역으로, 모든 a에 대해 $\operatorname{im} \nu(a) \subset \operatorname{im} \mu(a)$와 $\sum_{a \in \Sigma} \nu(a) = 0$을 만족하는 0이 아닌 함수 $\nu : \Sigma \to \mathbf{H}(\mathcal{H})$가 존재한다고 가정하자. 스펙트럼 분해 정리를 써서, 충분히 작은 양수 $\varepsilon > 0$에 대해

$$\mu_0(a) = \mu(a) - \varepsilon \nu(a), \quad \mu_1(a) = \mu(a) + \varepsilon \nu(a)$$

이 모든 $a \in \Sigma$에 대해 양의 작용소가 됨을 알 수 있다. 그리고 $i = 0, 1$에 대해

$$\sum_a \mu_i(a) = \sum_a \mu(a) \pm \varepsilon \sum_a \nu(a) = \mathrm{id}_{\mathcal{H}} \pm 0 = \mathrm{id}_{\mathcal{H}}$$

이므로 μ_0과 μ_1은 모두 측정들이다. $\nu \neq 0$이므로 $\mu_0 \neq \mu_1$이고 식 (8.5)가 성립하므로 μ는 극단 점이 아니다. □

예제 8.2 직교 측정(예제 8.1)은 측정들의 집합에서 극단 점이다. 왜냐하면 힐버트 공간 $\mathcal{H}$가 서로 수직인 부분공간들의 직합 $\mathcal{H} = \oplus_{a \in \Sigma} \mathcal{H}_a$이고 $\mu(a) = \Pi_a$는 $\mathcal{H}_a$로의 직교 사영일 때, 함수 $\nu : \Sigma \to \mathbf{H}(\mathcal{H})$가

$$\sum_{a \in \Sigma} \nu(a) = 0; \quad \mathrm{im}\, \nu(a) \subset \mathrm{im}\, \mu(a)$$

을 만족한다고 하자. 모든 $a \in \Sigma$에 대해

$$\mathrm{im}\, \nu(a) \cap \sum_{b \neq a} \mathrm{im}\, \nu(b) \subset \mathrm{im}\, \mu(a) \cap \sum_{b \neq a} \mathrm{im}\, \mu(b) = \{0\}$$

이고 $\sum_a \nu(a) = 0$이므로, 모든 $a \in \Sigma$에 대해 $\nu(a) = 0$이다. 따라서 $\nu = 0$이고 정리 8.5에 의해 직교 측정은 극단 점이다. □

8.2 EPR 쌍과 벨 부등식

잘 알려져 있다시피 아인슈타인의 광전자 효과에 관한 논문은 양자 역학의 토대를 놓은 기념비적인 논문이며, 이 논문에 대한 업적을 인정받아 노벨상까지 받았다. 하지만 후일 아인슈타인은 슈뢰딩거와 함께 양자 역학의 가장 강력한 비판가가 되었는데, 결정론에 대한 강한 신념때문이었다. 결정론적 이론이 존재하지만, 우리의 이해가 부족해서 숨은 변수를 고려하지 않아 확률적 실험 결과가 나오는 것인지, 근본적으로 결정론에 기반한 어떤 이론도 설명할 수 없지만 양자론적 설명이 가능한 현상이 있는지에 대한 수많은 논쟁이 있었다.

이러한 오랜 논쟁을 완전히 해결한 것이 유명한 벨의 실험과 그의 부등식이다. 벨은 양자 역학을 둘러싼 논쟁을 구체적인 실험으로 종식시킬 방법을 고민하고 있었다. 이를 위해 여러 입자들의 쌍 사이의 상관관계를 조사하여 고전적 이론으로 설명할 수 있는 한계를 찾았는데 이것이 벨의 부등식이다.

이 절에서는 숨은 변수 이론과 벨의 부등식을 배워본다.

• 아인슈타인 국소성 (Einstein locality): 공간상으로 떨어져 있는 두 물체 A와 B의 상대적 독립성에 대한 것이다. A와 B가 공간적으로 멀리 떨어져 있다고 하면, 즉 광속으로 달려도 실험기간 내에 도달할 수 없는 거리만큼 떨어져 있다고 하면, A에게 어떤 외부의 영향이 주어진다고 해도 그것은 B에게 직접 영향을 주지 않는다.

• 국소적 숨은 변수 이론 (Local hidden variable theory): "신은 주사위 놀이를 하지 않는다" 라는 유명한 말로 아인슈타인은 양자 역학에 대한 명확한 반대의사를 밝힌 바 있다. 사실 완전히 결정론적(deterministic)이지만, 측정에서 확률적으로 값을 얻는 이유는 영향을 끼치는 알려지지 않은 변수가 있어 이 변수가 제어되지 않고, 임의의 값을 취하면서 나타나는 착시라는 것이 국소적 숨은 변수 이론의 주장이다. 이 고려되지 않은 변수들까지 감안하면 확률적이 아니고 결정론적 물리 법칙이 지배한다고 믿는 것이다.

예를 들어, 관측량(observable)과 양자 상태가

$$M = \begin{pmatrix} 1 & 0 \\ 0 & -1 \end{pmatrix}, \quad |\psi\rangle = \begin{pmatrix} \cos\theta \\ \sin\theta \end{pmatrix} = \cos\theta|0\rangle + \sin\theta|1\rangle$$

이면, 고유값 1이 측정값으로 나올 확률은 $p(1) = \cos^2\theta$이고 고유값 -1이 측정값으로 나올 확률은 $p(-1) = \sin^2\theta$이다. 하지만 만약 미지의 변수 λ가 있어서 $|\psi, \lambda\rangle$를 측정값이 결정론적으로

$$M(\psi, \lambda) = \begin{cases} 1, & \lambda \in [0, \cos^2\theta) \\ -1, & \lambda \in [\cos^2\theta, 1] \end{cases}$$

로 주어진다고 할 때, λ를 무시하면 양자 역학의 예측 결과와 같다. 어느 쪽이 맞는가?

• 벨 부등식: 2-큐빗 양자 상태

$$|\psi\rangle = \frac{1}{\sqrt{2}}\big(|0\rangle \otimes |1\rangle - |1\rangle \otimes |0\rangle\big) = \frac{1}{\sqrt{2}}\big(|01\rangle - |10\rangle\big) \tag{8.6}$$

를 준비하자. 각 큐빗을 공간적으로 분리되어 있는 A와 B에게 보낸다. 각각 3개의 관측량(observable)들로 측정하고 나중에 서로 만나 결과를 확인한다고 하자. 먼저 A는

$$M_1 = \begin{pmatrix} 1 & 0 \\ 0 & 0 \end{pmatrix}, \quad M_2 = \frac{1}{4}\begin{pmatrix} 1 & \sqrt{3} \\ \sqrt{3} & 3 \end{pmatrix}, \quad M_3 = \frac{1}{4}\begin{pmatrix} 1 & -\sqrt{3} \\ -\sqrt{3} & 3 \end{pmatrix}$$

의 세 가지 관측량을 쓰고, B는

$$N_1 = \begin{pmatrix} 0 & 0 \\ 0 & 1 \end{pmatrix}, \quad N_2 = \frac{1}{4}\begin{pmatrix} 3 & -\sqrt{3} \\ -\sqrt{3} & 1 \end{pmatrix}, \quad N_3 = \frac{1}{4}\begin{pmatrix} 3 & \sqrt{3} \\ \sqrt{3} & 1 \end{pmatrix}$$

의 세 가지 관측량을 쓴다. 자기수반 작용소들의 공간 $\mathbf{H}(\mathbb{C}^2)$의 기저로

$$\sigma_1 = \begin{pmatrix} 0 & 1 \\ 1 & 0 \end{pmatrix}, \quad \sigma_2 = \begin{pmatrix} 0 & -\sqrt{-1} \\ \sqrt{-1} & 0 \end{pmatrix}, \quad \sigma_3 = \begin{pmatrix} 1 & 0 \\ 0 & -1 \end{pmatrix}, \quad I$$

를 사용하자.

$a = (a_1, a_2, a_3) \in \mathbb{R}^3$에 대해 $a \cdot \sigma$를

$$a \cdot \sigma \coloneqq a_1\sigma_1 + a_2\sigma_2 + a_3\sigma_3 \in \mathbf{H}(\mathbb{C}^2)$$

라고 정의하자. 그러면,

$$a(1) = (0, 0, 1), \quad a(2) = (\frac{\sqrt{3}}{2}, 0, -\frac{1}{2}), \quad a(3) = (-\frac{\sqrt{3}}{2}, 0, -\frac{1}{2}),$$
$$b(i) = -a(i), \quad i = 1, 2, 3$$

라 둘 때, $i = 1, 2, 3$에 대해

$$M_i = \frac{1}{2}(I + a(i) \cdot \sigma), \quad N_i = \frac{1}{2}(I + b(i) \cdot \sigma)$$

을 만족하고, 이들의 고유값은 모두 $\{0, 1\}$이다. A가 M_i로 측정하고 B가 N_j로 측정하여 측정값이 모두 1이 나왔다면, 양자 상태는 고유값 1에 대응되는 M_i의 고유벡터와 N_j의 고유벡터의 텐서 곱으로의 직교 사영이 되는데 다른 고유값이 0이므로 이는 $M_i \otimes N_j|\psi\rangle$와 같다. 여기에 $|\psi\rangle$를 내적하면,

$$\begin{aligned} P^{ij}(11) :&= \langle\psi|M_i \otimes N_j|\psi\rangle \\ &= \langle\psi|\frac{1}{2}(I + a(i) \cdot \sigma) \otimes \frac{1}{2}(I + b(j) \cdot \sigma)|\psi\rangle \end{aligned} \tag{8.7}$$

이 A, B 모두 측정값 1을 얻을 확률이 된다. 유사하게 생각해보면

$$I - M_i = \frac{1}{2}(I - a(i) \cdot \sigma)$$

이므로, A와 B 모두 측정값 0을 얻을 확률은

$$P^{ij}(00) := \langle\psi|(I - M_i) \otimes (I - N_j)|\psi\rangle \tag{8.8}$$

$$= \langle\psi|\frac{1}{2}(I - a(i)\cdot\sigma)\otimes\frac{1}{2}(I - b(j)\cdot\sigma)|\psi\rangle$$

로 주어진다.

세 가지 측정을 한 A와 B가 같은 측정값을 얻을 확률을 양자 역학을 통해 계산해보자.

① 먼저 $|\psi\rangle\langle\psi|$을 구해보면,

$$|\psi\rangle\langle\psi| = \frac{1}{2}\big(|01\rangle\langle 01| - |01\rangle\langle 10| - |10\rangle\langle 01| + |10\rangle\langle 10|\big)$$

이므로 부분 전치를 취하면 다음과 같다.

$$\mathrm{tr}_A(|\psi\rangle\langle\psi|) = \frac{1}{2}I, \quad \mathrm{tr}_B(|\psi\rangle\langle\psi|) = \frac{1}{2}I \tag{8.9}$$

② 임의의 유니터리 변환 $U \in \mathbf{U}(\mathbb{C}^2)$에 대해 직접 계산해보면,

$$(U\otimes U)|\psi\rangle = |\psi\rangle$$

이 성립한다. 양변을 $U = e^{\sqrt{-1}a\cdot\sigma}$에 대해 미분하여

$$\big((a\cdot\sigma)\otimes I + I\otimes(a\cdot\sigma)\big)|\psi\rangle = 0 \tag{8.10}$$

을 얻는다.

③ 두 벡터 $a, b \in \mathbb{R}^3$의 함수

$$f(a,b) = \langle\psi|\frac{1}{2}(I + a\cdot\sigma)\otimes\frac{1}{2}(I + b\cdot\sigma)|\psi\rangle \tag{8.11}$$

를 생각하자. 이를 전개하고 (8.10)을 사용하면, (8.11)은

$$\begin{aligned}&\frac{1}{4} + \frac{1}{4}\langle\psi|(a\cdot\sigma)\otimes I|\psi\rangle - \frac{1}{4}\langle\psi|(b\cdot\sigma)\otimes I|\psi\rangle\\ &\quad - \frac{1}{4}\langle\psi|(a\cdot\sigma)(b\cdot\sigma)\otimes I|\psi\rangle\end{aligned}$$

이 된다. $\langle v|w\rangle = \mathrm{tr}(|w\rangle\langle v|)$이고 $\mathrm{tr}_{\mathcal{H}_{AB}} = \mathrm{tr}_{\mathcal{H}_A}\circ\mathrm{tr}_B$이므로, 위의 식으로부터

$$\begin{aligned}&= \frac{1}{4} + \frac{1}{4}\,\mathrm{tr}\left[(a\cdot\sigma)\,\mathrm{tr}_B\,|\psi\rangle\langle\psi|\right] - \frac{1}{4}\,\mathrm{tr}\left[(b\cdot\sigma)\,\mathrm{tr}_B\,|\psi\rangle\langle\psi|\right]\\ &\quad - \frac{1}{4}\,\mathrm{tr}\left[(a\cdot\sigma)(b\cdot\sigma)\,\mathrm{tr}_B\,|\psi\rangle\langle\psi|\right]\end{aligned}$$

을 얻는다. ①을 사용하고 $\mathrm{tr}(a\cdot\sigma)=0=\mathrm{tr}(b\cdot\sigma)$를 관찰하면, 결국

$$f(a,b)=\frac{1}{4}(1-a\cdot b) \tag{8.12}$$

를 얻는다.

④ $b(i)=-a(i)$이므로, ③에 의해 각각의 i에 대해 A는 M_i, B는 N_i를 측정하면, 같은 값을 얻을 확률이

$$\begin{aligned}P^{ii}_{same}&=P^{ii}(11)+P^{ii}(00)\\&=f(a(i),b(i))+f(-a(i),-b(i))=1\end{aligned} \tag{8.13}$$

로 주어진다.

⑤ $i\neq j$에 대해 $a(i)\cdot b(j)=\frac{1}{2}$이므로, A는 M_i, B는 N_j $(i\neq j)$로 측정하면, 같은 값을 얻을 확률은

$$\begin{aligned}P^{ij}_{same}&=P^{ij}(11)+P^{ij}(00)\\&=\frac{1}{4}(1-a(i)\cdot b(j))+\frac{1}{4}(1-a(i)\cdot b(j))=\frac{1}{4}\end{aligned} \tag{8.14}$$

로 주어진다.

식 (8.13)과 (8.14)는 실험을 통해 확인되었다.

이제 식 (8.13)과 (8.14)를 결정론적으로 설명해보자. A가 M_i로 측정했을 때 측정값을 x_i, B가 N_j로 측정했을 때 측정값을 y_j라 하고,

$$x=(x_1,x_2,x_3),\quad y=(y_1,y_2,y_3)$$

라고 두자. 결정론적으로 생각하면, 각각의 순서쌍 (x,y)마다 확률 $P(x,y)\geq 0$가 결정되어 이 64개의 숫자들이

$$\sum_{x,y\in\{0,1\}^3}P(x,y)=1$$

을 만족해야 한다. 그런데 식 (8.13)이 만족되려면 $x_i\neq y_i$인 $i\in\{1,2,3\}$가 있는 경우에는 $P(x,y)=0$이어야 한다. 따라서 x에만 의존하는 확률 분포 Q가 있어서

$$P(x,y)=\delta_{x_1y_1}\delta_{x_2y_2}\delta_{x_3y_3}Q(x_1,x_2,x_3)$$

으로 쓸 수 있다. 이제 식 (8.14)로부터

$$P_{same}^{12} = Q(111) + Q(110) + Q(001) + Q(000) = \frac{1}{4},$$

$$P_{same}^{23} = Q(111) + Q(011) + Q(100) + Q(000) = \frac{1}{4},$$

$$P_{same}^{13} = Q(111) + Q(101) + Q(010) + Q(000) = \frac{1}{4}$$

를 얻는다. 모두 더하면 좌변은

$$2Q(111) + 2Q(000) + \sum_{x \in \{0,1\}^3} Q(x) \geq 1$$

이지만, 좌변은 $\frac{3}{4}$ 이므로 1보다 작아서 모순이다. 결론적으로 실험을 통해 숨은 변수 이론이 잘못된 것임을 보일 수 있게 된 것이다.

8.3 양자적 상관관계

앞 절에서 얘기한 벨 부등식을 체계적으로 이해해 보자.

상황은 A와 B가 각각 집합 Σ_A 와 Σ_B 에서 관측량을 선택하고, 각각 관측 결과는 집합 Γ_A 와 Γ_B 에서 값을 얻는다. 만약 아인슈타인 국소성을 준수하는 결정론적 이론에 따라 결과가 주어진다면, 함수

$$f : \Sigma_A \longrightarrow \Gamma_A, \qquad g : \Sigma_B \longrightarrow \Gamma_B$$

가 있어서 이 측정을 결정한다. 이 함수는 다시 두 측정 사이의 상관관계를 표현하는 선형 변환

$$\begin{aligned} C_{f,g} &= \sum_{(a,b) \in \Sigma_A \times \Sigma_B} (e_a \otimes e_{f(a)})(e_b \otimes e_{g(b)})^* \\ &\in \mathcal{L}(\mathbb{R}^{\Sigma_B \times \Gamma_B}, \mathbb{R}^{\Sigma_A \times \Gamma_A}) \end{aligned} \tag{8.15}$$

을 알면, 완전히 결정된다.

결정론적이지만 숨은 변수가 있거나 다른 이유에서 실험 결과가 확률적으로 나타난다면,

상관관계는 (8.15) 형태의 선형 변환들의 볼록 합

$$\sum_{0\le i<m} p_i C_{f_i,g_i}, \tag{8.16}$$
$$p_i \ge 0,\ \sum_i p_i = 1,\ f_i : \Sigma_A \to \Gamma_A,\ g_i : \Sigma_B \to \Gamma_B$$

으로 주어질 것이다. 따라서 A와 B의 입력값 $(a,b) \in \Sigma_A \times \Sigma_B$에 대해 출력값 $(c,d) \in \Gamma_A \times \Gamma_B$가 나올 확률을 $(e_a \otimes e_c) \otimes (e_b \otimes e_d)^*$의 계수 $C_{ac;bd}$로 갖는 선형 변환

$$\begin{aligned} C = & \sum_{(a,b)\in\Sigma_A\times\Sigma_B} \sum_{(c,d)\in\Gamma_A\times\Gamma_B} C_{ac;bd}(e_a\otimes e_c)(e_b\otimes e_d)^* \\ \in\ & \mathcal{L}(\mathbb{R}^{\Sigma_B\times\Gamma_B}, \mathbb{R}^{\Sigma_A\times\Gamma_A}) \end{aligned} \tag{8.17}$$

을 생각할 수 있다.

정의 8.7

A의 입력값과 출력값의 집합을 각각 Σ_A, Γ_A라하고, B의 입력값과 출력값의 집합을 각각 Σ_B, Γ_B라고 하면, A와 B의 **상관관계 변환**은 식 (8.17)의 형태로 주어지는 선형 변환인데,

$$\sum_{(c,d)\in\Gamma_A\times\Gamma_B} C_{ac;bd} = 1, \quad \forall (a,b)\in\Sigma_A\times\Sigma_B \tag{8.18}$$

를 만족하는 것을 말한다.

정의 8.8

(1) 주어진 상관관계 변환 C가 **결정론적**(deterministic)이라 함은 함수 $f : \Sigma_A \to \Gamma_A$와 $g : \Sigma_B \to \Gamma_B$가 존재하여

$$C_{ac;bd} = \delta_{c,f(a)}\delta_{d,g(b)}, \quad \forall a,b,c,d$$

가 만족함을 말한다. 다시 말해 C가 식 (8.15)의 형태로 쓰인다는 말이다.

(2) 주어진 상관관계 변환 C가 **확률론적**(probabilistic)이라 함은 C가 식 (8.16)의 형태로 쓰인다는 뜻이다.

(3) 주어진 상관관계 변환 C가 **양자론적**(quantum)이라 함은 힐버트 공간 $\mathcal{H}_A$, $\mathcal{H}_B$와 밀도 작용소 $\rho \in \mathbf{D}(\mathcal{H}_A \otimes \mathcal{H}_B)$, 그리고 각각의 $a \in \Sigma_A$마다 측정 $\mu_a : \Gamma_A \to \mathbf{P}(\mathcal{H}_A)$

와 각각의 $b \in \Sigma_B$마다 측정 $\nu_b : \Gamma_B \to \mathbf{P}(\mathcal{H}_B)$가 존재하여 C를 (8.17)로 쓸 때,

$$C_{ac;bd} = (\mu_a(c) \otimes \nu_b(d)) \cdot \rho \tag{8.19}$$

가 만족함을 말한다.

예제 8.3 $\Sigma_A = \Sigma_B = \Gamma_A = \Gamma_B = \{0,1\}$이면, $\mathcal{L}(\mathbb{R}^{\Sigma_B \times \Gamma_B}, \mathbb{R}^{\Sigma_A \times \Gamma_A})$는 표준 기저를 사용하여 4×4 실 행렬들의 집합으로 볼 수 있다. 함수 $f : \Sigma_A \to \Gamma_A$와 $g : \Sigma_B \to \Gamma_B$는 각각 4개의 가능한 경우가 있으므로, 모두 16개의 4×4 행렬로 모든 결정론적 상관관계 변환을 쓸 수 있다. 예를 들어, $f(0) = f(1) = 0$이고 $g(0) = g(1) = 0$이라면,

$$\begin{aligned} C = &(e_0 \otimes e_0)(e_0 \otimes e_0)^* + (e_0 \otimes e_0)(e_1 \otimes e_0)^* \\ &+ (e_1 \otimes e_0)(e_0 \otimes e_0)^* + (e_1 \otimes e_0)(e_1 \otimes e_0)^* \end{aligned}$$

이므로 4×4 행렬

$$\begin{pmatrix} 1 & 0 & 1 & 0 \\ 0 & 0 & 0 & 0 \\ 1 & 0 & 1 & 0 \\ 0 & 0 & 0 & 0 \end{pmatrix}$$

을 얻는다. 또한, 모든 확률론적 상관관계 변환은 이 16개의 행렬들의 볼록 합으로 주어진다. □

예제 8.4 $\Sigma_A = \Sigma_B = \Gamma_A = \Gamma_B = \{0,1\}$와 힐버트 공간 $\mathcal{H}_A = \mathcal{H}_B = \mathbb{C}^2$에 대해 밀도 작용소 ρ를

$$\rho = \frac{1}{2}(|00\rangle + |11\rangle)(\langle 00| + \langle 11|) \in \mathbf{D}(\mathcal{H}_{AB})$$

라고 하자. 여기서 $|ij\rangle = e_i \otimes e_j$ $(i, j \in \{0,1\})$를 표시한다. 행렬

$$\begin{aligned} R(\theta) &= \begin{pmatrix} \cos\theta \\ \sin\theta \end{pmatrix} \begin{pmatrix} \cos\theta & \sin\theta \end{pmatrix} \\ &= \begin{pmatrix} \cos^2\theta & \sin\theta\cos\theta \\ \sin\theta\cos\theta & \sin^2\theta \end{pmatrix} \in \mathbf{D}(\mathbb{C}^2) \end{aligned}$$

을 생각하면, $0 \le \theta < \frac{\pi}{2}$에 대해 $R(\theta) + R(\theta + \frac{\pi}{2}) = \mathrm{id}_{\mathbb{C}^2}$임을 알 수 있다. 즉

$$\left\{ R(\theta), R(\theta + \frac{\pi}{2}) \right\}$$

가 측정이 된다. 이제 측정 $\mu_0, \mu_1, \nu_0, \nu_1$ 이

$$\mu_0(0) = R(0),\ \ \mu_0(1) = R(\frac{\pi}{2}),\ \ \mu_1(0) = R(\frac{\pi}{4}),\ \ \mu_1(1) = R(\frac{3\pi}{4}),$$

$$\nu_0(0) = R(\frac{\pi}{8}),\ \ \nu_0(1) = R(\frac{5\pi}{8}),\ \ \nu_1(0) = R(\frac{7\pi}{8}),\ \ \nu_1(1) = R(\frac{3\pi}{8})$$

로 주어졌다면, 직접 계산하여 (8.17)과 (8.19)로 표현된 상관관계 변환은

$$C = \frac{1}{8}\begin{pmatrix} 2+\sqrt{2} & 2-\sqrt{2} & 2+\sqrt{2} & 2-\sqrt{2} \\ 2-\sqrt{2} & 2+\sqrt{2} & 2-\sqrt{2} & 2+\sqrt{2} \\ 2+\sqrt{2} & 2-\sqrt{2} & 2-\sqrt{2} & 2+\sqrt{2} \\ 2-\sqrt{2} & 2+\sqrt{2} & 2+\sqrt{2} & 2-\sqrt{2} \end{pmatrix} \tag{8.20}$$

임을 얻는다. 이 양자론적 상관관계 변환을 결정론적 또는 확률론적으로 설명할 수 있겠는가? □

연습문제 8.1 (8.20)의 행렬 C를 직접 구하시오.

보조정리 8.9

주어진 집합 Σ_A, Σ_B, Γ_A, Γ_B에 대해 확률론적 상관관계 변환들의 집합은 실 벡터 공간 $\mathcal{L}(\mathbb{R}^{\Sigma_B \times \Gamma_B}, \mathbb{R}^{\Sigma_A \times \Gamma_A})$의 부분집합으로써 볼록인 옹골 집합이다.

[증명] 결정론적 상관관계 변환은 함수 $f : \Sigma_A \to \Gamma_A$와 $g : \Sigma_B \to \Gamma_B$에 의해 주어지므로, 네 집합 Σ_A, Σ_B, Γ_A, Γ_B의 원소의 개수의 곱만큼 존재한다. 확률론적 상관관계 변환은 이 유한 개의 작용소들의 볼록 합으로 주어진다. 자명하게 이들의 집합은 볼록인 옹골 집합이다. □

보조정리 8.9와 보조정리 6.21에 의해 만약 어떤 상관관계 변환 C가 확률론적이 아니라면, 선형 작용소

$$A \in \mathcal{L}(\mathbb{R}^{\Sigma_B \times \Gamma_B}, \mathbb{R}^{\Sigma_A \times \Gamma_A})$$

와 실수 c가 존재하여 $A \cdot C > c$이고 모든 확률론적 상관관계 변환 C'에 대해서는 $A \cdot C' \leq c$를 만족해야 한다.[1] 이처럼 모든 확률론적 상관관계 변환 C'이 만족하는 부등식

$$A \cdot C' \leq c$$

를 일반적으로 **벨 부등식**(Bell' s inequality)라고 부르고,

$$A \cdot C > c$$

인 경우 **벨 부등식이 위반되었다**고 말한다.

예제 8.5 예제 8.3과 예제 8.4의 상황에서

$$A = \begin{pmatrix} 1 & -1 & 1 & -1 \\ -1 & 1 & -1 & 1 \\ 1 & -1 & -1 & 1 \\ -1 & 1 & 1 & -1 \end{pmatrix}$$

라고 두자. A와 16개의 결정론적 상관관계 변환과의 내적을 계산해보면, 모두 2보다 작거나 같다. 따라서 이들의 볼록 합과의 내적도 2보다 작거나 같다. 그러므로, 벨 부등식

$$A \cdot C' \leq 2$$

를 얻는다. 한편, 예제 8.4의 양자론적 상관관계 변환과 A를 내적하면

$$A \cdot C = 2\sqrt{2} > 2$$

를 얻어 벨 부등식이 위반되었다. 따라서 예제 8.4의 양자론적 상관관계 변환은 확률론적일 수 없다. □

[1]여기서 내적은 실 벡터 공간 $\mathbb{R}^N$에서 정의된 표준 내적, $(a_i) \cdot (b_i) = \sum_i a_i b_i$를 말한다.

CHAPTER 9

엔트로피

엔트로피는 무질서의 척도, 물질의 열적 상태를 나타내는 물리량의 하나로써, 온도, 부피, 압력 등이 변화하면, 엔트로피도 변하게 되고 무질서할수록 에너지 상태의 분산이 다양해질수록 엔트로피는 증가한다고 알려져 있다.

정보 이론은 정보의 개념을 수학적으로 표현하고 이를 정량화하며, 정보의 처리와 전송에 영향을 주는 조건과 요인을 수학적으로 분석함을 통해, 많은 데이터의 저장 및 다양한 채널을 통한 신뢰할 만한 통신 방법 등을 연구하는 수학의 한 분야이다.

클로드 섀넌(Claude Shannon)은 1948년 "통신의 수학적 이론"이란 논문으로 통신상의 잡음의 문제를 해결하기 위한 이론적 기초를 마련하여 정보 이론을 창시한 바 있다. 섀넌은 물리적 통신 방식의 연구보다는 통신의 수학적, 논리적 가능성과 한계를 규명하였고, 수학을 통해 정보 이론을 체계화하였다. 따라서 섀넌의 모델은 인간과 인간, 인간과 기계, 기계와 기계 등 모든 가능한 커뮤니케이션 과정에 적용될 수 있고, 정보 이론은 공학, 물리학, 생물학, 의학, 언어학, 사회학, 경제학 등을 넘어 예술의 세계에 이르기까지 커다란 영향을 미치고 있다.

9.1 정보량과 엔트로피

고전적 정보 이론은 섀넌에 의해 토대가 놓여졌고, 가장 중요한 정의와 정리가 모두 섀넌에 의해 확립되었다. 그 출발점은 정보의 양에 관한 것이다. 이 절에서는 9장의 내용을 쉬운 용어로 먼저 살펴본다.

• <u>정보량</u>: 정보는 추상적이지만, 수학적으로 설명하려면 측정이 가능한 양으로 표현해야 하고 그 개념을 수식화해야 한다.

N개의 경우가 동일한 확률로 기대될 때, 그것을 알아서 얻게 되는 정보량은

$$I = \log_2 N$$

으로 정의한다. (예를 들어, 동전을 n회 던지면, 경우의 수는 $N = 2^n$이고 정보량은 n회의 시행에서 앞뒤, 즉 $\{0, 1\}$의 값을 알면 되므로 n 비트이다.) 즉 N을 이진법으로 표현할 때 나오는 자리수를 말한다.

각각의 경우가 나올 확률은 $p_i = p = 1/N$이므로 I를

$$I = -\log_2 \frac{1}{N} = -\log_2 p$$

로 쓸 수 있다.

확률이 모든 경우 동일하지 않으면, 정보량의 평균을 구하는 것이 자연스럽다.

• <u>섀넌 엔트로피 (Shannon entropy)</u>: N개의 문자가 있는데 각각 나올 확률이 p_i $(1 \le i \le N)$이면, 정보량(의 기대값)은

$$H(p) = -\sum_{i=1}^{N} p_i \log_2 p_i$$

로 생각할 수 있고, 이를 **섀넌 엔트로피**라고 부른다.

예를 들어, 모든 문자가 같은 확률 $1/N$로 나온다면 섀넌 엔트로피는

$$H(p) = -\sum_{i=1}^{N} \frac{1}{N} \log_2 \frac{1}{N} = N \frac{1}{N} \log_2 N = \log_2 N$$

으로 정보량과 같다. 앞으로 살펴보겠지만, 섀넌 엔트로피가 중요한 이유는 확률적 특성을 양적으로 보여줌으로써 효율적 부호화와 통신의 한계를 알려주기 때문이다.

연습문제 9.1

(1) 앞면이 나올 확률 $\frac{2}{3}$, 뒷면이 나올 확률이 $\frac{1}{3}$인 동전 던지기의 엔트로피를 구하시오.

(2) 던지면 앞면만 나오는 동전 (즉 앞면이 나올 확률 1, 뒷면이 나올 확률이 0인 동전) 던지기의 엔트로피를 구하시오.

(3) 확률이 $\frac{1}{2}$인 사건 1가지와 확률 $\frac{1}{4}$인 사건 2가지가 있는 경우의 엔트로피를 구하시오.

예제 9.1 어떤 강좌의 수강생 성적을 A, B, C, D로 부여할 때, 각각의 비율이 $\frac{1}{2}, \frac{1}{4}, \frac{1}{8}, \frac{1}{8}$이라고 하자. 이 성적을 가장 효율적으로 보관하거나 전송하고 싶다고 할 때, 다음 두 가지 방법을 비교해 보자.

▷ 부호화 1: A는 00, B는 01, C는 10, D는 11로 학생별로 적자. 그러면 학생 수가 n명일 때, $2n$ 비트가 필요하다.

▷ 부호화 2: A는 0, B는 10, C는 110, D는 111로 학생별로 적으면,

$$1\frac{n}{2} + 2\frac{n}{4} + 3\frac{n}{8} + 3\frac{n}{8} = 1.75n$$

개의 비트만 사용하면 충분하다. 이 경우 필요한 비트 수를 학생 수로 나누면, 정확히 섀넌 엔트로피

$$\begin{aligned} H &= -\frac{1}{2}\log_2\frac{1}{2} - \frac{1}{4}\log_2\frac{1}{4} - \frac{1}{8}\log_2\frac{1}{8} - \frac{1}{8}\log_2\frac{1}{8} \\ &= \frac{1}{2} + \frac{1}{2} + \frac{3}{8} + \frac{3}{8} = 1.75 \end{aligned}$$

와 일치한다. □

더 효율적인 부호화가 가능할까?

• 섀넌의 제1정리: 기호당 부호의 길이의 평균을 엔트로피보다 작게 할 수 없다.

섀넌의 제1정리를 사용하여 정보 소스의 부호화를 위한 평균 코드 길이를 얼마까지 줄일 수 있느냐의 문제를 해결할 수 있는데, 예제 9.1의 부호화 2는 가장 효율적인 부호화 방법임을 알 수 있다. 아래에서 이를 엄밀히 다룰 것이다.

섀넌의 이론을 양자 컴퓨팅의 상황으로 확장해보자. 이제 정보는 밀도 작용소들이 보관하거나 전송하는데, 섀넌 엔트로피를 밀도 작용소의 경우로 확장한 것이 폰 노이만 엔트로피다.

• 폰 노이만 엔트로피 (von Neumann entropy): 밀도 작용소 ρ를 스펙트럼 정리를 사용하여

$$\rho = \sum_{i=1}^{k} p_i|i\rangle\langle i|, \quad p_i > 0, \ \forall 1 \le i \le k$$

로 쓰고, **폰 노이만 엔트로피**를

$$S(\rho) := -\sum_{i=1}^{k} p_i \log_2 p_i = -\operatorname{tr}(\rho \log_2 \rho)$$

로 정의한다.

폰 노이만 엔트로피를 섀넌 엔트로피 대신 사용하면, 섀넌의 정리들을 양자 정보의 상황으로 확장할 수 있다. 이제 자세한 내용을 공부해 보자.

9.2 섀넌 엔트로피

섀넌 엔트로피를 확률 분포에 대해서 생각하는 것이 자연스럽지만, 더 일반적으로 유한 집합 Σ에서 음이 아닌 실수들의 집합 $\mathbb{R}_{\geq 0} = [0, \infty)$로 가는 함수들에 대해 정의하면, 증명이나 이론을 전개하는 데 편리한 점이 많다. Σ에서 $[0, \infty)$로 가는 함수들의 집합을 $[0, \infty)^{\Sigma}$라고 쓰자.

정의 9.1

Σ는 유한 집합이라 하자.

(1) $p \in [0, \infty)^{\Sigma}$에 대해 **섀넌 엔트로피**(Shannon entropy)는

$$H(p) := -\sum_{a \in \Sigma} p(a) \log_2 p(a) \tag{9.1}$$

를 말한다.

(2) 함수 $p, q \in [0, \infty)^{\Sigma}$에 대해 p의 q에 관한 **상대적 엔트로피**(relative entropy) 또는 **쿨백-라이블러 발산**(Kullback-Leibler divergence)은

$$D(p \| q) := \sum_{a \in \Sigma,\ p(a) > 0} p(a) \log_2 \left(\frac{p(a)}{q(a)} \right) \tag{9.2}$$

를 말한다.

여기서, $p \neq 0$에 대해 $p \log_2(\frac{p}{0}) := \infty$로 정의한다.

유한 집합 Σ_X, Σ_Y에 정의된 확률 변수 X, Y에 대해 함수

$$p : \Sigma_X \times \Sigma_Y \to [0, \infty)$$

가 주어지면, 함수

$$p_X : \Sigma_X \longrightarrow [0,\infty), \quad p_X(a) = \sum_{b\in\Sigma_Y} p(a,b), \;\; \forall a \in \Sigma_X,$$
$$p_Y : \Sigma_Y \longrightarrow [0,\infty), \quad p_Y(b) = \sum_{a\in\Sigma_X} p(a,b), \;\; \forall b \in \Sigma_Y$$

를 얻는다.[1] 이때,

$$\begin{aligned} H(X|Y) &:= -\sum_{(a,b)\in\Sigma_X\times\Sigma_Y} p(a,b)\log_2\left(\frac{p(a,b)}{p_Y(b)}\right) \\ &= -\sum_{(a,b)\in\Sigma_X\times\Sigma_Y} p(a,b)\log_2 p(a,b) + \sum_{b\in\Sigma_Y} p_Y(b)\log_2 p_Y(b) \\ &= H(X,Y) - H(Y) \end{aligned}$$

를 주어진 Y에 대한 X의 **조건부 섀넌 엔트로피**(conditional Shannon entropy)라고 부른다. 또한,

$$\begin{aligned} I(X,Y) &= H(X) + H(Y) - H(X,Y) \\ &= H(X) - H(X|Y) \\ &= H(Y) - H(Y|X) \end{aligned}$$

를 X와 Y 사이의 **상호 정보**(mutual information)라고 부른다.

연습문제 9.2 Σ_X, Σ_Y는 유한 집합, $p : \Sigma_X \times \Sigma_Y \to [0,1]$는 확률 변수 X, Y의 결합 확률 분포(joint distribution), p_X, p_Y는 주변 확률 분포라고 하자. 이때,

$$I(X,Y) = D(p\|p_X \cdot p_Y)$$

가 성립함을 증명하시오. 여기서 $(p_X \cdot p_Y)(a,b) = p_X(a) \cdot p_Y(b)$를 말한다.

함수 $p : \Sigma \to [0,\infty)$가 확률 분포일 때, 즉 $\sum_a p(a) = 1$일 때, 섀넌 엔트로피는 함수 $-\log_2 p$의 평균값 또는 기대값을 구한 것이다. 조건부 엔트로피는 조건부 확률로부터 얻는데, 각각 집합 Σ_X와 Σ_Y에서 정의된 확률 변수 X와 Y에 대해 결합 확률 분포

$$p : \Sigma_X \times \Sigma_Y \longrightarrow \mathbb{R}_{\geq 0}, \qquad \sum_{a\in\Sigma_X, b\in\Sigma_Y} p(a,b) = 1$$

[1] p가 확률 분포이면 p_X와 p_Y를 **주변 확률 분포**(marginal distribution)라고 부른다.

가 주어졌다고 하자. 사건 b가 일어났을 때, 사건 a가 일어날 **조건부 확률**(conditional probability)은

$$p(a|b) := \frac{p(a,b)}{p_Y(b)}$$

로 정의된다.[2]

엔트로피에서 그랬듯이 조건부 확률값 $-\log_2 p(a|b)$의 평균을 구해보면,

$$\begin{aligned}\left\langle -\log_2 p(x|y)\right\rangle &= -\sum_{(x,y)\in\Sigma_X\times\Sigma_Y} p(x,y)\log_2 p(x|y) \\ &= -\sum_{(x,y)\in\Sigma_X\times\Sigma_Y} p(x,y)\log_2 p(x,y) \\ &\qquad + \sum_{(x,y)\in\Sigma_X\times\Sigma_Y} p(x,y)\log_2 p_Y(y) \\ &= H(p) - H(p_Y) = H(X,Y) - H(Y) = H(X|Y)\end{aligned} \tag{9.3}$$

을 통해 조건부 엔트로피가 된다.

정의 9.1에서 정의된 함수들의 성질을 알아보자.

정리 9.2

유한 집합 Σ와 Γ에 대해 함수 $p:\Sigma\to[0,\infty)$와 $q:\Gamma\to[0,\infty)$가 주어졌을 때, 함수

$$p\oplus q:\Sigma\sqcup\Gamma\longrightarrow[0,\infty),\quad (p\oplus q)(x) = \begin{cases} p(x), & x\in\Sigma \\ q(x), & x\in\Gamma\end{cases}$$

$$p\otimes q:\Sigma\times\Gamma\longrightarrow[0,\infty),\quad (p\otimes q)(a,b) = p(a)q(b)$$

에 대해

$$\begin{aligned} H(p\oplus q) &= H(p) + H(q), \\ H(p\otimes q) &= H(p)\sum_{b\in\Gamma} q(b) + H(q)\sum_{a\in\Sigma} p(a)\end{aligned} \tag{9.4}$$

가 성립한다.

[2]분모 $p_Y(b)$가 0이면 $p(a|b) = 0$으로 취한다.

[증명] 첫 번째 식의 증명은 그저 더하면 된다. 두 번째 식은

$$\begin{aligned} H(p \otimes q) &= \sum_{a,b} p(a)\, q(b) \log_2(p(a)\, q(b)) \\ &= \sum_{a,b} p(a)\, q(b)(\log_2 p(a) + \log_2 q(b)) \\ &= \sum_{a} p(a) \log_2 p(a) \sum_{b} q(b) + \sum_{b} q(b) \log_2 q(b) \sum_{a} p(a) \\ &= H(p) \sum_{b\in\Gamma} q(b) + H(q) \sum_{a\in\Sigma} p(a) \end{aligned}$$

로부터 얻는다. □

특히 p와 q가 확률 분포이면, 즉 $\sum_a p(a) = 1$이고 $\sum_b q(b) = 1$이면, 독립 사건 $p \otimes q$의 엔트로피 $H(p \otimes q)$는 각각의 엔트로피 $H(p)$와 $H(q)$의 합과 같다.

정리 9.3

유한 집합 Σ와 함수 $p,\ q \in [0,\infty)^{\Sigma}$에 대해

$$H\big((1-\lambda)p + \lambda q\big) \geq (1-\lambda)H(p) + \lambda H(q), \quad \forall\lambda \in [0,1]$$

이 성립한다.

정리의 증명을 위해 다음의 보조정리를 먼저 생각하자.

보조정리 9.4

함수 $f : \mathbb{R}_{>0} \to \mathbb{R}$, $f(x) = -x \log_2 x$는 위로 볼록인 함수이다. 즉 임의의 양수 x, y와 $\lambda \in [0,1]$에 대해

$$f((1-\lambda)x + \lambda y) \geq (1-\lambda)f(x) + \lambda f(y) \tag{9.5}$$

가 성립한다. 또한, 양수 x_0, x_1, y_0, y_1에 대해

$$(y_0 + y_1)f(\frac{x_0 + x_1}{y_0 + y_1}) \geq y_0 f(\frac{x_0}{y_0}) + y_1 f(\frac{x_1}{y_1}) \tag{9.6}$$

이 성립한다. 등호는 $\dfrac{x_0}{y_0} = \dfrac{x_1}{y_1}$일 때만 성립한다.

[증명] 모든 $x > 0$에 대해 $f''(x) = -\frac{1}{x \ln 2} < 0$이므로, 위로 볼록이다. 따라서 부등식 (9.5)가 성립한다. 부등식 (9.5)를 사용하여

$$\begin{aligned} f\left(\frac{x_0 + x_1}{y_0 + y_1}\right) &= f\left(\frac{y_0}{y_0 + y_1}\frac{x_0}{y_0} + \frac{y_1}{y_0 + y_1}\frac{x_1}{y_1}\right) \\ &\geq \frac{y_0}{y_0 + y_1} f\left(\frac{x_0}{y_0}\right) + \frac{y_1}{y_0 + y_1} f\left(\frac{x_1}{y_1}\right) \end{aligned}$$

을 얻고, 양변에 $y_0 + y_1$을 곱하면 부등식 (9.6)을 얻는다. 그리고 그래프를 그려보면, $\frac{x_0}{y_0} = \frac{x_1}{y_1}$일 때만 등호가 성립함을 알 수 있다. □

[증명] (정리 9.3의 증명) 함수 f를 보조정리 9.4에 있는 함수라고 하면, 섀넌 엔트로피의 정의에 의해

$$H(p) = \sum_{a \in \Sigma} f(p(a))$$

이다. 부등식 (9.5)에

$$x = p(a), \quad y = q(a)$$

를 넣고, 모든 $a \in \Sigma$에 대해 더하면 정리 9.3을 얻는다. □

정리 9.5

유한 집합 Σ와 함수 $p, q \in [0, \infty)^{\Sigma}$에 대해

$$\sum_{a \in \Sigma} p(a) \geq \sum_{a \in \Sigma} q(a) \implies D(p\|q) \geq 0$$

이 성립한다. $D(p\|q) = 0$은 q가 p의 상수 배일 때만 성립한다.

[증명] 정의와 식 (9.6)에 의해

$$D(p\|q) = -\sum_{a \in \Sigma} q(a) f\left(\frac{p(a)}{q(a)}\right) \geq -\sum_{a} q(a) f\left(\frac{\sum_a p(a)}{\sum_a q(a)}\right)$$

이다. $x \geq 1$이면 $f'(x) = -\frac{\ln x + 1}{\ln 2} \leq 0$이고 $f(1) = 0$이므로, $f(x) \leq 0$이다. 따라서

$$\frac{\sum_a p(a)}{\sum_a q(a)} \geq 1 \implies D(p\|q) \geq 0$$

임을 얻는다. 등호가 성립하려면, $\dfrac{p(a)}{q(a)}$가 상수이어야 하므로 q가 p의 상수 배일 때만 가능하다. □

특히 p와 q가 확률 분포이면, 즉 $\sum_a p(a) = 1 = \sum_a q(a)$이면,

$$D(p\|q) \geq 0$$

이고, 등호는 $p = q$일 때만 성립한다. 그래서 상대적 엔트로피를 두 확률 분포가 얼마나 다른지를 알려주는 지표로 사용하기도 한다.

확률 분포가 완전히 골고루 분포된 경우 (균등 분포인 경우), 즉

$$q : \Sigma \longrightarrow [0, \infty), \quad q(a) = \frac{1}{|\Sigma|}$$

이면, $H(q) = \log_2 |\Sigma|$이고 이때 엔트로피가 최대가 된다. 반대로 확률이 하나의 a_0에 집중된 확률 분포, 즉

$$\hat{q}(a_0) = 1; \quad \hat{q}(a) = 0, \ \forall a \neq a_0$$

이면, $H(\hat{q}) = 0$이고 이때 엔트로피는 최소가 된다. 그 이유는 다음과 같다.

따름정리 9.6

$p \in [0, \infty)^\Sigma$가 확률 분포이면, 즉 $\sum_{a\in\Sigma} p(a) = 1$이면,

$$0 \leq H(p) \leq \log_2 |\Sigma|$$

가 성립한다.

[증명] 모든 $a \in \Sigma$에 대해 $p(a) \leq 1$이므로,

$$-p(a) \log_2 p(a) \geq 0$$

이고 이들의 합인 $H(p)$도 0보다 크거나 같다.

한편 $q(a) = \dfrac{1}{|\Sigma|}$, $\forall a \in \Sigma$로 두면, $\sum_a p(a) = 1$이고 $\sum_a q(a) = 1$이므로 정리 9.5에 의해

$$0 \leq D(p\|q) = \sum_a p(a) \log_2(|\Sigma| p(a))$$

$$= \log_2 |\Sigma| \sum_a p(a) + \sum_a p(a) \log_2 p(a)$$
$$= \log_2 |\Sigma| - H(p)$$

을 얻는다. □

정리 9.7

결합 확률 분포 $p : \Sigma_X \times \Sigma_Y \to [0, \infty)$, $\sum_{a,b} p(a,b) = 1$가 주어진 확률 벡터 (X, Y)에 대해, X와 Y 사이의 상호 정보와 X에 대한 Y의 조건부 섀넌 엔트로피는 모두 0 이상이다.

$$I(X,Y) = H(X) + H(Y) - H(X,Y) \geq 0,$$
$$H(Y|X) = H(X,Y) - H(X) \geq 0.$$

[증명] 결합 확률 분포 p에 의해 주어지는 X와 Y의 주변 확률 분포

$$p_X(a) = \sum_{b \in \Sigma_Y} p(a,b), \quad p_Y(b) = \sum_{a \in \Sigma_X} p(a,b)$$

를 생각하자. 정리 9.5에 의해

$$\begin{aligned}
0 &\leq D(p \| p_X \otimes p_Y) \\
&= \sum_{a,b} p(a,b) \big(\log_2 p(a,b) - \log_2 p_X(a) - \log_2 p_Y(b) \big) \\
&= \sum_{a,b} p(a,b) \log_2 p(a,b) - \sum_a \left(\sum_b p(a,b) \right) \log_2 p_X(a) \\
&\qquad - \sum_b \left(\sum_a p(a,b) \right) \log_2 p_Y(b) \\
&= -H(X,Y) - \sum_a p_X(a) \log_2 p_X(a) - \sum_b p_Y(b) \log_2 p_Y(b) \\
&= -H(X,Y) + H(X) + H(Y) = I(X,Y)
\end{aligned}$$

이므로, $I(X,Y) \geq 0$ 이다.

정의에 의해 $p(a,b) \leq p_X(a)$이므로, $\log_2 p(a,b) \leq \log_2 p_X(a)$이다. 따라서

$$H(X,Y) = -\sum_{a,b} p(a,b) \log_2 p(a,b)$$

$$
\begin{aligned}
&\geq -\sum_a \left(\sum_b p(a,b) \right) \log_2 p_X(a) \\
&= -\sum_a p_X(a) \log_2 p_X(a) = H(X)
\end{aligned}
$$

이어서 $H(Y|X) \geq 0$ 을 얻는다. □

정리 9.8

유한 집합 Σ와 함수 $p_0, p_1, q_0, q_1 \in [0,\infty)^\Sigma$에 대해 부등식

$$
D(p_0 + p_1 \| q_0 + q_1) \leq D(p_0 \| q_0) + D(p_1 \| q_1)
$$

이 성립한다.

[증명] 보조정리 9.4에 나오는 함수 f와 상대적 엔트로피의 정의, 그리고 부등식 (9.6)으로부터

$$
\begin{aligned}
D(p_0 + p_1 \| q_0 + q_1) &= \sum_{a\in\Sigma} (p_0(a) + p_1(a)) \log_2 \left(\frac{p_0(a) + p_1(a)}{q_0(a) + q_1(a)} \right) \\
&= -\sum_{a\in\Sigma} (p_0(a) + p_1(a)) f \left(\frac{p_0(a) + p_1(a)}{q_0(a) + q_1(a)} \right) \\
&\leq -\sum_{a\in\Sigma} p_0(a) f \left(\frac{p_0(a)}{q_0(a)} \right) - \sum_{a\in\Sigma} p_1(a) f \left(\frac{p_1(a)}{q_1(a)} \right) \\
&= D(p_0 \| q_0) + D(p_1 \| q_1)
\end{aligned}
$$

임을 얻는다. □

따름정리 9.9

유한 집합 Σ, 함수 $p_0, p_1, q_0, q_1 \in [0,\infty)^\Sigma$과 실수 $\lambda \in [0,1]$에 대해 부등식

$$
D\big((1-\lambda)p_0 + \lambda p_1 \| (1-\lambda)q_0 + \lambda q_1\big) \leq (1-\lambda) D(p_0 \| q_0) + \lambda D(p_1 \| q_1)
$$

이 성립한다.

[증명] (증명1) 정리 9.8과 귀납법을 사용하면, 따름정리 9.9가

$$\lambda = \frac{m}{2^\ell} \quad (m, \ell \in \mathbb{Z}_{\geq 0})$$

에 대해 성립함을 알 수 있다. 이진법을 사용하면, 구간 $[0,1]$에 속하는 모든 실수를 $\frac{m}{2^\ell}$ 꼴의 유리수로 원하는 만큼 근사시킬 수 있다. 따름정리 9.9에 나오는 부등식의 좌변과 우변은 λ에 대해 연속 함수이므로, 구간 $[0,1]$의 모든 실수 λ에 대해 이 부등식이 성립함을 알 수 있다. □

[증명] (증명2) 정리 9.8에 의해

$$\begin{aligned} &D((1-\lambda)p_0 + \lambda(1-\lambda)p_1 \| q_0 + q_1) \\ &\quad \leq D((1-\lambda)p_0 \| (1-\lambda)q_0) + D(\lambda p_1 \| \lambda q_1) \end{aligned}$$

이다. 한편, 정의에 의해 임의의 상수 λ와 $p, q \in [0,\infty)^\Sigma$에 대해

$$D(\lambda p \| \lambda q) = \lambda D(p \| q) \tag{9.7}$$

이므로, 따름정리 9.9를 얻는다. □

확률적 선형 변환을 거치면 두 확률 분포 사이의 거리는 줄어든다는 것이 다음의 정리이다.

정리 9.10

유한 집합 Σ와 Γ, 함수 $p, q \in [0,\infty)^\Sigma \subset \mathbb{R}^\Sigma$에 대해 확률적 선형 변환

$$A : \mathbb{R}^\Sigma \to \mathbb{R}^\Gamma, \quad A = \sum_{(i,j)\in\Gamma\times\Sigma} A_{ij} e_i e_j^*, \quad \sum_i A_{ij} = 1, \ \forall j$$

가 주어지면, 부등식

$$D(Ap \| Aq) \leq D(p \| q), \quad \forall p, q \in [0,\infty)^\Sigma$$

이 성립한다.

[증명] 보조정리 9.4의 함수 f와 부등식 (9.6)을 사용하여

$$\begin{aligned}
D(Ap\|Aq) &= -\sum_{i\in\Gamma}\left(\sum_{j\in\Sigma}A_{ij}p(j)\right)f\left(\frac{\sum_{j\in\Sigma}A_{ij}p(j)}{\sum_{j\in\Sigma}A_{ij}q(j)}\right)\\
&\leq -\sum_{i\in\Gamma}\sum_{j\in\Sigma}A_{ij}p(j)f\left(\frac{A_{ij}p(j)}{A_{ij}q(j)}\right)\\
&= -\sum_{j\in\Sigma}\sum_{i\in\Gamma}A_{ij}p(j)f\left(\frac{p(j)}{q(j)}\right)\\
&= -\sum_{j\in\Sigma}p(j)f\left(\frac{p(j)}{q(j)}\right) = D(p\|q)
\end{aligned}$$

이므로, 정리가 증명되었다. □

연습문제 9.3 확률 분포 $p, q : \{a, b, c\} \to [0, 1]$가 다음과 같이 주어졌을 때, p의 q에 관한 상대적 엔트로피 $D(p\|q)$를 구하시오:

$$p(a) = \frac{3}{5},\ p(b) = p(c) = \frac{1}{5}, \quad q(a) = \frac{5}{9},\ q(b) = \frac{3}{9},\ q(c) = \frac{1}{9}.$$

9.3 고전적 섀넌 이론

고전적 섀넌 이론은 두 가지에 관한 것인데, 첫째는 정보를 얼마만큼 효율적으로 압축할 수 있겠는가에 관한 것이고, 둘째는 잡음이 있는 채널을 통해 정보를 전달할 때 중복해서 얼마나 더 많이 보내야 믿을 만한 정보 전달이 가능하겠는가에 관한 것이다.

질문 1. [잡음 없는 코딩 정리] 메시지는 얼마나 압축될 수 있는가?

질문 2. [잡음 채널 코딩 정리] 잡음이 섞일 수 있는 채널을 통해 통신을 할 때, 믿을 만한 정보 전달이 가능한 가장 효율적인 코딩은 어느 정도까지 가능한가?

이 질문들은 수학적으로 두 개의 함수에 관한 것인데, (1) 주어진 정보를 가공하는 코딩 함수 Φ와 (2) 받은 정보를 풀어서 원래 정보를 복원하는 디코딩 함수 Ψ에 관한 것이다. 잡음 없는 코딩 정리에서 코딩된 정보를 디코딩하는 것은 함수의 합성 $\Psi \circ \Phi$인데, 질문은 원래

데이터를 복원하는 것, 다시 말해, $\Psi \circ \Phi$가 항등 함수와 충분히 가깝게 할 수 있겠는가에 관한 것이다.

잡음 있는 코딩 정리에서는 코딩된 정보가 잡음이 섞일 수 있는 채널을 통해 전송되고, 그것을 받은 후 디코딩을 통해 원래 정보를 복원하는 것이다. 다시 말해, 메시지 M을 코드화하여 $X = \Phi(M)$을 전송하여 Y를 받을 때, $\Psi(Y) = M$을 높은 가능성으로 얻게 하는 함수 Φ와 Ψ가 존재할 가장 높은 효율에 관한 것이다. 언뜻 보기에도 두 번째 질문에 답하는 것이 훨씬 어려워 보이는데, 채널의 용량에 관해 심도있는 탐구를 해야 한다. 이 절에서는 잡음 없는 코딩 정리에 대해 공부한다.

큰 수의 법칙 또는 라플라스의 정리는 동일한 실험을 여러 번 수행한 결과를 설명하는 정리인데, 많은 시도에서 얻은 결과의 평균은 예상된 평균값에 가까워진다는 것을 뜻한다. 또는 표본의 크기가 커질수록 모집단에서 임의로 뽑은 표본의 평균이 전체 모집단의 평균과 가까울 가능성이 높다는 것을 의미한다.

정리 9.11 (큰 수의 법칙, law of large numbers)

평균값이 m인 확률 변수 X를 n회 독립 시행하는 것을 확률 변수 $X_1, \ldots, X_n$으로 표현하면, 임의의 양수 $\varepsilon > 0$에 대해

$$\lim_{n \to \infty} \Pr\left(\left|\frac{1}{n}\sum_{i=1}^{n} X_i - m\right| \geq \varepsilon\right) = 0$$

이다. 여기서 $\Pr(-)$은 $(-)$이 만족될 확률을 말한다.

설명을 위해 간단한 경우부터 생각해보자. 보내고자 하는 메시지는 길이가 n인 0과 1의 수열인데, 0이 나올 확률은 p, 1이 나올 확률은 $1-p$라고 하자. 길이가 n인 문자열에는 평균적으로 0이 np개, 1이 $n(1-p)$개 나온다.

큰 수의 법칙에 의하면, n이 충분히 크면 매우 높은 확률로 0이 np개, 1이 $n-np$개 나온다는 것을 안다. 이러한 n 비트 수열은 총

$$\frac{n!}{(np)!(n-np)!}$$

개가 있고 이들을 줄을 세운 후, 이진법으로 번호를 붙인다면

$$\log_2 \frac{n!}{(np)!(n-np)!} \tag{9.8}$$

개의 비트로 어떤 메시지인지 결정하고 전달할 수 있을 것이다.

식 (9.8)을 스털링 공식(정리 B)

$$\log_2 n! = n\log_2 n - n\log_2 e + O(\log_2 n), \quad n >> 0$$

을 사용하여 계산해보면,

$$\begin{aligned}
&\log_2 n! - \log_2(np)^! - \log_2(n-np)! \\
&= n\log_2 n - n\log_2 e - np\log_2(np) + (np)\log_2 e \\
&\quad - (n-np)\log_2(n-np) + (n-np)\log_2 e + O(\log_2 n) \\
&= -np\log_2 p - n(1-p)\log_2(1-p) + O(\log_2 n) \\
&= nH(p) + O(\log_2 n)
\end{aligned}$$

가 된다. 여기서 $g(n) \sim O(f(n))$이란 모든 n에 대해 $|g(n)/f(n)| < C$을 만족하는 상수 C가 존재한다는 뜻이고 e는 오일러 상수이다. n이 클 때 $\log_2 n$은 $nH(p)$에 비해 무시할 수 있을 정도로 작으므로, 매우 높은 확률로 n 비트 수열을 정확히 전달하려면, 대략 $nH(p)$ 비트로 코딩하는 것이 가장 효율적임을 알 수 있다.

일반적으로 메세지는 $k \geq 2$개의 알파벳에서 고른 n개의 문자들로 구성된 문자열인데, 각각의 알파벳 x가 나타날 확률이 $p(x)$라면 길이가 n인 문자열에는 평균적으로 문자 x가 $np(x)$회 나온다. 큰 수의 법칙에 따라 n이 충분히 크면, 거의 정확하게 x는 $np(x)$회 나온다. 이러한 길이 n인 문자열의 수는

$$\frac{n!}{\prod_{1\leq x<k}(np(x))!} \tag{9.9}$$

이고, 이진법으로 표현했을 때 필요한 비트 수는 스털링 공식에 의해

$$\begin{aligned}
&\log_2 \frac{n!}{\prod_{1\leq x<k}(np(x))!} \\
&= \log_2 n! - \sum_{1\leq x<k} \log_2(np(x))! \\
&= n\log_2 n - n\log_2 e \\
&\quad - \sum_{1\leq x<k} \big(np(x)\log_2 np(x) - np(x)\log_2 e\big) + O(\log_2 n)
\end{aligned}$$

$$= -n \sum_{1 \le x < k} p(x) \log_2 p(x) + O(\log_2 n)$$
$$= nH(p) + O(\log_2 n)$$

이 된다. 따라서 대략 $nH(p)$ 비트로 코딩하는 것이 가장 효율적이다

일반적으로 데이터 양이 많으면, 저장장치에 효율적으로 저장하기가 어려울 뿐만 아니라 통신 네트워크를 통해 전달하는 데도 어려움이 있어서 데이터의 크기를 줄이는 과정인 압축(compression)이 필요하다. 전송이나 저장하기 전에 데이터 소스를 압축하여 인코딩하는 것을 소스 코딩이라고 하고, 인코딩된 데이터를 원래 데이터로 복원시키는 것을 디코딩이라고 한다. 이때, 인코딩하기 전의 데이터 크기와 인코딩하고 나서의 데이터 크기의 비율을 압축률이라고 하는데, 수학적으로는 다음과 같이 정의된다.

정의 9.12

정보전달에서 **압축률**(compression rate)은 전송된 비트 수를 메시지의 문자 수로 나눈 것을 말한다.

위의 계산을 보면 n이 충분히 크면 $H(p)$ 정도의 압축률이 가능함을 알 수 있다.

이제 위의 논의를 엄밀히 전개해보자. 내가 사용하는 알파벳의 집합을 Σ라 하고, 문자 a가 사용되는 확률이 $p(a)$라고 하자. 압축률 α인 **코딩 함수**(encoding scheme)와 **디코딩 함수**(decoding scheme)는 각각

$$f_n : \Sigma^n \longrightarrow \{0,1\}^{\lfloor \alpha n \rfloor}, \quad g_n : \{0,1\}^{\lfloor \alpha n \rfloor} \longrightarrow \Sigma^n$$

을 말한다.[3]

이 코딩/디코딩 과정을 통해 올바르게 전달되는 메시지들의 집합을

$$G_n = \{(a_1, \ldots, a_n) \in \Sigma^n \mid g_n(f_n(a_1, \ldots, a_n)) = (a_1, \ldots, a_n)\} \tag{9.10}$$

이라고 하자. 우리가 희망하는 것은 메시지가 성공적으로 전달되는 확률이 1에 가까워지는 것, 즉

$$\lim_{n \to \infty} \sum_{(a_1, \ldots, a_n) \in G_n} p(a_1)p(a_2) \cdots p(a_n) = 1 \tag{9.11}$$

[3] 실수 x에 대해 $\lfloor x \rfloor$는 x의 정수부분, 다시 말해 x보다 작거나 같은 가장 큰 정수를 말한다.

을 만족하는 함수들 f_n과 g_n이 존재하는 최소의 α를 찾는 것이다.

정리 9.13 (섀넌의 잡음 없는 코딩 정리)

알파벳 집합 Σ의 각 문자 $a \in \Sigma$가 사용되는 확률이 $p(a)$, 즉

$$\sum_{a\in\Sigma} p(a) = 1, \quad (p(a) \geq 0)$$

이라고 하고, α를 압축률이라 하자. 만약 $\alpha > H(p)$이면, 식 (9.11)을 만족하는 코딩/디코딩 함수들 $\{f_n, g_n\}$이 존재한다. 만약 $\alpha < H(p)$이면, 식 (9.11)을 만족하는 코딩/디코딩 함수들이 존재할 수 없다.

섀넌의 잡음 없는 코딩 정리는 섀넌 엔트로피가 데이터 압축률의 한계임을 말한다. 또한, 작은 오류 가능성을 받아들이면 압축률을 임의로 섀넌 엔트로피에 가깝게 할 수 있음을 알려준다.

다음 정의가 섀넌의 잡음 없는 코딩 정리를 증명하는 열쇠가 된다.

정의 9.14

확률 분포 $p : \Sigma \to [0,1]$로 나타날 확률이 주어지는 알파벳 집합 Σ가 있다고 하자. 양의 실수 $\varepsilon > 0$에 대해 문자열 $(a_1, \ldots, a_n) \in \Sigma^n$이 ε-**전형적**(ε-typical)이라 함은 부등식

$$2^{-n(H(p)+\varepsilon)} < p(a_1)\cdots p(a_n) < 2^{-n(H(p)-\varepsilon)}$$

이 만족된다는 말이다. 길이가 n인 ε-전형적인 문자열들의 집합을 $T(n,p,\varepsilon)$이라고 쓰자.

전형적이라는 말이 내포하듯이 대부분의 문자열은 전형적이다.

정리 9.15

$T(n,p,\varepsilon)$의 원소의 개수는 $2^{n(H(p)+\varepsilon)}$보다 작다. 또한,

$$\lim_{n\to\infty} \sum_{(a_1,\ldots,a_n)\in T(n,p,\varepsilon)} p(a_1)\cdots p(a_n) = 1 \tag{9.12}$$

이 성립한다.

[증명] $T(n,p,\varepsilon)$의 정의에 의해

$$(a_1,\ldots,a_n)\in T(n,p,\varepsilon) \implies p(a_1)\cdots p(a_n) > 2^{-n(H(p)+\varepsilon)}$$

이 성립하고, 자명하게

$$\sum_{(a_1,\ldots,a_n)\in T(n,p,\varepsilon)} p(a_1)\cdots p(a_n) \le 1$$

이므로 $T(n,p,\varepsilon)$의 원소의 갯수는 $2^{n(H(p)+\varepsilon)}$ 보다 작다.

확률 변수 $X:\Sigma\to[0,\infty)$, $X(a)=-\log_2(p(a))$를 생각하면, 엔트로피의 정의로부터 X의 평균

$$\sum_{a\in\Sigma} p(a)X(a) = -\sum_{a\in\Sigma} p(a)\log_2 p(a) = H(p)$$

은 엔트로피와 일치한다. 큰 수의 법칙(정리 9.11)에 의해

$$\lim_{n\to\infty}\Pr\left(\left|\frac{1}{n}\sum_{i=1}^{n}X(a_i)-H(p)\right|<\varepsilon\right)=1$$

인데,

$$\frac{1}{n}\sum_{i=1}^{n}X(a_i) = -\frac{1}{n}\sum_{i=1}^{n}\log_2 p(a_i) = -\log_2\left(p(a_1)\cdots p(a_n)\right)^{\frac{1}{n}}$$

이므로

$$\left|\frac{1}{n}\sum_{i=1}^{n}X(a_i)-H(p)\right|<\varepsilon$$
$$\iff 2^{-n(H(p)+\varepsilon)} < p(a_1)\cdots p(a_n) < 2^{-n(H(p)-\varepsilon)}$$

임을 얻는다. 따라서

$$\Pr\left(\left|\frac{1}{n}\sum_{i=1}^{n}X(a_i)-H(p)\right|<\varepsilon\right) = \sum_{(a_1,\ldots,a_n)\in T(n,p,\varepsilon)} p(a_1)\cdots p(a_n)$$

이므로, 정리 9.15가 증명되었다. □

[증명] (정리 9.13의 증명) $\alpha > H(p)$일 때,

$$\varepsilon := \frac{1}{2}(\alpha - H(p)) > 0$$

라고 두면, 충분히 큰 자연수 n에 대해

$$\lfloor \alpha n \rfloor > n(H(p)+\varepsilon)$$

을 만족한다. 정리 9.15에 의해 단사 함수 (일대일 함수)

$$T(n,p,\varepsilon) \longrightarrow \{0,1\}^{\lfloor \alpha n \rfloor} \tag{9.13}$$

가 존재한다. 이 함수의 정의역을 확장하여, 함수

$$f_n : \Sigma^n \longrightarrow \{0,1\}^{\lfloor \alpha n \rfloor}$$

을 만들자. (9.13)의 함수가 단사 함수이므로, 이미지에서 역함수가 정의된다. 마찬가지로 이 역함수의 정의역을 확장하여

$$g_n : \{0,1\}^{\lfloor \alpha n \rfloor} \longrightarrow \Sigma^n$$

를 임의로 만들자. 여기서 (9.10)의 집합 G_n을 사용하면,

$$T(n,p,\varepsilon) \subset G_n$$

이고, 식 (9.11)은 (9.12)로부터 얻는다.

$\alpha < H(p)$라고 가정하고,

$$\varepsilon := \frac{1}{2}(H(p)-\alpha) > 0$$

라고 하자. 집합 G_n의 정의로부터 $f|_{G_n}$은 일대일 함수이어야 하므로, G_n의 원소의 개수는 $\{0,1\}^{\lfloor \alpha n \rfloor}$의 원소의 개수보다 작거나 같다. 즉

$$|G_n| \le 2^{\lfloor \alpha n \rfloor} \le 2^{\alpha n}$$

이 성립한다. 한편

$$G_n \subset (\Sigma^n - T(n,p,\varepsilon)) \cup (G_n \cap T(n,p,\varepsilon))$$

이므로,

$$\begin{aligned}\sum_{(a_1,\ldots,a_n)\in G_n} p(a_1)\cdots p(a_n) \le & \sum_{(a_1,\ldots,a_n)\in \Sigma^n - T(n,p,\varepsilon)} p(a_1)\cdots p(a_n) \\ & + \sum_{(a_1,\ldots,a_n)\in G_n \cap T(n,p,\varepsilon)} p(a_1)\cdots p(a_n)\end{aligned}$$

$$\le 1 - \sum_{(a_1,\ldots,a_n)\in T(n,p,\varepsilon)} p(a_1)\cdots p(a_n) + \sum_{(a_1,\ldots,a_n)\in G_n\cap T(n,p,\varepsilon)} 2^{-n(H(p)-\varepsilon)}$$

$$\le 1 - \sum_{(a_1,\ldots,a_n)\in T(n,p,\varepsilon)} p(a_1)\cdots p(a_n) + 2^{\alpha n}2^{-n(H(p)-\varepsilon)}$$

이 성립한다. 식 (9.12)와 $\lim_{n\to\infty} 2^{-n\varepsilon} = 0$ 에 의해

$$\sum_{(a_1,\ldots,a_n)\in G_n} p(a_1)\cdots p(a_n) = 0 \neq 1$$

이므로, 식 (9.11)이 성립할 수 없다. □

9.4 폰 노이만 엔트로피

이제 고전적 섀넌 이론을 양자화해보자.

n차원 힐버트 공간 $\mathcal{H}$에 대해 자기수반 작용소 $A \in \mathbf{H}(\mathcal{H})$가 주어지면, 스펙트럼 분해

$$A = \sum_{i=1}^{n} \lambda_i(A) x_i x_i^*, \quad \lambda_1(A) \ge \lambda_2(A) \ge \cdots \ge \lambda_n(A)$$

를 생각하여 고유값 벡터를 대응시키는 함수

$$\lambda : \mathbf{H}(\mathcal{H}) \longrightarrow \mathbb{R}^n, \quad \lambda(A) = (\lambda_1(A), \ldots, \lambda_n(A))$$

를 정의할 수 있다. 이를 통해 섀넌 엔트로피를 양자 상태에 대해 정의하자.

정의 9.16

n차원 힐버트 공간 $\mathcal{H}$에 대해 양의 작용소 $\rho \in \mathbf{P}(\mathcal{H})$의 **폰 노이만 엔트로피**(von Neumann entropy)는

$$H(\rho) = H(\lambda(\rho))$$

를 말한다.

양의 작용소 $\rho \in \mathbf{P}(\mathcal{H})$의 스펙트럼 분해

$$\rho = \sum_{i=1}^{n} \lambda_i(\rho) x_i x_i^* \in \mathbf{P}(\mathcal{H}), \quad (\lambda_i(\rho) \geq 0)$$

에 대해

$$\log_2 \rho := \sum_{\lambda_i(\rho)>0} \log_2 \lambda_i(\rho) x_i x_i^*,$$
$$\rho \log_2 \rho := \sum_{\lambda_i(\rho)>0} \lambda_i(\rho) \log_2 \lambda_i(\rho) x_i x_i^*$$

로 정의하자. 그러면

$$-\operatorname{tr}(\rho \log_2 \rho) = -\sum_i \lambda_i(\rho) \log_2 \lambda_i(\rho) = H(\lambda(\rho))$$

이므로,

$$H(\rho) = -\operatorname{tr}(\rho \log_2 \rho), \quad \rho \in \mathbf{P}(\mathcal{H}) \tag{9.14}$$

가 성립한다.

정의 9.17

ρ와 σ는 힐버트 공간 $\mathcal{H}$의 양의 작용소라고 하자. ρ의 σ에 대한 **양자 상대적 엔트로피**(quantum relative entropy)는

$$D(\rho \| \sigma) = \begin{cases} \operatorname{tr}(\rho \log_2 \rho) - \operatorname{tr}(\rho \log_2 \sigma), & \operatorname{im} \rho \subset \operatorname{im} \sigma \\ \infty, & \operatorname{im} \rho \not\subset \operatorname{im} \sigma \end{cases}$$

를 말한다.

정의 9.17에서 ρ와 σ의 계수를 각각 r과 s라고 하면, 힐버트 공간 $\mathcal{H}$의 정규직교 기저 $\{x_i\}$와 $\{y_j\}$가 존재하여

$$\rho = \sum_{i=1}^{r} \lambda_i(\rho) x_i x_i^*, \quad \sigma = \sum_{j=1}^{s} \lambda_j(\sigma) y_j y_j^* \tag{9.15}$$

로 쓸 수 있다. 따라서

$$\rho \log_2 \rho = \sum_{i=1}^{r} \lambda_i(\rho) \log_2 \lambda_i(\rho) x_i x_i^*,$$

$$\rho \log_2 \sigma = \sum_{i=1}^{r} \sum_{j=1}^{s} \lambda_i(\rho) \log_2 \lambda_j(\sigma) x_i x_i^* y_j y_j^*$$

이다. 만약 $\operatorname{im} \rho \subset \operatorname{im} \sigma$ 이면,

$$\operatorname{tr}(x_i x_i^* y_j y_j^*) = \operatorname{tr}(y_j^* x_i x_i^* y_j) = |x_i \cdot y_j|^2,$$
$$\sum_{j=1}^{s} |x_i \cdot y_j|^2 = \|x_i\|^2 = 1$$

이어서

$$D(\rho\|\sigma) = \sum_{i=1}^{r} \sum_{j=1}^{s} |x_i \cdot y_j|^2 \lambda_i(\rho) \big(\log_2 \lambda_i(\rho) - \log_2 \lambda_j(\sigma) \big) \tag{9.16}$$

임을 얻는다.

정의 9.18

힐버트 공간의 텐서 곱 $\mathcal{H} = \mathcal{H}_X \otimes \mathcal{H}_Y$, 밀도 작용소 $\rho \in \mathbf{D}(\mathcal{H})$와 부분 자취 $\rho_X = \operatorname{tr}_{\mathcal{H}_Y} \rho$, $\rho_Y = \operatorname{tr}_{\mathcal{H}_X} \rho$를 생각하자. 이때 X의 Y에 대한 **조건부 폰 노이만 엔트로피**(conditional von Neumann entropy)란

$$\begin{aligned} H(X|Y) &= H(X,Y) - H(Y) \\ &= -\operatorname{tr}(\rho \log_2 \rho) + \operatorname{tr}(\rho_Y \log_2 \rho_Y) \end{aligned}$$

를 말하고, X와 Y의 **양자 상호 정보**(quantum mutual information)란

$$\begin{aligned} I(X,Y) &= H(X) + H(Y) - H(X,Y) \\ &= -\operatorname{tr}(\rho_X \log_2 \rho_X) - \operatorname{tr}(\rho_Y \log_2 \rho_Y) + \operatorname{tr}(\rho \log_2 \rho) \end{aligned}$$

를 말한다.

이 정의들에 대한 좋은 연습문제는 다음 두 정리를 증명하는 것이다.

정리 9.19

두 힐버트 공간 $\mathcal{H}_X$와 $\mathcal{H}_Y$가 $\dim \mathcal{H}_X \leq \dim \mathcal{H}_Y$를 만족하고, 등장 변환 $U : \mathcal{H}_X \to \mathcal{H}_Y$ (즉 $U^*U = \mathrm{id}_{\mathcal{H}_X}$)가 주어졌다고 하자. 양의 작용소 $\rho, \sigma \in \mathbf{P}(\mathcal{H}_X)$에 대해 다음이 성립한다.

(1) $H(U\rho U^*) = H(\rho)$.

(2) $D(U\rho U^* \| U\sigma U^*) = D(\rho\|\sigma)$.

(3) $H(\rho \oplus \sigma) = H(\rho) + H(\sigma)$.

(4) $H(\rho \otimes \sigma) = \mathrm{tr}(\sigma)H(\rho) + \mathrm{tr}(\rho)H(\sigma)$.

특히, ρ, σ가 밀도 작용소이면 $H(\rho \otimes \sigma) = H(\rho) + H(\sigma)$이다.

[증명] 스펙트럼 정리에 의해 ρ, σ를 식 (9.15)와 같이 쓰고, $\rho \otimes \sigma$를 계산하면

$$\rho \otimes \sigma = \sum_{i=1}^{r} \sum_{j=1}^{s} \lambda_i(\rho)\lambda_j(\sigma)(x_i \otimes y_j)(x_i \otimes y_j)^*$$

이므로, $\lambda(U\rho U^*) = \lambda(\rho)$이고 $\lambda(\rho \otimes \sigma) = \lambda(\rho) \otimes \lambda(\sigma)$이다. 증명을 마무리하는 것은 연습문제로 남긴다. □

연습문제 9.4 정리 9.19를 증명하시오.

정리 9.20

힐버트 공간 $\mathcal{H}_X$의 양의 작용소 $\rho \neq 0$, $\rho' \in \mathbf{P}(\mathcal{H}_X)$와 힐버트 공간 $\mathcal{H}_Y$의 양의 작용소 $\sigma \neq 0$, $\sigma' \in \mathbf{P}(\mathcal{H}_Y)$에 대해 다음이 성립한다.

(1) $D(\rho \oplus \sigma \| \rho' \oplus \sigma') = D(\rho\|\sigma) + D(\rho'\|\sigma')$.

(2) $D(\rho \otimes \sigma \| \rho' \otimes \sigma') = \mathrm{tr}(\sigma)D(\rho\|\rho') + \mathrm{tr}(\rho)D(\sigma\|\sigma')$.

[증명] 스펙트럼 분해를 취하고, 식 (9.16)을 적용하여 증명할 수 있다. □

연습문제 9.5 정리 9.20을 증명하시오.

정리 9.21

힐버트 공간 $\mathcal{H}$의 양의 작용소 ρ, $\sigma \in \mathbf{P}(\mathcal{H})$가 $\mathrm{tr}(\rho) \geq \mathrm{tr}(\sigma)$를 만족하면, $D(\rho\|\sigma) \geq 0$이다. 특히, ρ, $\sigma \in \mathbf{D}(\mathcal{H})$이면 $D(\rho\|\sigma) \geq 0$이다.

[증명] 보조정리 9.4의 함수 f와 부등식 (9.6)을 사용하자. 식 (9.16)에 의해

$$\begin{aligned} D(\rho\|\sigma) &= \sum_{i=1}^{r}\sum_{j=1}^{s}|x_i\cdot y_j|^2\lambda_i(\rho)\big(\log_2\lambda_i(\rho)-\log_2\lambda_j(\sigma)\big) \\ &= -\sum_{i,j}|x_i\cdot y_j|^2\lambda_j(\sigma)f\left(\frac{|x_i\cdot y_j|^2\lambda_i(\rho)}{|x_i\cdot y_j|^2\lambda_j(\sigma)}\right) \\ &\geq -\sum_{i,j}|x_i\cdot y_j|^2\lambda_j(\sigma)f\left(\frac{\sum_{i,j}|x_i\cdot y_j|^2\lambda_i(\rho)}{\sum_{i,j}|x_i\cdot y_j|^2\lambda_j(\sigma)}\right) \end{aligned}$$

이 성립한다. 그런데 $\mathrm{tr}(\rho)\geq\mathrm{tr}(\sigma)$이므로

$$= -\mathrm{tr}(\sigma)f\left(\frac{\mathrm{tr}(\rho)}{\mathrm{tr}(\sigma)}\right) = \mathrm{tr}(\rho)\log_2\frac{\mathrm{tr}(\rho)}{\mathrm{tr}(\sigma)} \geq 0$$

이어서 정리가 증명되었다. □

정리 9.22

힐버트 공간 $\mathcal{H}$의 양의 작용소 $\rho,\sigma\in\mathbf{P}(\mathcal{H})$와 $\lambda\in[0,1]$에 대해 부등식

$$H((1-\lambda)\rho+\lambda\sigma)\geq(1-\lambda)H(\rho)+\lambda H(\sigma) \tag{9.17}$$

가 성립한다.

[증명] $\lambda=0,1$일 때, 부등식 (9.17)이 성립됨은 자명하다. 정리 9.20과 정리 9.21에 의해

$$\begin{aligned} 0 &\leq D\Big(\rho\oplus\sigma\Big\|\frac{\rho+\sigma}{2}\oplus\frac{\rho+\sigma}{2}\Big) \\ &= \mathrm{tr}(\rho\log_2\rho)-\mathrm{tr}\left(\rho\log_2\frac{\rho+\sigma}{2}\right) \\ &\qquad +\mathrm{tr}(\sigma\log_2\sigma)-\mathrm{tr}\left(\sigma\log_2\frac{\rho+\sigma}{2}\right) \\ &= \mathrm{tr}(\rho\log_2\rho)+\mathrm{tr}(\sigma\log_2\sigma)-2\,\mathrm{tr}\left(\frac{\rho+\sigma}{2}\log_2\frac{\rho+\sigma}{2}\right) \\ &= -H(\rho)-H(\sigma)+H\Big(\frac{\rho+\sigma}{2}\Big) \end{aligned}$$

임을 얻는다. 따라서 $\lambda=\frac{1}{2}$일 때, 부등식 (9.17)이 성립된다. 귀납법을 적용하면, $\lambda=\frac{m}{2^\ell}\in[0,1]$ $(m,\ell\in\mathbb{Z})$에 대해 부등식 (9.17)이 성립됨을 알 수 있다. 이진법을

쓰면 모든 실수를 이런 유리수로 얼마든지 근사시킬 수 있고, 부등식 (9.17)의 양변은 λ에 대해 연속 함수이므로, 부등식 (9.17)은 모든 실수 $\lambda \in [0,1]$에 대해 성립된다. □

정리 9.23

폰 노이만 엔트로피는 다음 부등식을 만족한다.

$$H(X) - H(Y) \le H(X,Y) \le H(X) + H(Y).$$

[증명] 정의에 의해 밀도 작용소 $\rho \in \mathbf{D}(\mathcal{H}_X \otimes \mathcal{H}_Y)$가 존재하고,

$$\rho_X = \mathrm{tr}_{\mathcal{H}_Y}(\rho) \in \mathbf{D}(\mathcal{H}_X), \quad \rho_Y = \mathrm{tr}_{\mathcal{H}_X}(\rho) \in \mathbf{D}(\mathcal{H}_Y)$$

라고 하자. 그러면

$$H(X) = H(\rho_X), \quad H(Y) = H(\rho_Y), \quad H(X,Y) = H(\rho)$$

이다. 이제 밀도 작용소 ρ의 $\rho_X \otimes \rho_Y$에 대한 양자 상대적 엔트로피를 생각하면, 정리 9.21에 의해

$$\begin{aligned}
0 &\le D(\rho \| \rho_X \otimes \rho_Y) \\
&= \mathrm{tr}(\rho \log_2 \rho) - \mathrm{tr}(\rho \log_2 \rho_X) - \mathrm{tr}(\rho \log_2 \rho_Y) \\
&= \mathrm{tr}(\rho \log_2 \rho) - \mathrm{tr}((\mathrm{tr}_{\mathcal{H}_Y} \rho) \log_2 \rho_X) - \mathrm{tr}((\mathrm{tr}_{\mathcal{H}_X} \rho) \log_2 \rho_Y) \\
&= \mathrm{tr}(\rho \log_2 \rho) - \mathrm{tr}(\rho_X \log_2 \rho_X) - \mathrm{tr}(\rho_Y \log_2 \rho_Y) \\
&= H(\rho_X) + H(\rho_Y) - H(\rho) \\
&= H(X) + H(Y) - H(X,Y)
\end{aligned}$$

이므로, 오른쪽 부등식이 증명되었다.

왼쪽 부등식을 증명하기 위해, 밀도 작용소 $\rho \in \mathbf{D}(\mathcal{H}_X \otimes \mathcal{H}_Y)$의 순수화 $v \in S_{\mathcal{H}_X \otimes \mathcal{H}_Y \otimes \mathbb{C}^m}$을 생각하자. 즉 m은 충분히 큰 자연수이고

$$\rho = \mathrm{tr}_{\mathcal{H}_Z}(vv^*), \quad \mathcal{H}_Z := \mathbb{C}^m$$

을 만족한다. 이제 v의 슈미트 분해

$$v = \sum_i p_i (x_i \otimes y_i), \quad p_i \ge 0, \ x_i \in \mathcal{H}_X, \ y_i \in \mathcal{H}_Y \otimes \mathcal{H}_Z$$

를 생각하자. 여기서 $\{x_i\}$와 $\{y_j\}$는 각각 $\mathcal{H}_X$와 $\mathcal{H}_Y \otimes \mathcal{H}_Z$의 정규직교 기저이다. 그러면

$$\hat{\rho} = vv^* = \sum p_i^2 (x_i x_i^*) \otimes (y_i y_i^*)$$

이므로,

$$\begin{aligned} \rho_X &= \mathrm{tr}_{\mathcal{H}_Y}(\rho) = \mathrm{tr}_{\mathcal{H}_Y} \mathrm{tr}_{\mathcal{H}_Z}(vv^*) = \mathrm{tr}_{\mathcal{H}_Y \otimes \mathcal{H}_Z}(vv^*) \\ &= \sum p_i^2 x_i x_i^*, \\ \rho_{YZ} &= \mathrm{tr}_{\mathcal{H}_X}(\rho) = \sum p_i^2 y_i y_i^* \end{aligned}$$

이다. 이들은 같은 고유값들을 가지므로 폰 노이만 엔트로피를 취하면,

$$H(X) = H(\rho_X) = H(\rho_{YZ}) = H(Y, Z)$$

임을 얻는다.

한편, v의 다른 슈미트 분해

$$v = \sum_i q_i w_i \otimes z_i, \quad q_i \geq 0, \;\; w_i \in \mathcal{H}_X \otimes \mathcal{H}_Y, \;\; z_i \in \mathcal{H}_Z$$

를 생각하면,

$$\begin{aligned} \rho &= \mathrm{tr}_{\mathcal{H}_Z}(vv^*) = \sum q_i^2 w_i w_i^*, \\ \hat{\rho}_Z &= \mathrm{tr}_{\mathcal{H}_X \otimes \mathcal{H}_Y}(vv^*) = \sum q_i^2 z_i z_i^* \end{aligned}$$

이므로

$$H(X, Y) = H(\rho) = H(\hat{\rho}_Z) = H(Z)$$

임을 얻는다.

정리 9.23의 오른쪽 부등식은 이미 증명되었으므로, 이를 사용하면

$$H(X) = H(Y, Z) \leq H(Y) + H(Z) = H(Y) + H(X, Y)$$

를 얻어 왼쪽 부등식도 증명되었다. □

정리 9.24

힐버트 공간 $\mathcal{H}$의 양의 작용소들 $\rho_0, \rho_1, \sigma_0, \sigma_1 \in \mathbf{P}(\mathcal{H})$와 실수 $\lambda \in [0,1]$에 대해 다음 부등식들이 성립한다.

$$D(\rho_0 + \rho_1 \| \sigma_0 + \sigma_1) \le D(\rho_0 \| \sigma_0) + D(\rho_1 \| \sigma_1),$$
$$D((1-\lambda)\rho_0 + \lambda\rho_1 \| (1-\lambda)\sigma_0 + \lambda\sigma_1) \le (1-\lambda)D(\rho_0 \| \sigma_0) + \lambda D(\rho_1 \| \sigma_1).$$

[증명] 따름정리 9.9의 증명을 그대로 적용하여 첫째 부등식만 보이면 충분하다. 그런데 아래 보조정리 9.25에 의해

$$\begin{aligned} &D(\rho_0 + \rho_1 \| \sigma_0 + \sigma_1) \\ &= (\ln 2)^{-1} \lim_{\varepsilon \to 0^+} \frac{1}{\varepsilon} \left(\mathrm{tr}(\rho_0 + \rho_1) - (\rho_0 + \rho_1)^{1-\varepsilon} \cdot (\sigma_0 + \sigma_1)^{\varepsilon} \right) \end{aligned}$$

이다. 보조정리 9.27과 보조정리 9.25에 의해

$$\begin{aligned} &\le (\ln 2)^{-1} \lim_{\varepsilon \to 0^+} \frac{1}{\varepsilon} \left(\mathrm{tr}(\rho_0) - \rho_0^{1-\varepsilon} \cdot \sigma_0^{\varepsilon} + \mathrm{tr}(\rho_1) - \rho_1^{1-\varepsilon} \cdot \sigma_1^{\varepsilon} \right) \\ &= D(\rho_0 \| \sigma_0) + D(\rho_1 \| \sigma_1) \end{aligned}$$

이므로, 정리가 증명되었다. □

보조정리 9.25

힐버트 공간 $\mathcal{H}$의 양의 작용소 ρ, σ에 대해 다음 등식이 성립한다.

$$D(\rho \| \sigma) = (\ln 2)^{-1} \lim_{\varepsilon \to 0^+} \frac{1}{\varepsilon} \left(\mathrm{tr}(\rho) - \rho^{1-\varepsilon} \cdot \sigma^{\varepsilon} \right).$$

[증명] (9.15)와 같이 ρ, σ의 스펙트럼 분해를 생각하고, 함수

$$g(\varepsilon) = \rho^{1-\varepsilon} \cdot \sigma^{\varepsilon} = \sum_{i=1}^{r} \sum_{j=1}^{s} |x_i \cdot y_j|^2 \lambda_i(\rho)^{1-\varepsilon} \lambda_j(\sigma)^{\varepsilon}$$

을 미분하여 $\varepsilon \to 0^+$로 극한을 취한다. 그리고 식 (9.16)을 사용하면,

$$\lim_{\varepsilon \to 0^+} \frac{1}{\varepsilon} \left(\rho^{1-\varepsilon} \cdot \sigma^{\varepsilon} - \mathrm{tr}(\rho) \right) = -(\ln 2) D(\rho \| \sigma)$$

를 얻는다. 양변을 $-\ln 2$로 나누면, 보조정리 9.25를 얻는다. □

보조정리 9.26

힐버트 공간 $\mathcal{H}$의 양의 작용소 $A_1, A_2 \in \mathbf{P}(\mathcal{H})$와 자기수반 작용소 $H \in \mathbf{H}(\mathcal{H})$가 주어졌고, $A_1A_2 = A_2A_1$이라고 하자. 그러면

$$\begin{pmatrix} A_1 & H \\ H & A_2 \end{pmatrix} \in \mathbf{P}(\mathcal{H} \oplus \mathcal{H}) \implies A_1^{\frac{1}{2}} A_2^{\frac{1}{2}} - H \in \mathbf{P}(\mathcal{H})$$

이 성립한다.

[증명] 양의 작용소의 정의로부터 자명하게 임의의 $B \in \mathcal{L}(\mathcal{H} \oplus \mathcal{H})$에 대해

$$\begin{pmatrix} A_1 & H \\ H & A_2 \end{pmatrix} \in \mathbf{P}(\mathcal{H} \oplus \mathcal{H}) \implies B^* \begin{pmatrix} A_1 & H \\ H & A_2 \end{pmatrix} B \in \mathbf{P}(\mathcal{H} \oplus \mathcal{H})$$

이 성립한다. 먼저 A_1, A_2가 역행렬을 갖는다고 하자. 즉 모든 고유값이 0보다 크다면, 임의의 단위 벡터 $u, v \in S_{\mathcal{H}}$에 대해

$$\begin{aligned} 0 &\le \begin{pmatrix} u^* A_1^{-\frac{1}{2}} & 0 \\ 0 & v^* A_2^{-\frac{1}{2}} \end{pmatrix} \begin{pmatrix} A_1 & H \\ H & A_2 \end{pmatrix} \begin{pmatrix} A_1^{-\frac{1}{2}} u & 0 \\ 0 & A_2^{-\frac{1}{2}} v \end{pmatrix} \\ &= \begin{pmatrix} 1 & u^* A_1^{-\frac{1}{2}} H A_2^{-\frac{1}{2}} v \\ v^* A_2^{-\frac{1}{2}} H A_1^{-\frac{1}{2}} u & 1 \end{pmatrix} \end{aligned}$$

이므로 $|u^* A_1^{-\frac{1}{2}} H A_2^{-\frac{1}{2}} v| \le 1$이 성립한다. 특히, $A_1^{-\frac{1}{2}} H A_2^{-\frac{1}{2}}$의 고유값의 크기는 모두 1보다 작거나 같다.

한편, $A_1A_2 = A_2A_1$이므로

$$\begin{aligned} \lambda(A_1^{-\frac{1}{4}} A_2^{-\frac{1}{4}} H A_2^{-\frac{1}{4}} A_1^{-\frac{1}{4}}) &= \lambda(A_1^{-\frac{1}{2}} A_2^{-\frac{1}{4}} H A_2^{-\frac{1}{4}}) \\ &= \lambda(A_2^{-\frac{1}{4}} A_1^{-\frac{1}{2}} H A_2^{-\frac{1}{4}}) \\ &= \lambda(A_1^{-\frac{1}{2}} H A_2^{-\frac{1}{2}}) \end{aligned}$$

이다. 그리고 자기수반 작용소 $A_1^{-\frac{1}{4}} A_2^{-\frac{1}{4}} H A_2^{-\frac{1}{4}} A_1^{-\frac{1}{4}}$의 고유값의 크기도 모두 1보다 작거나 같다. 따라서

$$\mathrm{id}_{\mathcal{H}} - A_1^{-\frac{1}{4}} A_2^{-\frac{1}{4}} H A_2^{-\frac{1}{4}} A_1^{-\frac{1}{4}} \in \mathbf{P}(\mathcal{H})$$

는 양의 작용소이다. 또한,

$$A_1^{\frac{1}{2}} A_2^{\frac{1}{2}} - H = A_2^{\frac{1}{4}} A_1^{\frac{1}{2}} A_2^{\frac{1}{4}} - H$$

$$= A_2^{\frac{1}{4}} A_1^{\frac{1}{4}} (\mathrm{id}_{\mathcal{H}} - A_1^{-\frac{1}{4}} A_2^{-\frac{1}{4}} H A_2^{-\frac{1}{4}} A_1^{-\frac{1}{4}}) A_1^{\frac{1}{4}} A_2^{\frac{1}{4}} \in \mathbf{P}(\mathcal{H})$$

이어서 A_1과 A_2가 가역인 경우 보조정리가 증명되었다.

일반적으로 A_1이나 A_2가 역행렬을 가지지 않더라도, 임의의 $\varepsilon > 0$에 대해 $A_1 + \varepsilon\,\mathrm{id}_{\mathcal{H}}$와 $A_2 + \varepsilon\,\mathrm{id}_{\mathcal{H}}$는 역행렬을 가지고

$$(A_1 + \varepsilon\,\mathrm{id}_{\mathcal{H}})(A_2 + \varepsilon\,\mathrm{id}_{\mathcal{H}}) = (A_2 + \varepsilon\,\mathrm{id}_{\mathcal{H}})(A_1 + \varepsilon\,\mathrm{id}_{\mathcal{H}})$$

이다. 따라서 임의의 양수 ε과 $A_1 + \varepsilon\,\mathrm{id}_{\mathcal{H}}$, $A_2 + \varepsilon\,\mathrm{id}_{\mathcal{H}}$에 대해 보조정리 9.26이 성립하고, ε을 0으로 보내는 극한을 취하면 연속성에 의해 보조정리 9.26이 항상 성립함을 안다. □

보조정리 9.27

힐버트 공간 $\mathcal{H}$와 양의 작용소들 $\rho_0, \rho_1, \sigma_0, \sigma_1 \in \mathbf{P}(\mathcal{H})$에 대해 다음 부등식이 성립한다.

$$(\rho_0 + \rho_1)^{1-s} \cdot (\sigma_0 + \sigma_1)^s \geq \rho_0^{1-s} \cdot \sigma_0 + \rho_1^{1-s} \cdot \sigma_1^s, \quad (s \in [0,1]).$$

[증명] 실수 $s \in [0,1]$에 대해

$$A(s) = \bar{\rho}_0^{1-s} \otimes \sigma_0^s, \quad B(s) = \bar{\rho}_1^{1-s} \otimes \sigma_1^s,$$
$$C(s) = (\bar{\rho}_0 + \bar{\rho}_1)^{1-s} \otimes (\sigma_0 + \sigma_1)^s$$

라고 두자. 먼저 $s \in [0,1]$에 대해

$$A(s) + B(s) \leq C(s), \tag{9.18}$$

즉 $C(s) - A(s) - B(s) \in \mathbf{P}(\mathcal{H} \otimes \mathcal{H})$임을 보이자. $s = 0, 1$일 때는 자명하게 성립한다. 따라서 두 부등식

$$A(s_0) + B(s_0) \leq C(s_0), \quad A(s_1) + B(s_1) \leq C(s_1)$$

으로부터

$$A\Big(\frac{s_0 + s_1}{2}\Big) + B\Big(\frac{s_0 + s_1}{2}\Big) \leq C\Big(\frac{s_0 + s_1}{2}\Big) \tag{9.19}$$

을 보이면 충분하다. 왜냐하면 귀납법에 의해

$$A(s) + B(s) \leq C(s)$$

가 모든 $s = \frac{m}{2^\ell} \in [0,1]$ $(m, \ell \in \mathbb{Z})$ 꼴의 유리수에 대해 성립함을 얻고, 연속성에 의해 모든 s에 대해 부등식 (9.18)이 참임을 얻기 때문이다.

임의의 선형 변환 μ에 대해 $\mu^*\mu$는 항상 양의 작용소임을 사용하여

$$\begin{aligned} 0 \leq &\begin{pmatrix} A(s_0)^{\frac{1}{2}} \\ A(s_1)^{\frac{1}{2}} \end{pmatrix} \begin{pmatrix} A(s_0)^{\frac{1}{2}} & A(s_1)^{\frac{1}{2}} \end{pmatrix} \\ &+ \begin{pmatrix} B(s_0)^{\frac{1}{2}} \\ B(s_1)^{\frac{1}{2}} \end{pmatrix} \begin{pmatrix} B(s_0)^{\frac{1}{2}} & B(s_1)^{\frac{1}{2}} \end{pmatrix} \end{aligned}$$

인데, 이를 전개하면

$$= \begin{pmatrix} A(s_0) + B(s_0) & A(\frac{s_0+s_1}{2}) + B(\frac{s_0+s_1}{2}) \\ A(\frac{s_0+s_1}{2}) + B(\frac{s_0+s_1}{2}) & A(s_1) + B(s_1) \end{pmatrix}$$

이다. 가정에 의해 이것은

$$\leq \begin{pmatrix} C(s_0) & A(\frac{s_0+s_1}{2}) + B(\frac{s_0+s_1}{2}) \\ A(\frac{s_0+s_1}{2}) + B(\frac{s_0+s_1}{2}) & C(s_1) \end{pmatrix}$$

이고, 보조정리 9.26에 의해

$$C\Big(\frac{s_0 + s_1}{2}\Big) = C(s_0)^{\frac{1}{2}} C(s_1)^{\frac{1}{2}} \geq A\Big(\frac{s_0 + s_1}{2}\Big) + B\Big(\frac{s_0 + s_1}{2}\Big)$$

임을 얻는다. 따라서 (9.19)가, 그래서 (9.18)이 증명되었다.

이제 임의의 선형 작용소 $\mu_0, \mu_1 \in \mathcal{L}(\mathcal{H})$에 대해 정규직교 기저를 고른 후, 성분을 계산해서

$$\text{vec}(\text{id}_{\mathcal{H}})^* (\bar{\mu}_0 \otimes \mu_1) \text{vec}(\text{id}_{\mathcal{H}}) = \mu_0 \cdot \mu_1 \tag{9.20}$$

임을 보일 수 있다. 부등식 (9.18)의 왼쪽과 오른쪽에 각각 $\text{vec}(\text{id}_{\mathcal{H}})^*$와 $\text{vec}(\text{id}_{\mathcal{H}})$를 곱하면, 보조정리 9.27을 얻는다. □

연습문제 9.6 식 (9.20)을 증명하시오.

다음의 정리와 함께 이 절을 마무리하자.

정리 9.28

힐버트 공간 $\mathcal{H}_A$와 $\mathcal{H}_B$ 사이의 양자 채널 $\Phi \in \mathbf{C}(\mathcal{H}_A, \mathcal{H}_B)$와 양의 작용소 $\rho, \sigma \in \mathbf{P}(\mathcal{H}_A)$에 대해 다음 부등식이 성립한다.

$$D(\Phi(\rho) \| \Phi(\sigma)) \le D(\rho \| \sigma).$$

[증명] 먼저 $\Phi(\rho) = U\rho U^*$, $U \in \mathbf{U}(\mathcal{H})$가 유니터리 채널이라면, 정리 9.19에 의해 자명하게 성립한다. 만약 Φ가 혼합 유니터리 채널이라면, $U_a \in \mathbf{U}(\mathcal{H})$와 $p_a \ge 0$가 존재하여

$$\Phi(\rho) = \sum_a p_a U_a \rho U_a^*, \quad \sum_a p_a = 1$$

로 표현된다. 정리 9.24에 의해

$$\begin{aligned} D(\Phi(\rho) \| \Phi(\sigma)) &= D\Big(\sum_a p_a U_a \rho U_a^* \| \sum_a p_a U_a \sigma U_a^* \Big) \\ &\le \sum_a p_a D(U_a \rho U_a^* \| U_a \sigma U_a^*) \\ &= \sum_a p_a D(\rho \| \sigma) = D(\rho \| \sigma) \end{aligned}$$

이므로, 정리가 증명되었다.

일반적인 양자 채널 Φ에 대해서는 정리 5.16에 의해 힐버트 공간 $\mathcal{H}_C$와 선형 변환 $\mu \in \mathcal{L}(\mathcal{H}_A, \mathcal{H}_B \otimes \mathcal{H}_C)$가 존재하여 모든 $\rho \in \mathcal{L}(\mathcal{H}_A)$에 대해

$$\Phi(\rho) = \operatorname{tr}_{\mathcal{H}_C}(\mu \rho \mu^*), \quad \mu^* \mu = \mathrm{id}_{\mathcal{H}_A}$$

가 성립한다. 아래 보조정리 9.29에 의해 선형 변환

$$\Omega : \mathcal{L}(\mathcal{H}_C) \to \mathcal{L}(\mathcal{H}_C), \quad \Omega(-) = \frac{\operatorname{tr}(-)}{\dim \mathcal{H}_C} \mathrm{id}_{\mathcal{H}_C}$$

는 혼합 양자 채널이므로, $\mathrm{id}_{\mathcal{L}(\mathcal{H}_B)} \otimes \Omega$도 자명하게 혼합 양자 채널이다. 위에서 증명한 바에 따라

$$\begin{aligned} &D\left((\mathrm{id}_{\mathcal{L}(\mathcal{H}_B)} \otimes \Omega)(\mu\rho\mu^*) \| (\mathrm{id}_{\mathcal{L}(\mathcal{H}_B)} \otimes \Omega)(\mu\sigma\mu^*)\right) \\ &\quad \le D(\mu\rho\mu^* \| \mu\sigma\mu^*) \end{aligned} \tag{9.21}$$

이고, 식 (9.21)의 우변은 양자 상대적 엔트로피의 정의에 따라

$$= \operatorname{tr}(\mu\rho \log_2(\rho)\mu^*) - \operatorname{tr}(\mu\rho \log_2(\sigma)\mu^*)$$

이다. $\mu^*\mu = \mathrm{id}_{\mathcal{H}_A}$ 이므로, 이는 다시

$$= \mathrm{tr}(\rho \log_2 \rho) - \mathrm{tr}(\rho \log_2 \sigma) = D(\rho \| \sigma)$$

임을 얻는다.

한편, Ω의 정의로부터

$$\begin{aligned}(\mathrm{id}_{\mathcal{L}(\mathcal{H}_B)} \otimes \Omega)(\mu\rho\mu^*) &= \mathrm{tr}_{\mathcal{H}_Z}(\mu\rho\mu^*) \otimes \frac{\mathrm{id}_{\mathcal{H}_C}}{\dim \mathcal{H}_C} \\ &= \Phi(\rho) \otimes \frac{\mathrm{id}_{\mathcal{H}_C}}{\dim \mathcal{H}_C}\end{aligned}$$

이다. 또한, 정리 9.20에 의해

$$D\Big(\Phi(\rho) \otimes \frac{\mathrm{id}_{\mathcal{H}_C}}{\dim \mathcal{H}_C} \| \Phi(\sigma) \otimes \frac{\mathrm{id}_{\mathcal{H}_C}}{\dim \mathcal{H}_C}\Big) = D(\Phi(\rho) \| \Phi(\sigma))$$

이므로, 부등식 (9.21)의 좌변은 $D(\Phi(\rho)\|\Phi(\sigma))$와 같다. 따라서 정리 9.28이 증명되었다. □

보조정리 9.29

힐버트 공간 $\mathcal{H}$의 작용소 $\rho \in \mathcal{L}(\mathcal{H})$에

$$\frac{\mathrm{tr}(\rho)}{\dim \mathcal{H}} \mathrm{id}_{\mathcal{H}} \in \mathcal{L}(\mathcal{H})$$

을 대응시키는 선형 변환 $\Omega : \mathcal{L}(\mathcal{H}) \to \mathcal{L}(\mathcal{H})$는 혼합 양자 채널이다.

[증명] 힐버트 공간 $\mathcal{H}$의 차원을 $\dim \mathcal{H} = n$이라 두고, $\zeta = e^{\frac{2\pi\sqrt{-1}}{n}}$이라고 쓰자. $0 \le i, j < n$에 대해 시계 연산

$$i \oplus j = \begin{cases} i + j, & i + j < n \\ i + j - n, & i + j \ge n \end{cases}$$

을 생각하고, 정규직교 기저 $\{e_i\}_{0 \le i < n}$을 사용하여

$$W_{ij} = \sum_{0 \le k < n} \zeta^{jk} e_{i \oplus k} e_k^*$$

라고 정의하자. 직접 계산해보면, $W_{ij}^* W_{ij} = \mathrm{id}_{\mathcal{H}}$ 임과

$$W_{ij} e_k e_\ell^* W_{ij}^* = \zeta^{j(k-\ell)} e_{i \oplus k} e_{i \oplus \ell}^*$$

임을 금방 확인할 수 있다. 이제 W_{ij} 들이 정의하는 혼합 양자 채널

$$\Psi : \mathcal{L}(\mathcal{H}) \to \mathcal{L}(\mathcal{H}), \quad \rho \longmapsto \frac{1}{n^2} \sum_{0 \le i,j < n} W_{ij} \rho W_{ij}^*$$

을 생각하자. 모든 $0 \le k, \ell < n$에 대해

$$\sum_{0 \le j < n} \zeta^{j(k-\ell)} = n\delta_{k\ell} = n \operatorname{tr}(e_k e_\ell^*)$$

이므로, $\Psi(e_k e_\ell^*)$를 계산하면

$$\begin{aligned} \frac{1}{n^2} \sum_{0 \le i,j < n} W_{ij}(e_k e_\ell^*) W_{ij}^* &= \frac{1}{n^2} \sum_{0 \le i,j < n} \zeta^{j(k-\ell)} e_{i \oplus k} e_{i \oplus \ell}^* \\ &= \frac{\operatorname{tr}(e_k e_\ell^*)}{n} \operatorname{id}_{\mathcal{H}} = \Omega(e_k e_\ell^*) \end{aligned}$$

이 성립한다. 따라서 $\Psi = \Omega$이므로, 보조정리가 증명되었다. □

9.5 양자 섀넌 이론

9.3절의 내용을 양자화해 보자. 먼저 알파벳 집합은 유한 집합 Σ 대신 Σ로부터 주어지는 힐버트 공간 $\mathcal{H} = \mathbb{C}^\Sigma$으로 대체하자. 알파벳 집합의 각 문자별 확률을 생각하여 얻은 확률 분포 $p : \Sigma \to [0, \infty) = \mathbb{R}_{\ge 0}$는 밀도 작용소 $\rho \in \mathbf{D}(\mathcal{H})$로 자연스럽게 대체된다. 특히, ρ가 대각 행렬로 표시되면 확률 분포 p를 주는 것과 같다. 따라서 고전적 섀넌 이론은 양자 섀넌 이론의 특수한 경우로 생각할 수 있다. 코딩 함수는 유한 집합 사이의 함수 $\Sigma^n \to \{0,1\}^m$였는데, 이제는 양자 컴퓨팅으로 구현 가능한 양자 채널

$$\Phi : \mathcal{L}(\mathcal{H}^{\otimes n}) \longrightarrow \mathcal{L}((\mathbb{C}^2)^{\otimes m}), \quad \Phi \in \mathbf{C}(\mathcal{H}^{\otimes n}, (\mathbb{C}^2)^{\otimes m})$$

을 생각하고, 디코딩 함수로는 그 역방향 양자 채널

$$\Psi \in \mathbf{C}((\mathbb{C}^2)^{\otimes m}, \mathcal{H}^{\otimes n})$$

을 생각하는 것이 자연스럽다. 우리가 희망하는 것은 코딩-디코딩이 끝났을 때, 원래 메시지를 복원하는 것이다. 즉 원래 상태는 $\rho^{\otimes n} = \rho \otimes \cdots \otimes \rho$이므로 두 작용소

$$\Psi(\Phi(\rho^{\otimes n})) \sim \rho^{\otimes n}$$

가 충분히 가까우면 된다. 사실 이것보다 좀더 강력한 것을 요구할 필요가 있는데, 열린 계에서는 우리가 조절할 수 없는 외부 계 $\mathcal{H}'$과 얽혀있을 수 있기 때문이다. 따라서

$$\rho^{\otimes n} = \mathrm{tr}_{\mathcal{H}'}\,\sigma, \quad \sigma \in \mathbf{D}(\mathcal{H}^{\otimes n} \otimes \mathcal{H}')$$

인 경우, $(\Psi \circ \Phi \otimes \mathrm{id}_{\mathcal{L}(\mathcal{H}')})(\sigma)$와 σ가 가깝기를 원한다.

정리 6.28에 의해 두 작용소의 충실도가 1에 가까울수록 두 작용소가 가깝다. 다음의 정의를 생각하자.

정의 9.30

힐버트 공간 $\mathcal{H}$와 $\rho \in \mathbf{P}(\mathcal{H})$, 양자 채널 $\Phi \in \mathbf{C}(\mathcal{H})$에 대해, ρ에 관한 Φ의 **충실도**(fidelity)는

$$F(\Phi, \rho) := F\big(\mathrm{vec}(\sqrt{\rho})\mathrm{vec}(\sqrt{\rho})^*, (\Phi \otimes \mathrm{id}_{\mathcal{L}(\mathcal{H})})(\mathrm{vec}(\sqrt{\rho})\mathrm{vec}(\sqrt{\rho})^*)\big)$$

를 말한다.

연습문제 9.7 정의 9.30에서 양의 작용소 $\rho \in \mathbf{P}(\mathcal{H})$에 대해

$$\mathrm{tr}_{\mathcal{H}}(\mathrm{vec}(\sqrt{\rho})\mathrm{vec}(\sqrt{\rho})^*) = \rho$$

임을 증명하시오.

먼저 이 정의가 왜 의미있는 것인지 살펴보자.

정리 9.31

힐버트 공간 $\mathcal{H}$, $\mathcal{H}'$과 양자 채널 $\Phi \in \mathbf{C}(\mathcal{H}, \mathcal{H}')$에 대해 다음이 성립한다.

$$A, A' \in \mathbf{P}(\mathcal{H}) \implies F(A, A') \le F(\Phi(A), \Phi(A')).$$

[증명] 긴 증명이므로, 스케치만 해보자. 보조정리 9.26의 증명으로부터 임의의 양의 작용소 $A, A' \in \mathbf{P}(\mathcal{H})$에 대해

$$\max\left\{|\,\mathrm{tr}(H)|\ :\ H \in \mathcal{L}(\mathcal{H}),\ \begin{pmatrix} A & H \\ H^* & A' \end{pmatrix} \in \mathbf{P}(\mathcal{H} \oplus \mathcal{H})\right\}$$

$$= \max\left\{\left|\operatorname{tr}(A^{\frac{1}{2}}BA'^{\frac{1}{2}})\right| \,:\, B \in \mathcal{L}(\mathcal{H}),\ \|B\| \le 1\right\}$$

이 성립함을 확인할 수 있다.

그런데 $\operatorname{tr}(A^{\frac{1}{2}}BA'^{\frac{1}{2}}) = B \cdot A^{\frac{1}{2}}A'^{\frac{1}{2}}$ 이므로, 이는

$$\max\{|B \cdot A^{\frac{1}{2}}A'^{\frac{1}{2}}| \,:\, B \in \mathcal{L}(\mathcal{H}),\ \|B\| \le 1\} = \|A^{\frac{1}{2}}A'^{\frac{1}{2}}\| = F(A, A')$$

과 같다. 따라서 임의의 양의 작용소 $A, A' \in \mathbf{P}(\mathcal{H})$에 대해

$$|\operatorname{tr}(H)| = F(A, A'), \qquad \begin{pmatrix} A & H \\ H^* & A' \end{pmatrix} \in \mathbf{P}(\mathcal{H} \oplus \mathcal{H})$$

를 만족하는 $H \in \mathcal{L}(\mathcal{H})$가 존재한다. Φ가 완전 양이므로, $\Phi \otimes \mathrm{id}_{\mathbb{C}^2}$는 양의 작용소를 양의 작용소로 보낸다. 따라서

$$\begin{pmatrix} \Phi(A) & \Phi(H) \\ \Phi(H)^* & \Phi(A') \end{pmatrix} \in \mathbf{P}(\mathcal{H} \oplus \mathcal{H})$$

이다. 또한, Φ는 자취 보존이므로

$$F(\Phi(A), \Phi(A')) \ge |\operatorname{tr}(\Phi(H))| = |\operatorname{tr}(H)| = F(A, A')$$

임을 얻는다. □

정리 9.32

힐버트 공간 $\mathcal{H}$에 대해 $\Phi \in \mathbf{C}(\mathcal{H})$는 양자 채널이고 $\rho \in \mathbf{P}(\mathcal{H})$라 하자. 힐버트 공간 $\mathcal{H}'$에 대해 $\sigma \in \mathbf{P}(\mathcal{H} \otimes \mathcal{H}')$가 $\operatorname{tr}_{\mathcal{H}'}(\sigma) = \rho$를 만족하면, 부등식

$$F(\sigma, (\Phi \otimes \mathrm{id}_{\mathcal{L}(\mathcal{H}')})(\sigma)) \ge F(\Phi, \rho)$$

이 성립한다.

[증명] 우선 $v = \operatorname{vec}(\rho^{\frac{1}{2}}) \in \mathcal{H} \otimes \mathcal{H}$라고 두면, $\operatorname{tr}_{\mathcal{H}}(vv^*) = \rho$이다. 그리고, 양의 작용소 σ의 순수화를 하나 고르자. 즉 힐버트 공간 $\mathcal{H}''$과 $w \in \mathcal{H} \otimes \mathcal{H}' \otimes \mathcal{H}''$가 존재하여

$$\sigma = \operatorname{tr}_{\mathcal{H}''}(ww^*)$$

라고 쓸 수 있다. 정리 6.11에 의해 $\dim(\mathcal{H}' \otimes \mathcal{H}'') \geq \dim \mathcal{H}$라고 두어도 되는데, 정규직교 기저들을 골라 $A^*A = \mathrm{id}_{\mathcal{H}}$를 만족하는 $A \in \mathcal{L}(\mathcal{H}, \mathcal{H}' \otimes \mathcal{H}'')$를 항상 찾을 수 있다. 그러면 자취의 성질로부터

$$\mathrm{tr}_{\mathcal{H}'\otimes\mathcal{H}''}((\mathrm{id}_{\mathcal{H}} \otimes A)vv^*(\mathrm{id}_{\mathcal{H}} \otimes A)^*) = \mathrm{tr}_{\mathcal{H}}(vv^*) = \rho$$

이고, 또한

$$\rho = \mathrm{tr}_{\mathcal{H}'}(\sigma) = \mathrm{tr}_{\mathcal{H}'} \mathrm{tr}_{\mathcal{H}''}(ww^*) = \mathrm{tr}_{\mathcal{H}'\otimes\mathcal{H}''}(ww^*)$$

이 성립된다. 정리 6.12에 의해 유니터리 작용소 $U \in \mathbf{U}(\mathcal{H}' \otimes \mathcal{H}'')$가 존재하여

$$(\mathrm{id}_{\mathcal{H}} \otimes UA)v = w$$

를 만족한다. 이제

$$\Psi(B) = \mathrm{tr}_{\mathcal{H}''}((UA)B(UA)^*), \quad \forall B \in \mathcal{L}(\mathcal{H})$$

라고 정의하면, 정리 5.16에 의해 Ψ는 양자 채널이고

$$\begin{aligned}(\mathrm{id}_{\mathcal{L}(\mathcal{H})} \otimes \Psi)(vv^*) &= \mathrm{tr}_{\mathcal{H}''}((\mathrm{id}_{\mathcal{H}} \otimes UA)vv^*(\mathrm{id}_{\mathcal{H}} \otimes UA)^*) \\ &= \mathrm{tr}_{\mathcal{H}''}(ww^*) = \sigma\end{aligned}$$

임을 얻는다.

정리 9.31에 의해

$$\begin{aligned}F(\Phi, \rho) &= F(vv^*, (\Phi \otimes \mathrm{id}_{\mathcal{L}(\mathcal{H})})(vv^*)) \\ &\leq F((\mathrm{id}_{\mathcal{L}(\mathcal{H})} \otimes \Psi)(vv^*), (\Phi \otimes \Psi)(vv^*)) \\ &= F(\sigma, (\Phi \otimes \mathrm{id}_{\mathcal{L}(\mathcal{H}')})(\sigma))\end{aligned}$$

이므로, 증명이 끝났다. □

이 절의 시작 부분으로 돌아가서 양자 채널 $\Phi \in \mathbf{C}(\mathcal{H}^{\otimes n}, (\mathbb{C}^2)^{\otimes m})$과 그 역방향 채널을 구성하는 문제를 생각하자.

정리 9.32에 의해 임의의 $\sigma \in \mathbf{D}(\mathcal{H}^{\otimes n} \otimes \mathcal{H}')$에 대해

$$\mathrm{tr}_{\mathcal{H}'} \sigma = \rho^{\otimes n} \implies F(\Psi \circ \Phi, \rho^{\otimes n}) \leq F(\sigma, (\Psi \circ \Phi \otimes \mathrm{id}_{\mathcal{L}(\mathcal{H}')})(\sigma))$$

이 성립한다. 따라서 $F(\Psi \circ \Phi, \rho^{\otimes n})$이 1로 수렴하면, $\mathrm{tr}_{\mathcal{H}'} \sigma = \rho^{\otimes n}$을 만족하는 모든 σ에 대해서도 충실도 $F(\sigma, (\Psi \circ \Phi \otimes \mathrm{id}_{\mathcal{L}(\mathcal{H}')})(\sigma))$가 1로 수렴함을, 즉 두 상태가 매우 가까움을 알려준다.

이제 정리 9.13의 양자화를 말할 수 있다.

정리 9.33

유한 집합 Σ, 힐버트 공간 $\mathcal{H} = \mathbb{C}^{\Sigma}$와 밀도 작용소 $\rho \in \mathbf{D}(\mathcal{H})$가 주어졌다고 하자. 만약 $\alpha > H(\rho)$이면, 양자 채널

$$\Phi_n \in \mathbf{C}(\mathcal{H}^{\otimes n}, (\mathbb{C}^2)^{\otimes \lfloor \alpha n \rfloor}), \quad \Psi_n \in \mathbf{C}((\mathbb{C}^2)^{\otimes \lfloor \alpha n \rfloor}, \mathcal{H}^{\otimes n}) \tag{9.22}$$

들이 존재하여

$$\lim_{n \to \infty} F(\Psi_n \Phi_n, \rho^{\otimes n}) = 1 \tag{9.23}$$

을 만족한다. 만약 $\alpha < H(\rho)$이면 (9.23)을 만족하는 양자채널 (9.22)들이 존재하지 않는다.

[증명] ρ를 스펙트럼 분해하여 $\mathcal{H}$의 정규직교 기저 $\{x_a\}_{a \in \Sigma}$를 찾아

$$\rho = \sum_{a \in \Sigma} p(a) x_a x_a^*, \qquad p : \Sigma \to [0, \infty), \ \sum_a p(a) = 1$$

라고 쓸 수 있으며, 엔트로피의 정의로부터 $H(\rho) = H(p)$이다. 표현을 간단하게 하기 위해 $m = \lfloor \alpha n \rfloor$이라고 두자. 또한, $a = (a_1, \ldots, a_n) \in \Sigma^n$에 대해 $x_a = x_{a_1} \otimes \cdots \otimes x_{a_n}$이라고 쓰자. 그리고 $\mathbb{C}^2$의 표준 기저 $\{e_0, e_1\}$을 사용하여 $b = (b_1, \ldots, b_m) \in \{0,1\}^m$에 대해 $e_b = e_{b_1} \otimes \cdots \otimes e_{b_m}$이라고 쓰자.

만약 $\alpha > H(\rho) = H(p)$이면, 정리 9.13에 의해

$$g_n(f_n(a_1, \ldots, a_n)) = (a_1, \ldots, a_n), \quad \forall (a_1, \ldots, a_n) \in T(n, p, \varepsilon)$$

를 만족하는 함수

$$f_n : \Sigma^n \longrightarrow \{0,1\}^m, \quad g_n : \{0,1\}^m \longrightarrow \Sigma^n$$

이 존재한다. 선형 변환

$$\phi_n = \sum_{a \in T(n,p,\varepsilon)} e_{f(a)} x_a^* : \mathcal{H}^{\otimes n} \longrightarrow (\mathbb{C}^2)^{\otimes m}$$

을 생각하면,

$$\phi_n^* \phi_n = \sum_{a \in T(n,p,\varepsilon)} x_a x_a^*$$

는 $\mathbb{C}^{T(n,p,\varepsilon)}$ 으로 가는 직교 사영이다. 따라서

$$(\phi_n^* \phi_n) \cdot \rho^{\otimes n} = \sum_{a \in T(n,p,\varepsilon)} p(a_1) \cdots p(a_n)$$

이고, 정리 9.15에 의해 이것은 n 이 무한대로 감에 따라 1로 수렴한다.

자연수 n 에 대해

$$\begin{aligned}
\Phi_n(\mu) &= \phi_n \mu \phi_n^* + ((\mathrm{id}_{\mathcal{H}^{\otimes n}} - \phi_n^* \phi_n) \cdot \mu)\, \mathrm{id}_{(\mathbb{C}^2)^{\otimes m}}, \ \forall \mu \in \mathcal{L}(\mathcal{H}^{\otimes n}), \\
\Psi_n(\eta) &= \phi_n^* \eta \phi_n + \big((\mathrm{id}_{(\mathbb{C}^2)^{\otimes m}} - \phi_n \phi_n^*) \cdot \eta\big)\, \mathrm{id}_{\mathcal{H}^{\otimes n}}, \ \forall \eta \in \mathcal{L}((\mathbb{C}^2)^{\otimes m})
\end{aligned}$$

라고 정의하자. 정리 5.13에 의해 선형 변환 $\psi_{n,j}$ 들이 존재하여

$$(\Psi_n \Phi_n)(\mu) = (\phi_n^* \phi_n) \mu (\phi_n^* \phi_n)^* + \sum_{j=1}^{s} \psi_{n,j} \mu \psi_{n,j}^*$$

라고 쓸 수 있다. 정리 9.34에 의해

$$F(\Psi_n \Phi_n, \rho^{\otimes n}) \geq |\rho^{\otimes n} \cdot (\phi_n^* \phi_n)| = \sum_{a \in T(n,p,\varepsilon)} p(a_1) \cdots p(a_n)$$

인데, 이는 n 이 무한대로 감에 따라 1로 수렴하므로 (9.23)이 증명되었다.

이제 $\alpha < H(\rho) = H(p)$ 이고, 양자 채널 (9.22)가 임의로 주어졌다고 하자. 우리는 (9.23)이 결코 만족될 수 없음을 보이고자 한다. 우선

$$\varepsilon := \frac{1}{2}(H(\rho) - \alpha) > 0$$

라고 두자. 정리 5.16에 의해

$$\Phi_n(\mu) = \sum_{j=1}^{r} A_j \mu A_j^*, \quad \Psi_n(\eta) = \sum_{k=1}^{s} B_k \eta B_k^*$$

꼴로 쓸 수 있다. Φ_n과 Ψ_n을 합성하면

$$(\Psi_n\Phi_n)(\mu) = \sum_{j,k}(B_kA_j)\mu(B_kA_j)^*$$

가 되는데, 결정적으로 중요한 점은 $A_j \in \mathcal{L}(\mathcal{H}^{\otimes n}, (\mathbb{C}^2)^{\otimes m})$ 이므로 B_kA_j의 계수가 2^m 보다 작거나 같고 n이 충분히 크면 이는 다시 $2^{n(H(\rho)-\varepsilon)}$ 보다 작다는 사실이다. 정리 9.13의 증명의 후반부를 보면 Σ^n의 어떤 부분 집합 G_n을 잡더라도

$$|G_n| \le 2^m \implies \lim_{n\to\infty} \sum_{(a_1,\ldots,a_n)\in G_n} p(a_1)\cdots p(a_n) = 0$$

임을 안다. 따라서 각각의 자연수 n마다 $G_n \subset \Sigma^n$이 있어서

$$F(\Psi_n\Phi_n, \rho^{\otimes n})^2 \le \sum_{(a_1,\ldots,a_n)\in G_n} p(a_1)\cdots p(a_n), \quad |G_n| \le 2^m$$

가 만족함을 보이는 것으로 충분하다.

B_kA_j의 계수가 2^m 보다 작거나 같으므로 $P_{kj}B_kA_j = B_kA_j$를 만족하는 2^m 차원 부분공간으로의 직교 사영 P_{kj}가 존재한다. 정리 9.34에 의해

$$\begin{aligned} F(\Psi_n\Phi_n, \rho^{\otimes n})^2 &= \sum_{j,k} \left|(B_kA_j)\cdot\rho^{\otimes n}\right|^2 \\ &= \sum_{j,k} \left|(P_{kj}B_kA_j)\cdot\rho^{\otimes n}\right|^2 \end{aligned}$$

이고, 자취의 성질을 사용하면

$$= \sum_{j,k} \left|\left(B_kA_j\sqrt{\rho^{\otimes n}}\right)\cdot\left(P_{kj}\sqrt{\rho^{\otimes n}}\right)\right|^2$$

이다. 코시-슈바르츠 부등식을 쓰면,

$$\le \sum_{j,k} \operatorname{tr}\left(B_kA_j\rho^{\otimes n}A_j^*B_k^*\right)\left(P_{kj}\cdot\rho^{\otimes n}\right)$$

임을 얻는다. 이제 원소의 개수가 2^m인 Σ^n의 부분집합 G_n을

$$\sum_{(a_1,\ldots,a_n)\in G_n} p(a_1)\cdots p(a_n)$$

이 최대가 되는 것으로 잡자. $\rho^{\otimes n}$의 고유값을 큰 것부터

$$\lambda_1 \ge \lambda_2 \ge \cdots \ge \lambda_{|\Sigma|^n}$$

이라고 두면, G_n의 정의에 의해

$$\sum_{(a_1,\ldots,a_n)\in G_n} p(a_1)\cdots p(a_n) = \sum_{i=1}^{2^m} \lambda_i$$

가 성립한다. 그러면

$$P_{kj}\cdot \rho^{\otimes n} \le \sum_{i=1}^{2^m} \lambda_i = \sum_{(a_1,\ldots,a_n)\in G_n} p(a_1)\cdots p(a_n)$$

을 얻고, 양자 채널 $\Psi\Phi$가 자취 보존이므로

$$\sum_{j,k} \operatorname{tr}(B_k A_j \rho^{\otimes n} A_j^* B_k^*) = \operatorname{tr}(\rho^{\otimes n}) = 1$$

이어서 원하던 대로

$$F(\Psi_n\Phi_n, \rho^{\otimes n})^2 \le \sum_{(a_1,\ldots,a_n)\in G_n} p(a_1)\cdots p(a_n), \quad |G_n| = 2^m$$

임이 증명되었다. □

연습문제 9.8 n차원 힐버트 공간 $\mathcal{H}$에서 m차원 부분공간 V로의 직교 사영 P와 밀도 작용소 $\rho \in \mathbf{D}(\mathcal{H})$가 주어지면, 부등식 $P\cdot\rho \le \sum_{i=1}^m \lambda_i$이 성립함을 보이시오.[4] 여기서 $\lambda_1 \ge \lambda_2 \ge \cdots \ge \lambda_n$은 ρ의 고유값들이다.

[4]힌트: $\mathcal{H}$의 정규직교 기저 $\{x_i\}_{1\le i\le n}$을 $\rho = \sum_i \lambda_i x_i x_i^*$이 만족하도록 고르고, V의 정규직교 기저 $\{y_j\}_{1\le j\le m}$를 $i<j \;\;\Rightarrow\;\; x_i\cdot y_j = 0$을 만족하도록 고르자. $\sum_{i=1}^n |x_i\cdot y_j|^2 = |y_j|^2 = 1$이므로

$$\sum_{i=1}^n \lambda_i |x_i\cdot y_j|^2 = \sum_{i=j}^n \lambda_i |x_i\cdot y_j|^2 \le \lambda_j \sum_{i=j}^n |x_i\cdot y_j|^2 \le \lambda_j$$

이다. 한편 $P = \sum_{j=1}^m y_j y_j^*$이고

$$P\cdot\rho = \sum_{j=1}^m \sum_{i=1}^n \lambda_i |x_i\cdot y_j|^2 \le \sum_{j=1}^m \lambda_j$$

를 얻는다.

정리 9.34

힐버트 공간 $\mathcal{H}$에 대해 양자 채널 $\Phi \in \mathbf{C}(\mathcal{H})$가

$$\Phi(\mu) = \sum_{j=1}^{r} A_j \mu A_j^*, \quad \forall \mu \in \mathcal{L}(\mathcal{H})$$

로 주어지면, 임의의 $\rho \in \mathbf{P}(\mathcal{H})$에 대해

$$F(\Phi, \rho)^2 = \sum_{j=1}^{r} |\rho \cdot A_j|^2$$

을 만족한다.

[증명] $v = \mathrm{vec}(\rho^{\frac{1}{2}})$라고 두면, 정의에 의해

$$F(\Phi, \rho)^2 = F(vv^*, (\Phi \otimes \mathrm{id}_{\mathcal{L}(\mathcal{H})})(vv^*))^2$$

이다. 그런데 vv^*의 계수가 1이므로, 임의의 양의 작용소 $\sigma \in \mathbf{P}(\mathcal{H})$에 대해 양의 작용소 $\sigma^{\frac{1}{2}} vv^* \sigma^{\frac{1}{2}}$의 계수도 1이고

$$\mathrm{tr}(\sigma^{\frac{1}{2}} vv^* \sigma^{\frac{1}{2}}) = \mathrm{tr}(v^* \sigma v) = v^* \sigma v$$

이다. 따라서 $\sqrt{\sigma^{\frac{1}{2}} vv^* \sigma^{\frac{1}{2}}}$의 계수도 1이고

$$\mathrm{tr}\sqrt{\sigma^{\frac{1}{2}} vv^* \sigma^{\frac{1}{2}}} = (v^* \sigma v)^{\frac{1}{2}}$$

이다. 한편, 충실도의 정의에 의해

$$F(vv^*, \sigma)^2 = \mathrm{tr}\sqrt{\sigma^{\frac{1}{2}} vv^* \sigma^{\frac{1}{2}}}^2$$

이므로 $F(vv^*, \sigma)^2 = v^* \sigma v$임을 얻는다.

계산을 통해

$$\begin{aligned}
F(\Phi, \rho)^2 &= v^*[(\Phi \otimes \mathrm{id}_{\mathcal{L}(\mathcal{H})})(vv^*)]v \\
&= (vv^*) \cdot [(\Phi \otimes \mathrm{id}_{\mathcal{L}(\mathcal{H})})(vv^*)] \\
&= \sum_{j=1}^{r} (vv^*) \cdot [(A_j \otimes \mathrm{id}_{\mathcal{H}})v][(A_j \otimes \mathrm{id}_{\mathcal{H}})v]^* \\
&= \sum_{j=1}^{r} |v \cdot (A_j \otimes \mathrm{id}_{\mathcal{H}})v|^2
\end{aligned}$$

을 얻는다. 스펙트럼 분해 $\rho^{\frac{1}{2}} = \sum_a \lambda_a x_a x_a^*$를 생각하면,

$$v = \mathrm{vec}(\rho^{\frac{1}{2}}) = \sum_a \lambda_a x_a \otimes x_a$$

이고

$$\begin{aligned} v \cdot (A_j \otimes \mathrm{id}_{\mathcal{H}}) v &= \sum_{a,b \in \Sigma} \lambda_a \lambda_b (x_a \otimes x_a) \cdot (A_j x_b \otimes x_b) \\ &= \sum_a \lambda_a^2 x_a \cdot A_j x_a \\ &= \left(\sum_a \lambda_a^2 x_a x_a^* \right) \cdot A_j \\ &= \rho \cdot A_j \end{aligned}$$

이다. 따라서

$$F(\Phi, \rho)^2 = \sum_{j=1}^{r} |\rho \cdot A_j|^2$$

임을 증명하였다. □

부 록

부록 A

감마 함수

감마 함수는 계승(factorial)의 해석적 확장된 함수로 이해할 수 있는데, 수학, 물리학, 공학 등 여러 분야에서 자주 등장하는 함수다.

정의 A.1 (감마 함수1)

감마 함수는 다음과 같은 특이 적분(improper integral)으로 정의된다:

$$\Gamma(x) = \int_0^\infty t^{x-1}e^{-t}dt, \quad (x > 0). \tag{A.1}$$

식 (A.1)에서 $u = e^{-t}$로 놓으면, $du = -e^{-t}dt$이고 $t = -\ln u$이다. 따라서

$$\Gamma(x) = \int_0^1 (-\ln u)^{x-1}du. \tag{A.2}$$

정리 A.2

(1) 모든 $x > 0$에 대해 $\Gamma(x+1) = x\Gamma(x)$이다.

(2) $\Gamma(n+1) = n!\ \forall n \in \mathbb{N}$.

(3) 구간 $(0, \infty)$에서 $\ln \Gamma$는 볼록 함수이다. 즉, $\forall x, y \in (0, \infty), \lambda \in [0, 1]$,

$$\ln \Gamma(\lambda x + (1-\lambda)y) \le \lambda \ln \Gamma(x) + (1-\lambda)\ln \Gamma(y).$$

만약 함수 $f : (0, \infty) \to \mathbb{R}_{>0}$에 대해 $f(x+1) = xf(x)$, $f(1) = 1$과 $\ln f$는 볼록 함수임이 만족되면 $f(x) = \Gamma(x)$이다.

$\frac{1}{p}+\frac{1}{q}=1$을 만족하는 양의 실수 p, q에 대해 횔더 부등식(정리 2.4)을 사용하여 부등식

$$\Gamma\Big(\frac{x}{p}+\frac{y}{q}\Big) \le \Gamma(x)^{\frac{1}{p}}\Gamma(y)^{\frac{1}{q}}$$

를 얻을 수 있는데, 이 부등식은 정리 A.2의 (3)과 동치이다.

정리 A.3

(1) $x>0$에서 $\Gamma(x)$는 연속 함수이다.

(2) $\Gamma(\frac{1}{2})=\sqrt{\pi}$이므로,

$$\Gamma\Big(n+\frac{1}{2}\Big)=\frac{1\cdot 3\cdot 5\cdots(2n-1)}{2^n}\sqrt{\pi}, \quad \forall n\in\mathbb{N}.$$

(3) $\displaystyle\int_0^1 t^{x-1}(1-t)^{y-1}dt=\frac{\Gamma(x)\Gamma(y)}{\Gamma(x+y)}.$

(4) $\displaystyle\Gamma(x)=\lim_{n\to\infty}\frac{n^x n!}{x(x+1)\cdots(x+n)}.$

(2)로부터 다음 식을 유도할 수 있다:

$$\sqrt{\pi}\,\Gamma(2n+1)=2^{2n}\Gamma\Big(n+\frac{1}{2}\Big)\Gamma(n+1),$$
$$\sqrt{\pi}\,\Gamma(2n)=2^{2n-1}\Gamma(n)\Gamma\Big(n+\frac{1}{2}\Big).$$

(3)의 적분을 베타 함수(beta function)라고 부르고, $B(x,y)$로 나타낸다. 적분에서 $t=\sin^2\theta$로 치환하면,

$$2\int_0^{\pi/2}(\sin\theta)^{2x-1}(\cos\theta)^{2y-1}d\theta=\frac{\Gamma(x)\Gamma(y)}{\Gamma(x+y)}$$

을 얻는다. 또한, 식 (A.1)에서 $t=s^2$으로 두고 계산하면

$$\Gamma(x)=2\int_0^\infty s^{2x-1}e^{-s^2}ds$$

이고, $x=\frac{1}{2}$을 대입하면 $\int_{-\infty}^{\infty}e^{-s^2}ds=\sqrt{\pi}$을 얻는다. 정리 A.2에 의해 다음 식이 성립한다:

$$\Gamma(x)=\frac{2^{x-1}}{\sqrt{\pi}}\Gamma\Big(\frac{x}{2}\Big)\Gamma\Big(\frac{x+1}{2}\Big).$$

참고 A.4

정리 A.2에 의해 $x > 0$에 대해

$$\Gamma(x) = \frac{\Gamma(x+1)}{x} \tag{A.3}$$

이 성립하는데, 이 식을 사용하여 $-1 < x < 0$에 대해 $\Gamma(x)$를 식 (A.3)의 우변의 값으로 정의할 수 있다. 마찬가지 방법으로 $-2 < x < -1$에 대해서도 $\Gamma(x)$를 정의할 수 있다. 귀납적으로 임의의 자연수 n과 음의 실수 x에 대해

$$\Gamma(x) = \frac{\Gamma(x+n)}{x(x+1)\cdots(x+n-1)}, \quad (x \neq -1, \ldots, -n)$$

로 정의할 수 있다.

정의 A.5 (감마 함수2)

감마 함수의 정의역을 $\{z \in \mathbb{C} : \mathrm{Re}(z) > 0\}$으로 확장하여 식 (A.1)와 같은 적분으로 감마 함수를 정의할 수 있다.

$$\Gamma(z) = \int_0^\infty t^{z-1}e^{-t}dt, \quad (\mathrm{Re}(z) > 0). \tag{A.4}$$

고정된 정수 m에 대해 $\lim_{n\to\infty} \frac{n!(n+1)^m}{(n+m)!} = 1$이 성립하는데, 이를 사용하여

$$\Gamma(z) = \frac{1}{z}\prod_{n=1}^{\infty} \frac{(1+\frac{1}{n})^z}{1+\frac{z}{n}}$$

임을 보일 수 있다. 또한, 모든 $z \in \mathbb{C}$에 대해

$$\lim_{n\to\infty} \frac{\Gamma(n+z)}{\Gamma(n)n^z} = 1$$

이다.

정리 A.6

(1) $\mathrm{Re}(z) > 0$에서 (A.4)의 적분은 절대 수렴한다.

(2) $\mathrm{Re}(z) > 0$인 모든 $z > 0$에 대해 $\Gamma(z+1) = z\Gamma(z)$이다.

(3) (바이어슈트라스, Weierstrass)

$$\Gamma(z) = \frac{e^{\gamma z}}{z} \prod_{n=1}^{\infty} \left(1 + \frac{z}{n}\right)^{-1} e^{z/n}.$$

여기서 $\gamma = \lim_{n \to \infty} \left(1 + \frac{1}{2} + \cdots + \frac{1}{n} - \ln n\right)$ 이고, 오일러 상수(Euler' s constant) 라고 부른다.

(4) (오일러 반사 공식, Euler' s reflection formula)

$$\Gamma(z)\Gamma(1-z) = \frac{\pi}{\sin(\pi z)}, \quad \forall z \notin \mathbb{Z}.$$

(5) (르장드르 2배 공식 Legendre duplication formula)

$$\Gamma(z)\Gamma\left(z + \frac{1}{2}\right) = 2^{1-2z}\sqrt{\pi}\,\Gamma(2z).$$

부록 B

스털링 공식

스털링 공식(Stirling' s formula)은 큰 계승(factorial) 값을 구하는 근사법인데, 수학에서뿐만 아니라 물리학, 공학 등에서도 널리 활용되고 있다.

정리 B.1 (스털링 공식)

충분히 큰 자연수 n에 대해

$$n! \sim \sqrt{2\pi n}\left(\frac{n}{e}\right)^n. \tag{B.1}$$

여기서 $\sim$은 n이 무한대로 감에 따라 양변의 비가 1로 접근한다는 뜻이다. 즉, 극한을 사용하여 쓰면,

$$\lim_{n\to\infty}\frac{1}{n!}\sqrt{2\pi n}\left(\frac{n}{e}\right)^n = 1.$$

(B.1)의 양변에 자연 로그를 취하면,

$$\ln n! \sim \frac{1}{2}\ln(2\pi n) + n(\ln n - 1)$$

을 얻는다. 따라서 스털링 공식은 큰 수 n에 대해 $n!$에 로그를 취한 것의 점근식으로 볼 수 있는데, $\ln(n!)$로부터 스털링 공식을 증명해보자.

먼저

$$\ln(n!) = \ln(1\cdot 2\cdots n) = \sum_{k=1}^{n}\ln k$$

인데, $\ln x$는 증가 함수이므로 $\int_{k-1}^{k} \ln x dx < \ln n < \int_{k}^{k+1} \ln x dx$이고

$$\begin{aligned} n \ln n - n = \int_0^n \ln x dx &< \sum_{k=1}^{n} \ln k = \ln(n!) \\ &< \int_1^{n+1} \ln x dx = (n+1)\ln(n+1) - (n+1) \\ &< (n+1)\ln(n+1) - n \end{aligned}$$

이다. $a_n = \ln(n!) - \left(n + \frac{1}{2}\right)\ln n + n$으로 두고, 계산하면

$$a_{n-1} - a_n = \left((n-1) + \frac{1}{2}\right) \ln\left(\frac{n}{n-1}\right) - 1$$

을 얻는다.

$|t| < 1$에서 테일러 급수를 생각하면

$$\ln \frac{1+t}{1-t} = 2\left(t + \frac{1}{3}t^3 + \frac{1}{5}t^5 + \cdots\right)$$

이다. $t = \dfrac{1}{2n-1}$로 두면, $\dfrac{1+t}{1-t} = \dfrac{n}{n-1}$이고

$$\ln\left(\frac{n}{n-1}\right) = 2\left(\frac{1}{2n-1} + \frac{1}{3(2n-1)^3} + \frac{1}{5(2n-1)^5} + \cdots\right).$$

이다. 그런데, (a_n)은 감소 수열이고 $a_n \geq 0$이므로 수렴한다. 극한을

$$\lim_{n\to\infty} e^{a_n} = \lim_{n\to\infty} \frac{n!e^n}{n^{n+1/2}} = A \tag{B.2}$$

라 하자. 월리스 곱(Wallis product) 공식

$$\frac{\pi}{2} = \prod_{n=1}^{\infty} \frac{4n^2}{4n^2-1} = \left(\frac{2}{1}\cdot\frac{2}{3}\right)\cdot\left(\frac{4}{3}\cdot\frac{4}{5}\right)\cdot\left(\frac{6}{5}\cdot\frac{6}{7}\right)\cdots$$

에 의해

$$\frac{(2^n n!)^2}{(2n)!}\frac{1}{\sqrt{2n}} \sim \sqrt{\frac{\pi}{2}}$$

인데, 식 (B.2)는

$$n!e^n \sim An^{n+1/2}$$

을 의미하므로, $A = \sqrt{2\pi}$를 얻는다.

또한, $n!$의 근사값을 다음 식으로부터 찾을 수 있다.

$$(1)\ \ln(n!) \sim n\ln n - n + \frac{1}{2}\ln(2\pi n) + \frac{1}{12n} - \frac{1}{360n^3} + \cdots$$

$$(2)\ \sqrt{2\pi}n^{n+\frac{1}{2}}e^{-n}e^{1/(12n+1)} < n! < \sqrt{2\pi}n^{n+\frac{1}{2}}e^{-n}e^{1/12n}$$

참고문헌

[1] 이해웅, 《양자 정보학 강의》, 사이언스북스, 2017.

[2] 佐川弘幸·吉田宣章 지음, 진병문·연규황 옮김, 《양자정보이론》, 청범출판사, 2008.

[3] Scott Aaronson, *Quantum computing since Democritus*, Cambridge University press, 2013.

[4] Howard Anton, *Elementary Linear Algebra: Applications Version*, 9th edition, Wiley International, 2005.

[5] Stephen Barnett, *Quantum information*, Oxford University press, 2009.

[6] Giuliano Benenti, Giulio Casati, Davide Rossini and Giuliano Strini, *Principles of quantum computation and information: a comprehensive textbook*, 2nd edition, World Scientific, 2019.

[7] Chris Bernhardt, *Quantum computing for everyone*, MIT press, 2019.

[8] Roger Horn and Charles Johnson, *Matrix analysis*, 2nd edition, Cambridge University Press, 2013.

[9] Richard Lipton and Kenneth Regan, *Quantum algorithms via linear algebra -a primer*, MIT press, 2014.

[10] Michael Nielsen and Isaac Chuang, *Quantum computation and quantum information*, 10th anniversary edition, Cambridge University press, 2011.

[11] John Preskill, *Quantum information*, CalTech lecture notes.

[12] Eleanor Rieffel and Wolfgan Polak, *Quantum computing - a gentle introduction*, MIT press, 2011.

[13] Gilbert Strang, *Introduction to Linear Algebra*, 5th edition, Wellesley-Cambridge Press, 2016.

[14] John Watrous, *The theory of quantum information*, Cambridge University press, 2018.

[15] Mark Wilde, *Quantum information theory*, 2nd edition, Cambridge University press, 2017.

[16] Bernard Zygelman, *A first introduction to quantum computing and information*, Springer, 2018.

찾아보기

선형 대수학과 함께 배우는

양자 정보 이론

지은이 김영훈 · 허재성
펴낸이 조경희
펴낸곳 경문사
펴낸날 2020년 3월 2일 1판 1쇄
2022년 9월 1일 1판 2쇄
등 록 1979년 11월 9일 제1979-000023호
주 소 04057, 서울특별시 마포구 와우산로 174
전 화 (02)332-2004 팩스 (02)336-5193
이메일 kyungmoon@kyungmoon.com

값 24,000원

ISBN 979-11-6073-353-2